［改訂3版］

HTML &CSS

ポケットリファレンス

森 史憲・藤本 壱 著

技術評論社

凡例

ブラウザ対応について

本書の内容は、以下のブラウザで動作を確認しています。

…Microsoft Edge
…Google Chrome
…Mozilla Firefox
…Safari（Mac版）
…Opera
…Androidブラウザ（Android版Chrome）
…Safari（iOS版）

各ブラウザは執筆時の最新バージョンです。
未対応の場合は、アイコンをモノクロにしています。
また、対応条件の注記を行っています。

掲載サンプルについて

本書の掲載サンプルは、下記のサイトから確認できます。

URL https://gihyo.jp/book/2023/978-4-297-13386-3/support

ご注意

- 本書記載の情報は、2023年2月現在のものを掲載していますので、ご利用時には、変更されている場合もあります。また、ソフトウェアに関する記述は、特に断わりのないかぎり、2023年2月現在での最新バージョンをもとにしています。ソフトウェアはバージョンアップされる場合があり、本書での説明とは機能内容や画面図などが異なってしまうこともありえます。
- 以上の注意事項をご承諾いただいた上で、本書をご利用願います。これらの注意事項をお読みいただかずに、お問い合わせいただいても、技術評論社および著者は対処しかねます。あらかじめ、ご承知おきください。

はじめに

私は自分のアニメーション作品を公開する場所としてホームページを作るためにHTMLを勉強しました。bタグを使うと太字になる！　pタグを使うと文章の上下に余白ができる！　aタグを使うと他のページに移動できる！　そしてCSSで次第に高度なレイアウトや多彩な表現ができるようになる高揚感！

私がHTMLやCSSを書き続けるのはHTML/CSSの改善が続けられ、便利になっていくのを簡単に自分で体感できるからです。

2014年にHTML5がW3C勧告になって大きな改善が行われ、本書の初版が発売されました。

2016年にHTML5.1が、2017年にはHTML5.2がW3C勧告され、2019年からは正式な仕様書がHTML Living Standardになり、HTMLの改善はいまも続いています。

第2版ではW3C勧告となったHTML5.1/HTML5.2にあるものの中で、選りすぐりを追加しました。例えば、dl要素の直下にdiv要素がおけるようになったとか、驚きの追加もあります（渋い？）。そして、第3版ではHTML Living Standardに対応しました。

初心者の方にはもちろん、中級者以上の方も便利に使っていただけるように楽しく、中身の詰まった書籍になっています。本書をきっかけに、皆様がお持ちの情報を世の中に出すお手伝いができたなら、著者としては存外の喜びです。

森 史憲

Webページを作成する上で、ページの構造をつかさどるHTMLとともに、デザインを決めるCSS（Cascading Style Sheets）は重要な存在です。スマートフォン・タブレットなど、出力先のデバイスが多岐に渡るようになったことで、CSSの重要性がより高まっていると言えるでしょう。

CSSで指定できる書式は非常に多く、多数のプロパティが存在します。それらをすべて頭に記憶するのは、難しいことです。手元に資料を置いておいて、それを見ながらCSSの作成を行う場面も多いと思います。そこで本書では、CSSのプロパティを極力網羅し、それぞれの使い方をコンパクトにまとめました。

また現在では、各WebブラウザでのCSS Level 3の実装もだいぶ進み、一般的に使われるようになってきました。そこで、CSS Level 3で早くから使えていた機能はもちろんのこと、フレキシブルレイアウトやグリッドなど、比較的最近に使われるようになってきた機能も解説しています。

CSSは奥が深く、決して簡単だとは言えません。しかし、より良いWebページを作る上で、CSSを正しく理解していることは非常に重要です。本書が皆様のCSS作成のお役に立てば幸いです。

藤本 壱

HTML & CSS Pocket Reference
Contents

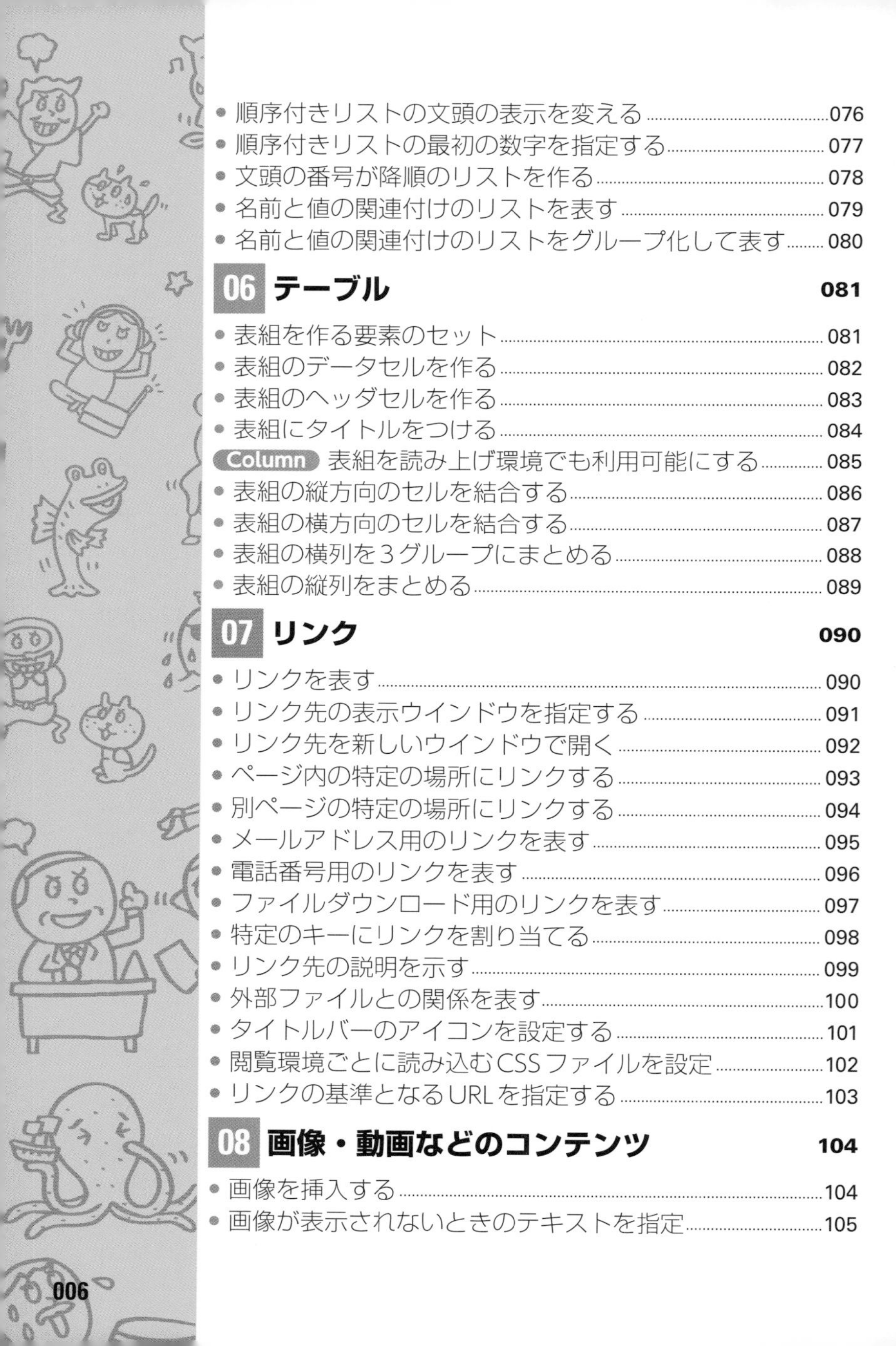

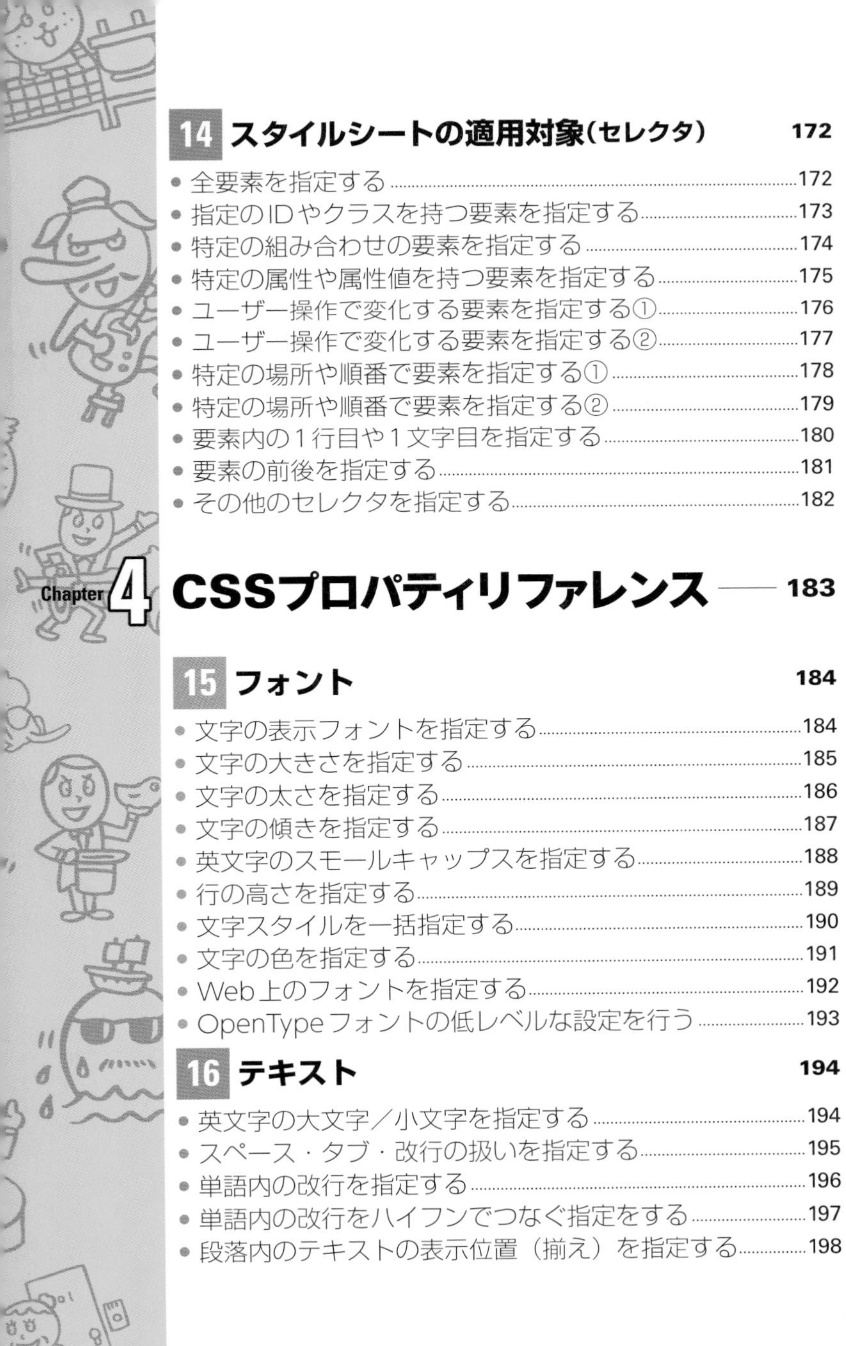

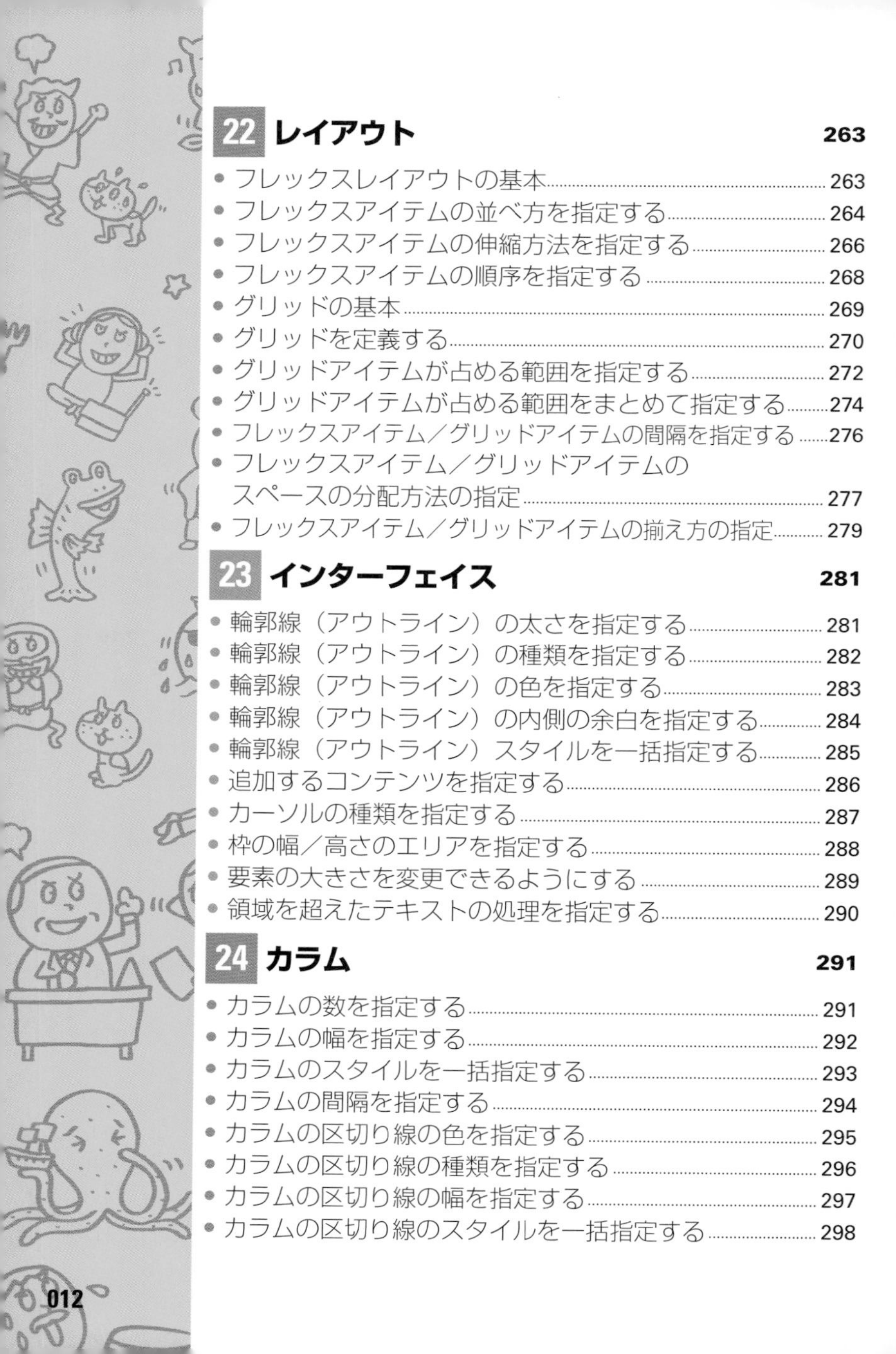

22 レイアウト 263

23 インターフェイス 281

24 カラム 291

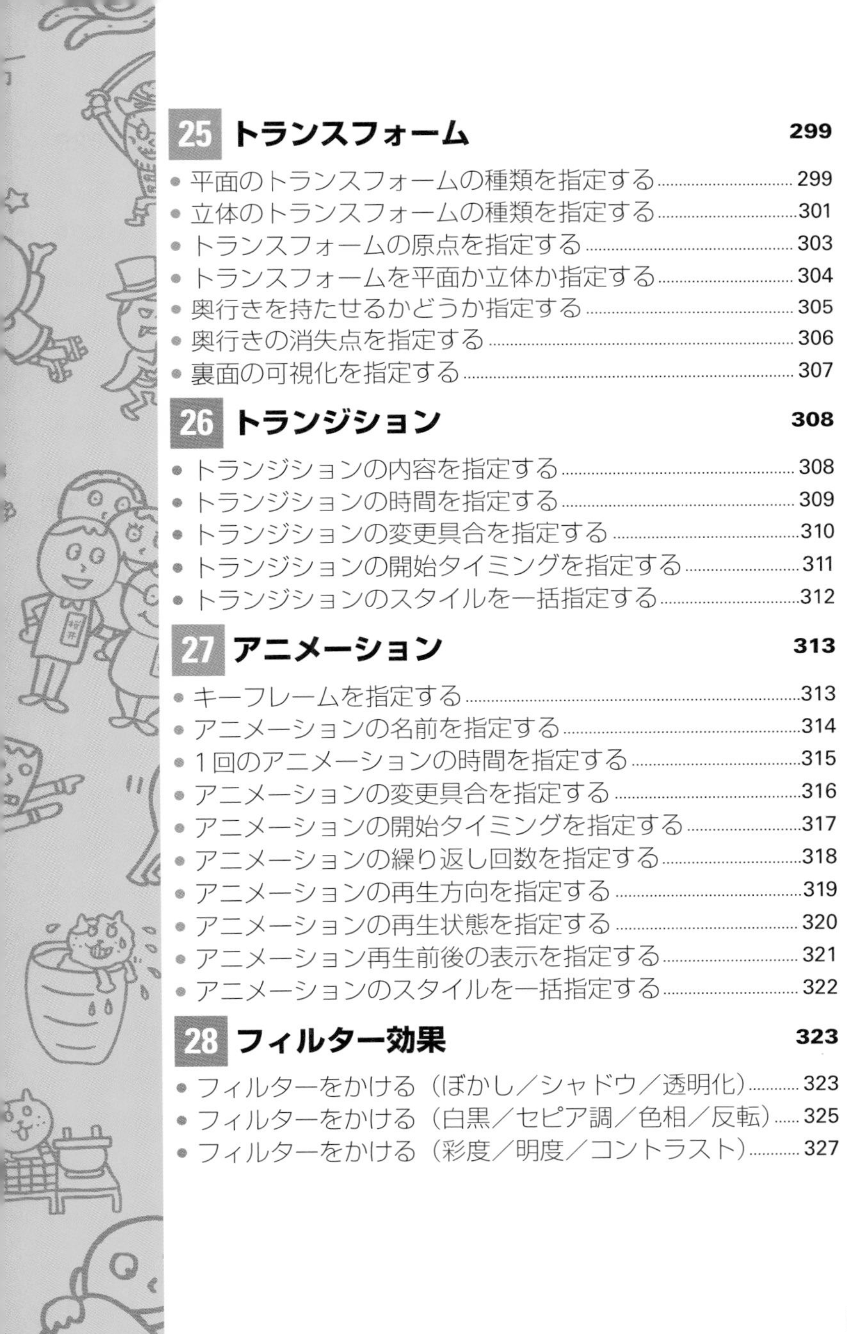

Appendix 329

29 式／変数 330

30 Webカラー 334

INDEX 340

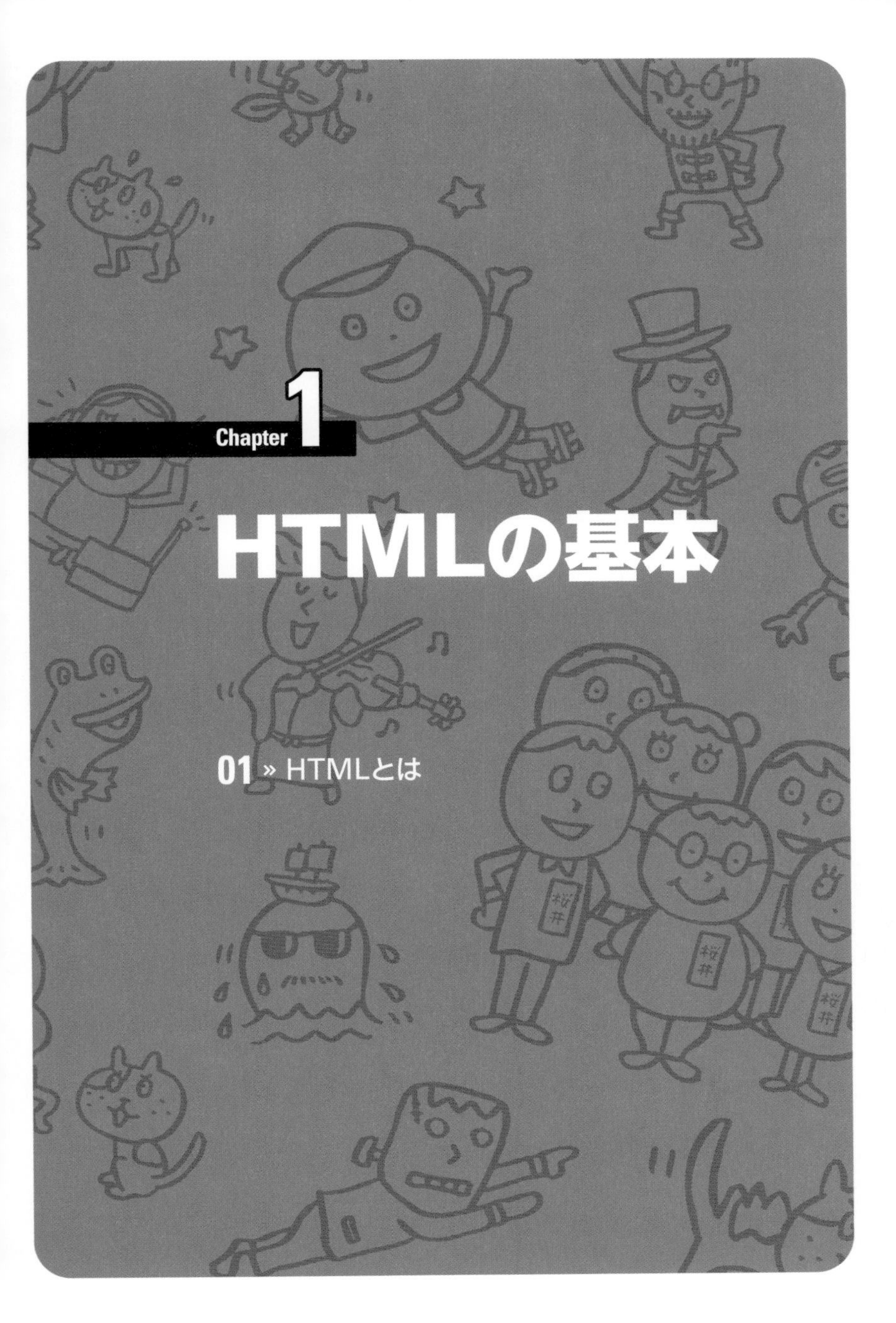

Chapter 1

HTMLの基本

HTMLの概要

HTMLとは

HTMLはHyper Text Markup Languageの略語です。
「Hyper Text」は単なるテキストではなく、他のファイルとつながることができるテキストであることを指しています。
「Markup」は、テキストに見出し、本文、リスト、表などの意味をつけることができることを指しています。
「Language」は、日本語や英語と同じように言語であることを指しています。
つまり、HTMLは「他のファイルとつながったり、テキストに意味付けをしたりできる言語」なのです。

HTMLが生まれた背景

HTMLは、最初、スイスにある素粒子物理学の研究所（欧州原子核研究機構）の研究者たちのために作られました。
この研究所では、多くの研究者たちが独立に研究結果を残していたため、それぞれの参照した研究結果を探すのが手間になるという問題がありました。
この問題を解決するために、情報共有の場としてのWorld Wide Webと、研究者たちが自身の研究結果と参照した研究結果をつなげるための言語、つまり初期のHTMLや関連する仕様が生まれました。

ブラウザの独自実装と標準化

HTMLが世界に広まると同時に、Webを閲覧するためのソフトウェア（ブラウザ）がいくつも生まれました。しかし各ブラウザは、独自のタグを組み込んでいるという問題がありました。そこでHTMLの標準化をはじめ、Webに関わる様々な技術の標準化のため

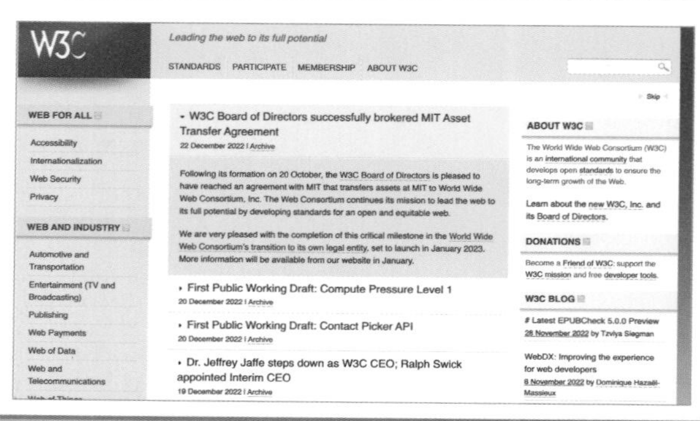

https://www.w3.org/

に、World Wide Web Consortium（略称：W3C）という非営利の団体が生まれました。W3Cの中でHTMLは標準化され、バージョンを重ねていくことになります。

HTMLのXML化

W3Cは、HTMLをXML（Extensible Markup Language）というデータ記述言語として、進化させることを考えていました。XMLは、その名前が示すとおりマークアップ言語を拡張（extense）したものです。そこで生まれたのがXHTMLです。

XHTMLは、XMLの構文を利用したHTMLのバリエーションです。XHTMLは、「要素名や属性名は小文字」「必ず終了タグが必要」などのルールを加えることで、データ記述言語の方向性を持たせました。しかし、厳密なルールが足かせになり、HTMLほど広まりませんでした。

HTML Living Standardへの流れ

W3Cは、さらに新しいバージョンのXHTMLの策定を進めていましたが、現状をふまえると広まらないのは明らかで、仕様の名前もHTMLの利用のされかたに合わないものでした。

W3Cの考えに不満を感じた企業は、HTMLはWebアプリケーションを作る流れにあるとして、WHATWG（Web Hypertext Application Technology Working Group）という標準化団体を作り、Web Applications 1.0を策定しました。

Web Applications 1.0には、HTMLの仕様だけではなく、Webアプリケーションを作るためにブラウザが実装する様々な機能の仕様も盛り込まれていました。そのため、後に、機能ごとに別々の仕様に切り出され、策定されていきました。

W3Cは2008年に、Web Applications 1.0と入力フォームを改良した仕様であるWeb Forms 2.0を統合して、HTML5として草案を発表しました。

HTML5は2014年10月に、HTML5.1が2016年11月に、HTML5.2が2017年12月に正式勧告されました。事情により現在はW3Cでは仕様の公開を行わず、WHATWGがHTML Living Standardとして標準仕様の策定・公開を継続しています。

本書は、このHTMLおよび関連技術であるCSSを扱います。

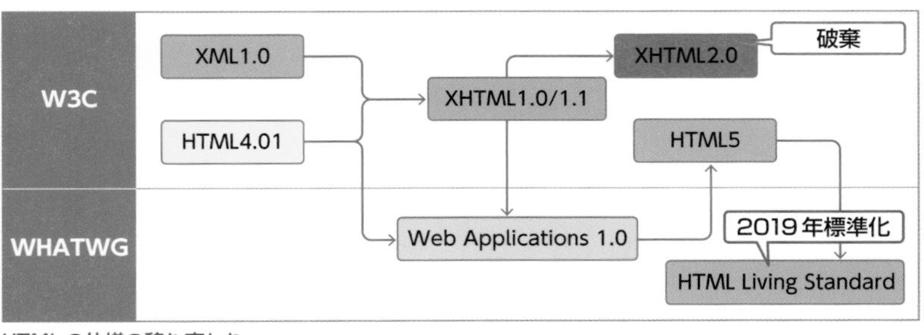

HTMLの仕様の移り変わり

要素と文書の構造

要素とタグ

もしHTMLがなかったら、Webサイトはどれが見出しでどれが本文なのか、どれがリストでどれが表なのかよくわからない状態になるでしょう。

HTMLでは、開始タグと終了タグでテキストを囲うことで、テキストに意味をつけます。開始タグと終了タグで囲まれるテキストを内容（コンテンツ）と言い、タグと内容をまとめて要素と言います。

例えば、<h1>HTMLの構造とタグ</h1>のタグは<h1>と</h1>であり、開始タグは<h1>、終了タグは</h1>です。

内容はHTMLの構造とタグであり、要素は<h1>HTMLの構造とタグ</h1>となります。

また、要素で意味付けをすることをマークアップ（HTMLのM:Markup）と言います。

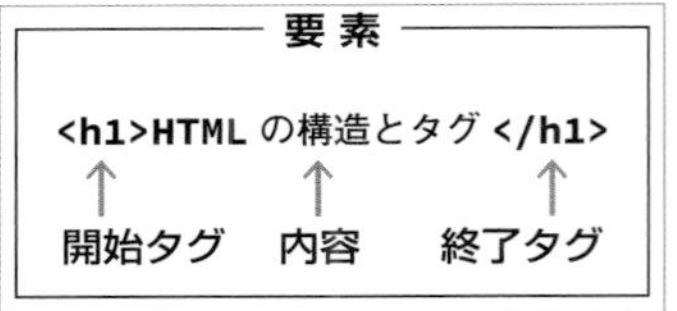

要素、開始タグ、終了タグ、内容の例

要素の省略

要素は「<要素>内容</要素>」で構成されますが、終了タグが省略できる要素もあります。例として、「段落」を示す<p>や、「リスト項目」を示す<li>があります。

また、「改行」を示す
や「画像」を示す<img>は、内容を伴わない要素（空要素）です。そのため、終了タグも存在しません。

HTML文書の構造

HTML文書の構造は、大まかに以下のようになります。

❶HTML文書を示す記述
❷文書に関する情報（タイトル、要約、キーワード、読み込むファイルなど）
❸文書の本体

❷の前にはhtml要素の開始タグ、❸の後にはhtml要素の終了タグがあります。

右図は基本的なHTML文書の構造の例です。

```
❶
<!DOCTYPE html>
<html lang="ja">
❷
<head>
<meta charset="utf-8">
<title>はじめてのHTML</title>
</head>
❸
<body>
<p>Hello!</p>
</body>
</html>
```

HTML の構造の例

タグ名・属性名・属性値

開始タグの内容

要素は、タグ名、属性名、属性値で構成される「開始タグ」から始まります。

タグ名は、要素で意味付けをする対象を示しています。例えば、対象が「画像」であればimg、「動画」であればvideo、「ハイパーテキストアンカー」であればaのようになります。

また、要素には「属性」を持たせることができます。例えば、a要素にhrefという属性を追加すると「移動先の場所」を示します。このとき記述する「href」が属性名です。右の例のように、タグ名、半角スペースの後に書きます。

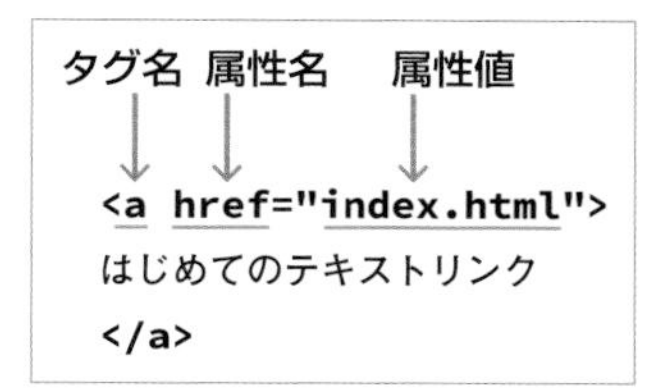

上の a 要素の開始タグにはタグ名「a」、属性名「href」、属性値「index.html」が含まれています。

href という属性名を記述しただけでは、「移動先の場所」がどこになるのか定まっていません。属性を具体的な値で指定するのが「属性値」です。例えば、href属性に index.html を指定すると、a要素は「index.htmlに移動する」という特性を持つことになります。

なお、属性は、すべての要素に適用できるタイプと、a要素のhref属性のように特定の要素にしか適用できないタイプにわかれます。また、記述できる属性値には、ここで挙げた例のようなURL以外にもパターンがあり、28ページで紹介しています。

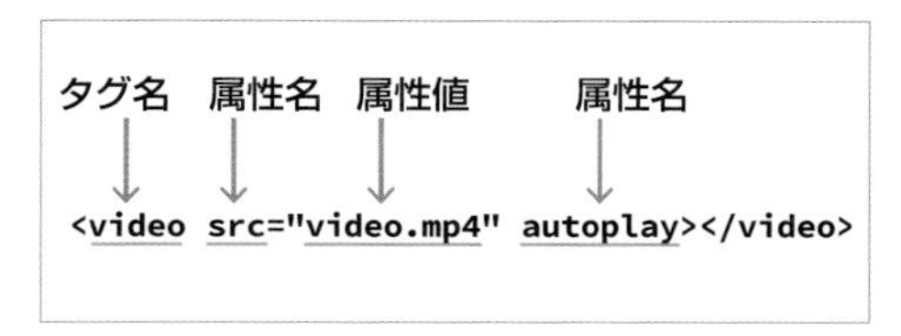

属性は、要素に定義されているものであればいくつでも指定できます。

本書の表記について

HTMLでは、要素、属性ともに大文字で記述しても小文字で記述しても問題ありませんが、本書ではアルファベットの小文字で表記を統一しています。

また、構文の紹介箇所では、要素、属性名、属性値の区別のため、要素を**青**、属性名を**緑**、属性値を**赤**に色分けしています。

属性値は、整数値やアルファベットのみの場合、引用符を省略できますが、本書ではすべての属性値を引用符で囲んでいます。なお、「-1」や「70%」など、+、-、%、#といった記号を伴う場合は、引用符は必須です。

カテゴリー

HTML4の要素は、段落やリストなどの「ブロック要素」、テキストの強調や装飾をする「インライン要素」のふたつに分けられていました。

HTML5からは要素を「7つのカテゴリー」に区分けし直しました。

- **メタデータ・コンテンツ…body要素の外側で使われ、HTML文書の概要や他の文書との関わりを示すための要素の集まりです。**
- **フロー・コンテンツ…body要素の内側で使われるほとんどの要素が入っています。**
- **セクショニング・コンテンツ…見出しからセクションの終わりまでの範囲を示す要素の集まりです。**
- **ヘッディング・コンテンツ…セクションのヘッダーを示す要素の集まりです。**
- **フレージング・コンテンツ…HTML文書のテキストや、段落内のテキストに意味付けをする要素の集まりです。**
- **エンベデッド・コンテンツ…HTML文書内に画像や動画や音声、他のHTML文書などの外部リソースを読み込む要素の集まりです。**
- **インタラクティブ・コンテンツ…ユーザーが操作できる要素の集まりです。**

各カテゴリーの関連性は右の図のとおりです。

多くの要素は基本的にフロー・コンテンツであり、他のカテゴリーにも属しています。

またHTML4では、要素内に内包できるものはブロック要素やインライン要素と記載されていましたが、HTML5からは、各要素に内包できるものは、フロー・コンテンツやフレージング・コンテンツと記載されます。

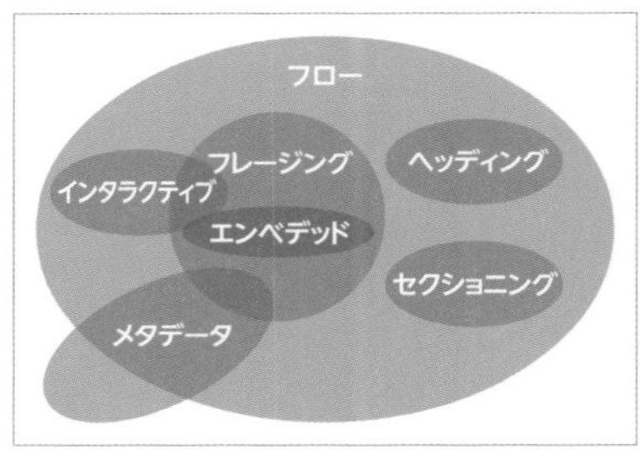

参考：https://www.w3.org/TR/html5/dom.html#kinds-of-content

p要素が内包できるもの：フレージング・コンテンツ
strong要素が内包できるもの：フレージング・コンテンツ

各カテゴリーに含まれる要素は以下のとおりです。

メタデータ・コンテンツ

base、link、meta、noscript、script、style、title

フロー・コンテンツ

a、abbr、address、area（map要素の子孫であるとき）、article、aside、audio、b、

bdi、bdo、blockquote、br、button、canvas、cite、code、data、datalist、del、details、dfn、dialog、div、dl、em、embed、fieldset、figure、footer、form、h1、h2、h3、h4、h5、h6、header、hr、i、iframe、img、input、ins、kbd、label、link(body要素内で使えるとき)、main、map、mark、math、menu、meter、nav、noscript、object、ol、output、p、picture、pre、progress、q、ruby、s、samp、script、section、select、small、span、strong、style、sub、sup、svg、table、template、textarea、time、u、ul、var、video、wbr、テキスト

セクショニング・コンテンツ

article、aside、nav、section

ヘッディング・コンテンツ

h1、h2、h3、h4、h5、h6

フレージング・コンテンツ

a、abbr、area (map要素の子孫であるとき)、audio、b、bdi、bdo、br、button、canvas、cite、code、data、datalist、del、dfn、em、embed、i、iframe、img、input、ins、kbd、label、link(body要素内で使えるとき)、map、mark、math、meter、noscript、object、output、picture、progress、q、ruby、s、samp、script、select、small、span、strong、sub、sup、svg、template、textarea、time、u、var、video、template、wbr、テキスト

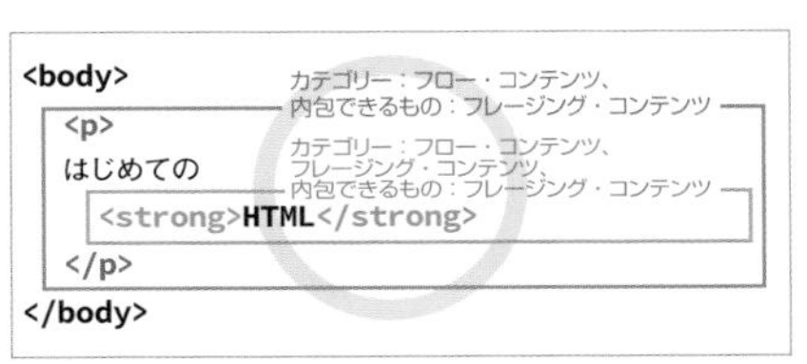
<body>
カテゴリー：フロー・コンテンツ、
内包できるもの：フレージング・コンテンツ
<p>
はじめての
カテゴリー：フロー・コンテンツ、
フレージング・コンテンツ、
内包できるもの：フレージング・コンテンツ
<strong>HTML</strong>
</p>
</body>

p 要素は「内包できるもの：フレージング・コンテンツ」とあるので、フレージング・コンテンツである strong 要素を中に入れることができます。

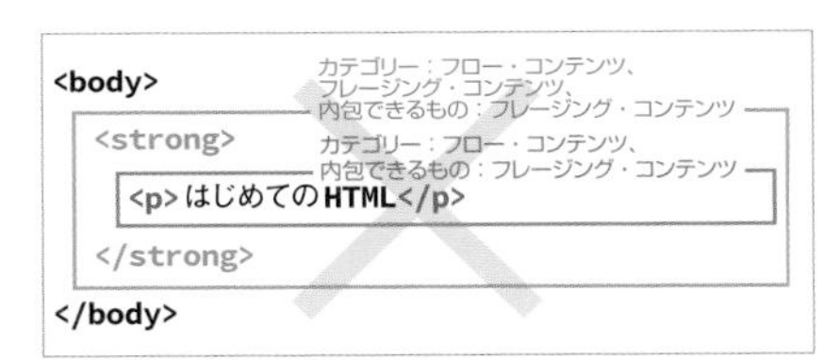
<body>
カテゴリー：フロー・コンテンツ、
フレージング・コンテンツ、
内包できるもの：フレージング・コンテンツ
<strong>
カテゴリー：フロー・コンテンツ、
内包できるもの：フレージング・コンテンツ
<p>はじめてのHTML</p>
</strong>
</body>

strong 要素は「内包できるもの：フレージング・コンテンツ」とあるので、フレージング・コンテンツではない p 要素を中に入れることはできません。

エンベデッド・コンテンツ

audio、canvas、embed、iframe、img、math、object、picture、svg、video

インタラクティブ・コンテンツ

a (href属性があるとき)、audio (controls属性があるとき)、button、details、embed、iframe、img (usemap属性があるとき)、input (type属性がhiddenでないとき)、label、select、textarea、video (controls属性があるとき)

セクション

HTML5からセクションという考え方が導入されました。セクションは、テーマによって区切られた文章の集まりです。書籍で言うところの、章や節と呼ばれるものです。

HTML4では、見出し要素を使ってWebページの階層構造を作りますが、どこからどこまでが階層構造の範囲かを明確に示すことはできませんでした。

HTML5からは、セクショニング･コンテンツであるarticle要素、aside要素、nav要素、section要素の4つの要素によって、階層構造の範囲を示すこともできるようになりました。

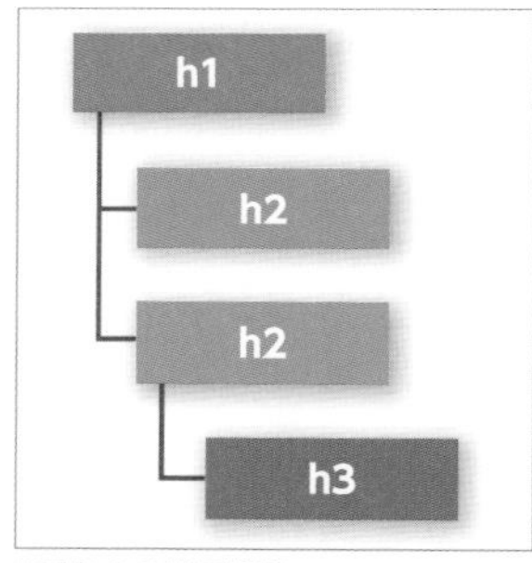

HTML4 の階層構造

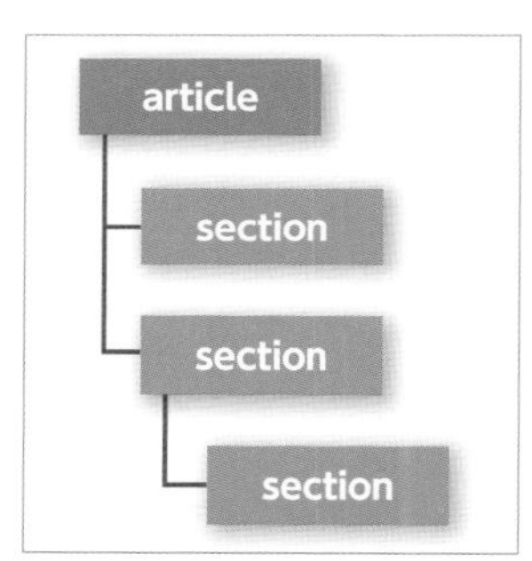

HTML5 のセクショニング・コンテンツを利用した階層構造

セクショニング・コンテンツ内はすべてh1要素？

セクショニング・コンテンツが階層構造を作るため、見出し要素は必須ではありません。セクショニング・コンテンツ内に見出し要素を入れた場合、見出し要素はセクションの概要を示します。つまりセクショニング･コンテンツを使う場合、h1、h2、h3という見出し要素のランクはあまり意味がなくなるため、すべてh1要素でOKになります。ただし、HTML5.1からは入れ子になっているsection要素の中ではh1要素が使えなくなりました。

また、CMSでのページ制作やブログの記事投稿など、WYSIWYGエディタでページ制作をする際はセクショニング・コンテンツを入力できないので、h1、h2、h3という見出し要素のランクによる階層構造を利用することになるでしょう。

アウトライン

見出し要素やセクショニング･コンテンツが作る階層構造を、アウトラインと言います。アウトラインは、Google ChromeであればHTML5 Outlinerという拡張機能で確認できます。

```
<body>
<div id="header">HTMLリファレンス</div>
<div id="nav">
<ul>
<li><a href="#honbun">本文</a></li>
<li><a href="#sample">ソースサンプル</
a></li>
</ul>
</div>
<div id="article">
<h1>セクションのしくみ</h1>
<div id="honbun">
<h2>本文</h2>
…
</div>
<div id="sample">
<h2>ソースサンプル</h2>
…
</div>
</div>
<div id="footer">copyright&copy;セク
ションのしくみ</div>
</body>
```

HTML4 の場合

```
<body>
<header>HTMLリファレンス</header>
<nav>
<ul>
<li><a href="#honbun">本文</a></li>
<li><a href="#sample">ソースサンプル</
a></li>
</ul>
</nav>
<article>
<h1>セクションのしくみ</h1>
<section id="honbun">
<h1>本文</h1>
…
</section>
<section id="sample">
<h1>ソースサンプル</h1>
…
</section>
</article>
<footer>copyright&copy;セクションのしくみ
</footer>
</body>
```

HTML5 のセクショニング・コンテンツを
利用する場合

Webページでのセクショニング・コンテンツの利用例

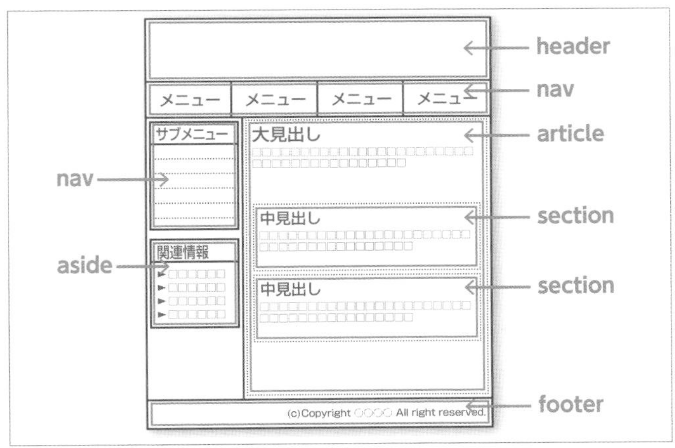

ファイル名

Webページを作るファイルには、HTMLファイル、CSSファイル、JavaScriptファイル、画像ファイルなど様々なファイルがあります。

これらのファイル名は、必ず「ファイル名.拡張子」という名前の形式で保存されている必要があります。

ファイル名のルール

ファイル名は、下記ルールを守っていれば自由につけることができます。

- **半角英数字（A-Z、a-z、0-9）と「-」「_」「.」だけを使うこと**
- **スペース、タブを含まないこと**

拡張子のルール

拡張子は、ファイルの内容と対でWebサーバー（ファイルを置くWeb上の場所）やOSに登録されています。そのため、決まった拡張子名を使う必要があります。

- HTMLファイル…html
- CSSファイル…css
- Javascriptファイル…js
- 画像ファイル…GIF形式（gif）、JPEG形式（jpg）、PNG形式（png）

OSとWebサーバの違い

OSとWebサーバでは、英大文字と小文字の扱いが異なります。

OS上では、大文字と小文字は同じ文字として認識されるため、「A.html」と「a.html」は同じファイル名として認識され、同じ階層に置くことができません。

しかし、Webサーバ上では、アルファベットの大文字と小文字は別の文字として認識されるため、上のふたつのファイルは同じ階層に置くことができます。

この違いのため、一般的には混乱を招かないように、ファイル名はすべて小文字でつけられます。

ファイルの整理

Webページを作っていくと、ファイルがどんどん増えていきます。同じ場所にファイルをたくさん置くと、編集したいファイルを見つけにくくなってしまいます。ファイルを見つけやすくするためには、階層（ディレクトリ）を作って整理する必要があります。よくある整理の例を見てみましょう。

ファイルの種類ごとのディレクトリ

階層の作り方にはいろいろな種類が考えられますが、まずは下記のようにファイルの種類ごとにディレクトリを分けて整理しましょう。

- HTMLファイル…そのまま置く
- CSSファイル…cssディレクトリ
- Javascriptファイル…jsディレクトリ
- 画像ファイル…imgディレクトリ

css
style.css
img
image.png
js
script.js
Index.html

ファイルの種類ごとにディレクトリを分けた例

カテゴリーごとのディレクトリ

Webサイトには様々な情報が掲載されますが、扱う内容でカテゴリーに分けて整理することができます。

例えば、「お知らせ」「製品情報」「会社情報」「お問い合わせ」というカテゴリーがあるとしたら、下記のように、そのカテゴリーごとにディレクトリを分けて整理できます。

- お知らせ…newsディレクトリ
- 製品情報…productディレクトリ
- 会社情報…companyディレクトリ
- お問い合わせ…contactディレクトリ

company
contact
news
product
Index.html

カテゴリーごとにディレクトリを分けた例

年・月ごとのディレクトリ

制作した日付で見つけたいファイルは、年・月のディレクトリに分けて整理することができます。例えば、下記のように年、月はディレクトリを分けて整理できます。

- 年…2023ディレクトリ、2024ディレクトリなど
- 月…01ディレクトリ、02ディレクトリなど
- 日…01.html、02.htmlなど

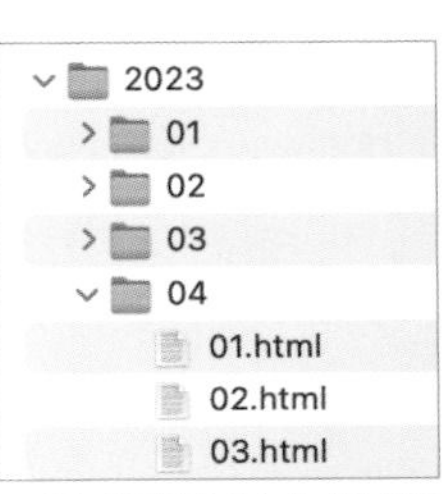

年・月ごとにディレクトリを分けた例

ファイル位置

パス

制作したHTMLファイルは、パソコンの中の特定のディレクトリにあります。

例えば、workディレクトリ内のindex.htmlをMacやUNIXで示すときには、work/index.htmlと記述できます。

workディレクトリが他のディレクトリに入っているのであれば、Users/gihyo/Desktop/work/index.htmlなどとなります。

WindowsではUsers¥gihyo¥Desktop¥work¥index.htmlと記述できます。

このように、スラッシュ（/）や円マーク（¥）で区切ってディレクトリ構造を示したものをパスと言います。

URL（Uniform Resource Locator）

制作したHTMLファイルをWeb上に公開するためには、Webサーバにそれらのファイルを移す必要があります。

それは、一般的なパソコンはWebに公開する場所を持っていないからです。WebサーバはWebに公開する場所を持っているため、ファイルのある場所をブラウザで指定すれば、世界中の誰でも同じファイルを見ることができます。

ブラウザで指定するファイルの場所を、URL（Uniform Resource Locator）と言います。

URLは、上述のパスに加えてスキームとホスト名を記述します。

スキーム…ファイルを取得するための手段。一般的なのはhttpやhttps
ホスト名…Webサーバに割り当てた名前

例えば、https://gihyo.jp/book/index.htmlというURLがあるとき、分解すると下記のようになります。

スキーム…https
ホスト名…gihyo.jp
パス…/book/index.html

パスを区切る文字がスラッシュ（/）なのは、WebサーバがUNIXベースの端末だからです。

Webサイト内のファイル位置

HTMLファイルからは、様々なファイルを参照します。参照するには、参照先のファイルの位置を表す必要があります。

参照元のファイルを基準にパスを書く方法を相対パス、Webサイトの一番上の階層を基準にパスを書く方法を絶対パスと言います。

右のようなディレクトリ構造のWebサイトがあるとします。workディレクトリ内にあるindex.htmlから他のファイルを参照するパスを書くとき、相対パスと絶対パスでどう違うか見てみましょう。

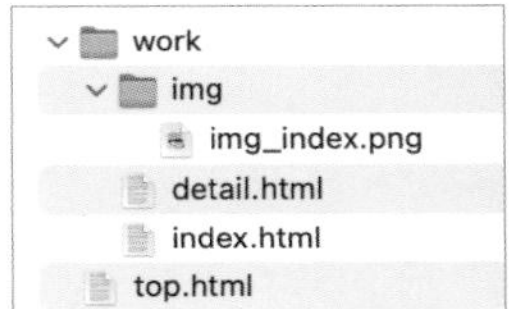

相対パス

相対パスでは参照元のファイルを基準に書きます。HTMLファイルにパスを書くのであれば、そのHTMLファイルが基準になります。

- **workディレクトリ内のdetail.html…detail.html**
- **workディレクトリ内のimgディレクトリ内のimg_index.png…work/img/img_index.png**
- **workディレクトリの上の階層のtop.html…../top.html**

同じ階層はファイル名そのままで書きます。下の階層のファイルは、ディレクトリ名とファイル名を「/（スラッシュ）」で区切って書きます。

上の階層は「../」と書いてファイル名を書きます。「../」はひとつ階層を上がることを示します。ふたつ上の階層のファイルを示すのであれば、「../../」と同じ記号をリピートした後にファイル名を書きます。

絶対パス

Webサイトの一番上の階層を基準にパスを書きます。

- **workディレクトリ内のdetail.html…/work/detail.html**
- **workディレクトリ内のimgディレクトリ内のimg_index.png…/work/img/img_index.png**
- **workディレクトリの上の階層のtop.html…/top.html**

絶対パスでは参照元のファイルがどこの階層にあっても、参照先のパスは同じになります。一番上の階層のファイルは、左端に「/」を書いた後にファイル名を書きます。
一段下の階層のファイルは、左端に「/」を書いた後にディレクトリ名とファイル名を「/（スラッシュ）」で区切って書きます。

Web上にあるファイルを示すときは、スキーム（https）とホスト名（gihyo.jp）を頭につけて（https://gihyo.jp）、ディレクトリ名とファイル名を記述したのが絶対パスとなります。

属性値のバリエーション

属性値には、入力値に制限のあまりない属性もあれば、数値のみだったり、決まった言葉に制限する属性もあります。

以下に属性のパターンをまとめて紹介します。

真偽値

真偽値を受け入れる属性は属性値を持たず、属性があるかないかで要素の特性を示します。下記の例は選択肢「チーズ」が選択されていて（checked)、かつ使用できない（disabled）状態を示しています。

checkedとdisabledは真偽値の属性です。

```
<label><input type="checkbox" checked name="cheese" disabled> チーズ</
label>
```

キーワード

決まったキーワードがある属性は、そのキーワードで要素の特性を示します。

下記の例は、テキストリンクのテキストを編集できる（**contenteditable="true"**）状態を示しています。

contenteditable属性は、trueとfalseのキーワードを持つ属性です。

```
<a href="https://gihyo.jp" contenteditable="true">技術評論社</a>
```

数値

数値に関わる属性は、下記のような値を属性値に指定することで要素の特性を示します。

- **整数（-3、-2、-1、0、1、2、3…）**
- **少数（-0.3、-0.2、-0.1、0、0.1、0.2、0.3…）**
- **パーセンテージ（10%、21%、35%…）**
- **整数のリスト（「0,10,20,30」など）**

下記の例は、video要素の幅（**width="640"**）と高さ（**height="480"**）を指定した状態を示しています。

width属性、height属性は数値を指定する属性です。

```
<video src="video.mp4" width="640" height="480"></video>
```

日付と時刻

日付と時間に関わる属性は、下記のような値を属性値に指定することで要素の特性を示します。

- 年月（2023-01など）
- 日付（2023-01-01など）
- 年なしの日付（01-01など）
- 時刻（01:59:30など）
- 日付と時刻（2023-01T01:59:30など）
- タイムゾーン（+9:00など）
- グローバルな日付と時間（2023-01T01:59:30+9:00など）
- 週（2023-W01）

下記の例は、time要素にお正月の年月日（datetime="2023-01-01"）を指定した状態を示しています。

datetime属性は日付や時間を指定する属性です。

```
<time datetime="2023-01-01">お正月</time>
```

色

色に関わる属性は、赤・緑・青を表した値を属性値に指定することで、要素の特性を示します。

色を表す値は、赤・緑・青の色をそれぞれ256段階（0～255）で表したものを、16進数に変換して、頭に「#」をつけた値になります。

- #000000…黒（赤:0、緑:0、青:0）
- #ffffff…白（赤:255（16進数ではff）、緑:255（16進数ではff）、青:255（16進数ではff））
- #ff0000…赤（赤:255（16進数ではff）、緑:0、青:0）
- #0000ff…青（赤:0、緑:0、青:255（16進数ではff））
- #ffff00…黄（赤:255（16進数ではff）、緑:255（16進数ではff）、青:0）

下記の例は、input要素に赤色（value="#ff0000"）を指定した状態を示しています。

input要素のtype属性値がcolorのとき、value属性は色を指定する属性となります。

R:255	G:0	B:0
#ff	00	00

赤を表す属性値の例

```
<input type="color" value="#ff0000">
```

MIMEタイプ

MIMEタイプに関わる属性は、下記のような値を属性値に指定することで要素の特性を示します。

MIMEタイプは、ファイル形式を「タイプ名/サブタイプ名」で示したものです。

下記の例は、音声ファイルとしてsource要素にoggファイル（**type="audio/ogg"**）、mp3ファイル（**type="audio/mpeg"**）を指定した状態を示しています。

type属性は、MIMEタイプを指定する属性です。

MIMEタイプ	ファイルの種類	拡張子
テキスト		
text/plain	テキストファイル	.txt
text/html	HTMLファイル	.html .htm
text/css	CSSファイル	.css
text/javascript	JavaScriptファイル	.js
画像		
image/gif	GIFファイル	.gif
image/png	PNGファイル	.png
image/jpeg	JPEGファイル	.jpg .jpeg
image/webp	WebPファイル	.webp
動画		
video/mp4	MP4ファイル	.mp4 .m4v
video/ogg	Oggファイル	.ogg .ogv
video/webm	WebMファイル	.webm
音声		
audio/aac	AACファイル	.aac
audio/mp4	MP4ファイル	.mp4 .m4a
audio/mpeg	MPEGファイル	.mp1 .mp2 .mp3 .mpg .mpeg
audio/ogg	Oggファイル	.ogg .oga
audio/wav	WAVEファイル	.wav
audio/webm	WebMファイル	.webm

```
<audio controls>
<source src="audio.ogg" type="audio/ogg">
<source src="audio.mp3" type="audio/mpeg">
</audio>
```

言語コード

言語コードに関わる属性は、下記のような値を属性値に指定することで、要素の特性を示します。

言語コードは、「-（ハイフン）」によって分けたひとつ以上の下位タグ（「言語」「文字体系」「地域」など）で構成されます。下位タグの「言語」は必須です。

下位タグの詳細は、「言語」はISO 639-1、「文字体系」はISO 15924、「地域」はISO 3166-1 alpha-2にまとめられています。例えば、言語と文字体系の組み合わせで「zh-Hans」（簡体字中国語）や「zh-Hant」（繁体字中国語）を示すこともできます。

下記の例は、html要素に日本語（**lang="ja"**）を指定した状態を示しています。
lang属性は、言語コードを指定する属性です。

```
<html lang="ja">
```

言語コード	言語名
ar	アラビア語
de	ドイツ語
el	ギリシャ語
en	英語
eo	エスペラント語
es	スペイン語
fr	フランス語
it	イタリア語
ja	日本語
ko	韓国語 / 朝鮮語
la	ラテン語
ms	マレー語
pt	ポルトガル語
ru	ロシア語
sw	スワヒリ語
th	タイ語
vi	ベトナム語
zh	中国語

グローバル属性

グローバル属性は、すべてのHTML要素で指定できる属性です。

グローバル属性には次のものがあります。

属性名	説明
accesskey	特定のキーにリンクを指定
autocapitalize	入力した英文字の大文字化を指定
autofocus	ページ読み込み後、すぐに選択することを指定
contenteditable	ブラウザ上でテキストを編集できることを指定
dir	書字方向（文字を書き進める向き）を指定
draggable	ドラッグできることを指定
enterkeyhint	ソフトウェアキーボードの Enter キーのアイコンを指定
hidden	要素がまだない状態、もしくはページの現在の状態に関係がない状態であることを指定
inert	要素と子孫要素が不活性（クリック / 選択 / 編集ができない）状態であることを指定
inputmode	ソフトウェアキーボードの種類を指定する
lang	言語コードを指定
spellcheck	自動でスペルチェックを指定
style	スタイル（CSSのプロパティと値）を指定
tabindex	Tab キーで移動するときの順番を指定
title	要素のタイトル・説明・解説などを指定
translate	翻訳するかどうか指定

CSSで利用するclass属性やid属性もグローバル属性です。

属性名	説明
class	要素が属するクラスを指定
id	要素がページ内で持つ唯一の名前を指定

「data-」に続く属性名を自分でカスタムできるカスタムデータ属性もグローバル属性です。

data-foldername="myfolder"や、data-msgid="12345"のように指定できます。

属性名	説明
data-*	自分でカスタムできる（* の部分）属性を指定

ブラウザ上でテキストを編集する

構文

```
<p contenteditable="●">▲</p>
```

● … ブラウザ上でのテキスト編集の可否（空文字、true、false）
▲ … ブラウザ上で編集するテキスト

contenteditable属性は、ブラウザ上でテキストを編集できるようにする属性です。属性値（●）は、以下の3つから選択できます。

- 空文字、true…ブラウザ上で編集可能
- false…ブラウザ上で編集不可

contenteditable属性を指定しない場合、親要素の状態を引き継ぎます。

サンプルでは、「海洋深層水」というテキストをcontenteditable属性で編集可能に指定しています。そのため、ブラウザで表示したときに、「海洋深層水」をクリックしてテキストを書き換えることができるようになります。

サンプルソース

```
<!DOCTYPE html>
<html lang="ja">
<head>
<meta charset="utf-8">
<title>ブラウザ上でテキストを編集する</title>
中略
</head>
<body>
中略
<p>編集不可：残りの人生も砂糖水を売りたいか？<br>
編集可能：残りの人生も<span contenteditable
="true">海洋深層水</span>を売りたいか？</p>
</body>
</html>
```

ブラウザ表示

編集不可：残りの人生も砂糖水を売りたいか？
編集可能：残りの人生も海洋深層水を売りたいか？

ココ

表示を隠す

構文

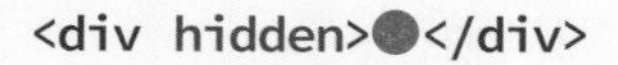

```
<div hidden>●</div>
```

● … まだ関連性がない、
もしくはすでに関連性がない内容

hidden属性は、指定した要素の中身がまだ本文に関連性がない、もしくはすでに関連性がない内容であることを指定する属性です。

例えば、ログインが必要なゲームで、ログイン後はログイン画面を非表示にしておくなど、一度通過したら戻らない内容は表示/非表示の切り替えで利用するのが適切です。タブで切り替えるコンテンツなどにも表示/非表示状態がありますが、いつでも表示を切り替えられる内容に利用するのは適切ではありません。

サンプルでは、「あめ玉、」というテキストにhidden属性を指定しています。そのため、ブラウザ上では表示されていないことがわかります。

サンプルソース

```
<!DOCTYPE html>
<html lang="ja">
<head>
<meta charset="utf-8">
<title>表示を隠す</title>
中略
</head>
<body>
中略
<p>イラストにあるもの：iPad、<span hidden>
あめ玉、</span>ジョブズの名言</p>
<p>おや、あめ玉は？</p>
</body>
</html>
```

ブラウザ表示
画面には思わず
なめたくなるような
ボタンを配置した
ココ
イラストにあるもの：iPad、ジョブズの名言
おや、あめ玉は？

関連 要素の表示方法（P.255）

自動でスペルチェックする

構文

```
<input spellcheck="●" value="▲">
```

● … 自動スペルチェックの可否（空文字、true、false）
▲ … スペルチェックをするテキスト

spellcheck属性は、テキストのスペルチェックをするかどうかを指定します。例えばOperaでは、スペルチェックをするように指定した要素に、スペルの間違ったテキストを入れると、赤の点線を表示します。

属性値（●）は以下の3つから選択できます。

- 空文字、true…スペルチェックを行う
- false…スペルチェックを行わない

spellcheck属性を指定しない場合、親要素の状態を引き継ぎます。

サンプルでは、テキストボックスのspellcheck属性でスペルチェックを行うを指定しています。そのため、ブラウザ上では「pirte」（正しくはpirate）に赤い破線が引かれ、スペルミス表示をしていることがわかります。

サンプルソース

```
<!DOCTYPE html>
<html lang="ja">
<head>
<meta charset="utf-8">
<title>自動でスペルチェックする</title>
中略
</head>
<body>
中略
<p>きみはどうだい？<br>
<input type="text" spellcheck="true"
value="Navy or pirte?"></p>
</body>
</html>
```

翻訳させないようにする

構文

```
<div translate="●">▲</div>
```

● … テキストの翻訳の可否（空文字、yes、no）
▲ … 翻訳させないテキスト

translate属性は、テキストの翻訳の可否を指定する属性です。商品名などの固有名詞、引用した作品中の文章など、翻訳されるとかえって理解しにくくなるテキストを、翻訳させないようにするために利用します。

属性値（●）は以下の3つから選択できます。

- 空文字、yes…翻訳する
- no…翻訳しない

translate属性を指定しない場合、親要素の状態を引き継ぎます。

サンプルでは、「Stay hungry, stay foolish.」というテキストにtranslate属性で翻訳させないように指定しています。そのため、translate属性に対応している翻訳サービスではテキストが翻訳されないでしょう。

サンプルソース

```
<!DOCTYPE html>
<html lang="ja">
<head>
<meta charset="utf-8">
<title>翻訳させないようにする</title>
中略
</head>
<body>
中略
<p><span translate="no">Stay hungry, stay foolish.</span><br>
翻訳は不要だよね。</p>
</body>
</html>
```

ブラウザ表示

Stay hungry, stay foolish.
翻訳は不要だよね。

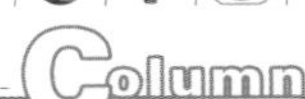

記号やマークを表示する

「<」や「>」という記号を文章内に使いたいとき、「<」や「>」という特殊な記述をしなければブラウザには表示されません。

これは「<」や「>」がタグを示すのに使われる文字だからです。

文字参照は、このように「意味があるためにブラウザに表示されない文字」を表示するための特殊な記述です。

文字参照には、記述方法の違いによって文字実体参照と数値文字参照があります。

文字実体参照は、上述の「<」「>」のようにアルファベットの文字列を「&」と「;」ではさんだ記述です。

数値文字参照は、「<」「>」のように数値を「&#」と「;」ではさんだ記述です。

一般的に、文字実体参照のほうは意味があってわかりやすくなっています。例えば「<(<)」であれば「lt」が「less than（小なり）」を示しています。

表示	実体参照	数値参照	説明
<	<	<	小なり記号
>	>	>	大なり記号
&	&	&	アンパーサンド
"	"	"	引用符
‘	‘	‘	引用符（始まり）
’	’	’	引用符（終わり）
“	“	“	二重引用符（始まり）
”	”	”	二重引用符（終わり）
«	«	«	二重山括弧（始まり）
»	»	»	二重山括弧（終わり）
¢	¢	¢	セント記号
£	£	£	ポンド記号
€	€	€	ユーロ記号
¥	¥	¥	円記号
©	©	©	著作権マーク
®	®	®	商標登録マーク
°	°	°	度
—	—	—	emダッシュ
–	–	–	enダッシュ
±	±	±	プラスマイナス
♠	♠	♠	スペード
♣	♣	♣	クローバー
♥	♥	♥	ハート
♦	♦	♦	ダイア

Chapter 2

HTML リファレンス

HTML文書の構造とDOCTYPE宣言

HTML文書の構造

HTML文書は、まずDOCTYPE宣言から始まります。

その後にhtml要素（<html>～</html>）を記述します。html要素の中には、head要素（<head>～</head>）とbody要素（<body>～</body>）を記述します。

DOCTYPE宣言

DOCTYPE宣言には、HTMLのバージョンが記述されます。

以前はHTML4やXHTML1などのバージョンを示すために、文書型（DTD）を記述していましたが、HTML5以降は文書型の記述がないこと自体がHTML5以降のバージョンであることを示すため、不要となりました。

ヘッダ（head要素の中）

ヘッダ部分は、ページの概要です。

title要素（<title>～</title>）でページタイトルを示し、meta要素（<meta>～</meta>）で文字コードや概要文を示します。

また、link要素（<link>）でCSSファイルの読み込み、script要素（<script>）でJavaScriptファイルの読み込みができます。

ボディ（body要素の中）

ボディ部分は、文書の本体です。ブラウザに表示される部分になります。

article要素（<article>～</article>）、section要素（<section>～</section>）などでセクションを示し、h1要素（<h1>～</h1>）などで見出しを示します。

また、p要素（<p>～</p>）で段落を示したり、a要素（<a>～</a>）で他のページへのリンクテキストを示したり、video要素（<video>～</video>）で動画を表示したりすることができます。

```
<!DOCTYPE html>                          ← DOCTYPE宣言
<html lang="ja">
<head>                                   ← ヘッダ
<meta charset="utf-8">
<title>HTML文書の構造</title>
</head>
<body>                                   ← ボディ
<h1>見出し</h1>
<p>本文</p>
</body>
</html>
```

サンプルソース

基本のHTMLファイルを作る

構文

```
<html lang="●">■</html>
<head>★</head>
<body>◆</body>
```

● … 言語コード
■ … HTMLのソース（<head>★</head><body>◆</body>）
★ … ヘッダ情報
◆ … Webページ本体

カテゴリー なし　　内包できるもの head要素とその後に続くbody要素

html要素は、HTML文書のルート（根っこ）を示します。すべてのHTMLの要素は、html要素の中に入ります。

lang属性は、文書で主に使用される言語を言語コード（30ページ参照）で示します。

html要素のlang属性は、音声合成ツールでは発音のしかたを決定するのに使われ、翻訳ツールでは翻訳のしかたを決めるのに使われるため、指定しておくことが推奨されています。

head要素は、HTML文書の概要（タイトル、説明文、キーワードなど）の集まりを示します。body要素は、HTML文書の本体を示します。

サンプルソース

```
<!DOCTYPE html>
<html lang="ja">
<head>
<meta charset="utf-8">
<title>HTMLファイルの骨組みを作る</title>
中略
</head>
<body>
中略
<p>『七人の桜井』<br>
制作年度：1954年　監督：黒川明</p>
</body>
</html>
```

ブラウザ表示

『七人の桜井』
制作年度：1954年　監督：黒川明

関連 属性値のバリエーション（P.28）

ページタイトルをつける

title要素は、HTML文書のタイトルや名前を示します。

title要素の内容は、ブラウザの履歴やブックマーク、検索エンジンでの検索結果ページなど、様々なところで利用されます。同じ内容のtitle要素をいくつも作ってしまうと、上記の場所で利用されたときに同じ名前がたくさん表示されて区別がつかなくなったり、リンク先を表示しないとページ内容がわからなかったりするので、情報を再利用しにくいWebページになってしまいます。

title要素の内容には「ページ固有の内容 | サイト名」を記述するなどのルールを作って、HTMLファイルごとに別々のものを使用するようにしましょう。

サンプルソース

```
<!DOCTYPE html>
<html lang="ja">
<head>
<meta charset="utf-8">
<title>ページにタイトルをつける | HTML&
CSSポケットリファレンス</title>
中略
</head>
<body>
中略
<p>『盗聴物語』<br>
制作年度：1953年　監督：小津高二郎</p>
</body>
</html>
```

文字エンコード方式を指定する

構文

```
<meta charset="●">
```

● … 文字エンコード方式
(utf-8、shift_jis、euc-jpなど)

カテゴリー メタデータ・コンテンツ　　内包できるもの 空

meta要素は、head要素内の他の要素(title要素など)では表現できない、様々な種類のメタデータを示します。

charset属性は、ドキュメントの文字エンコード方式を指定する属性です。属性値はutf-8であるべきとされています。

utf-8は、英語や日本語だけでなく様々な外国語を含んでいるため、例えば、日本語と韓国語と中国語を一緒に記述しても、文字化けすることなくブラウザに表示されます。

shift_jisやeuc-jpは、日本語を表示するための文字エンコード方式なので、韓国語と中国語は表示できません。

なお、meta要素charset属性に指定した文字エンコード方式と、HTMLファイルを保存するときに選択する文字エンコード方式が違うと、文字化けしてしまうので注意しましょう。

サンプルソース

```
<!DOCTYPE html>
<html lang="ja">
<head>
<meta charset="utf-8">
<title>文字エンコード方式を指定する</title>
中略
</head>
<body>
中略
<p>『稟議なき戦い』<br>
制作年度：1973年　監督：浅作欣二<br>
英語：Battles Without The Internal
Memo<br>
韓国語題：내부 메모없이 전투<br>
中国語題：战斗没有内部备忘录</p>
</body>
</html>
```

ブラウザ表示

『稟議なき戦い』
制作年度：1973年　監督：浅作欣二
英語：Battles Without The Internal Memo
韓国語題：내부 메모없이 전투
中国語題：战斗没有内部备忘录

検索エンジン用に概要などを設定する

構文

```
<meta name="●" content="▲">
<meta name="robots" content="■">
```

● … description、keywords
▲ … 説明文（descriptionのとき）、キーワード（keywordsのとき）
■ … oindex、nofollow、none、noarchive

カテゴリー メタデータ・コンテンツ　　内包できるもの 空

meta要素は、Webページの説明文を示す場合や、検索エンジンの巡回ロボットの制御に利用できます。
name属性値にdescriptionを指定したmeta要素は、Webページの説明文を示します。content属性には自由に記述できます。
name属性値にkeywordsを指定したmeta要素は、Webページのキーワードを示します。content属性には単語をカンマ「,」で区切って記述します。
name属性値にrobotsを指定したmeta要素は、検索エンジンの巡回ロボットの制御に利用できます。属性値には下記のものがあり、複数の値をカンマ「,」で区切って指定できます。

- noindex…検索結果に表示されないようにする指定
- nofollow…Webページ内のリンク先を巡回させないようにする指定
- none…noindexとnofollowをあわせてひとつの言葉で示した指定
- noarchive…Webページのキャッシュをさせないようにする指定

サンプルソース

```
<!DOCTYPE html>
<html lang="ja">
<head>
<meta charset="utf-8">
<title>検索エンジン用に概要などを設定する</title>
<meta name="description" content="検索エンジンの制御を説明しています。">
<meta name="robots" content="none, noarchive">
中略
</head>
<body>
中略
<p>『となりの所』<br>
制作年度：1988年　監督：寺﨑駿</p>
</body>
</html>
```

ブラウザ表示

『となりの所』
制作年度：1988年　監督：寺﨑駿

スマートフォンの表示を設定する

構文

```
<meta name="viewport" content="●">
```

● … 幅や高さなどの指定

カテゴリー　メタデータ・コンテンツ　　内包できるもの　空

name属性値にviewportを指定したmeta要素は、スマートフォンやタブレット端末のデフォルト表示、ユーザーによる拡大/縮小操作の制御などを示します。content属性には下記のプロパティを指定できます。複数のプロパティを記述するときは「,」で区切ります。

- **width…表示幅。980pxなど。デバイスのピクセル幅を示すdevice-widthを指定可能**
- **height…表示縦幅。デバイスのピクセル縦幅を示すdevice-heightを指定可能**
- **initial-scale…初期表示倍率。1.0など**
- **minimum-scale…最小表示倍率。0.25など**
- **maximum-scale…最大表示倍率。5.0など**
- **user-scalable…ユーザーが拡大/縮小できるかどうか。yes、noを指定**

Webページのページ幅を100%に設定したときには`width=device-width`、具体的な数値を設定したときには`width=1000px`などと指定すればOKです。

サンプルソース

```
<!DOCTYPE html>
<html lang="ja">
<head>
<meta charset="utf-8">
<title>スマートフォンの表示を設定する</title>
<meta name="viewport" content="
width=device-width,initial-scale=1.0,
user-scalable=no">
中略
</head>
<body>
中略
<p>『月は丁稚に出ている』<br>
制作年度：1993年　監督：金洋一</p>
</body>
</html>
```

ブラウザ表示

『月は丁稚に出ている』
制作年度：1993年　監督：金洋一

ブラウザでは見えないコメントを入れる

HTMLファイルを読みやすくするために、情報を残しておきたいときにはコメントのマークアップを使用します。

```
<!-- ● -->
```

コメントのマークアップは開始文字「<!--」から始まり、終了文字「-->」で終わります。コメントの開始文字と終了文字の間（●）に記述されたテキストは、ブラウザには表示されません。また、複数行になっても問題ありません。

コメントの開始文字や終了文字に重複してしまうので、コメントのテキストでは、以下のことをしてはいけないというルールがあります。

- 「>」「->」から始める

なお、HTML5.2からはコメントのテキストに「--」を含むことや「-」で終わらせることができるようになりました。

サンプルソース

```
<!DOCTYPE html>
<html lang="ja">
<head>中略</head>
<body>
<!-- 記事スタート -->
<article>
<h1>コメントを使う例</h1>
<section id="sec_01">
<h2>セクション1</h2>
<p>コメントがあることでセクション1の範囲がわかりやすくなります。</p>
<!-- /sec_01 --></section>
<section id="sec_02">
<h2>セクション2</h2>
<p>コメントがあることでセクション2の範囲がわかりやすくなります。</p>
<!-- /sec_02 --></section>
</article>
<!-- /記事エンド -->
</body>
</html>
```

見出しを作る

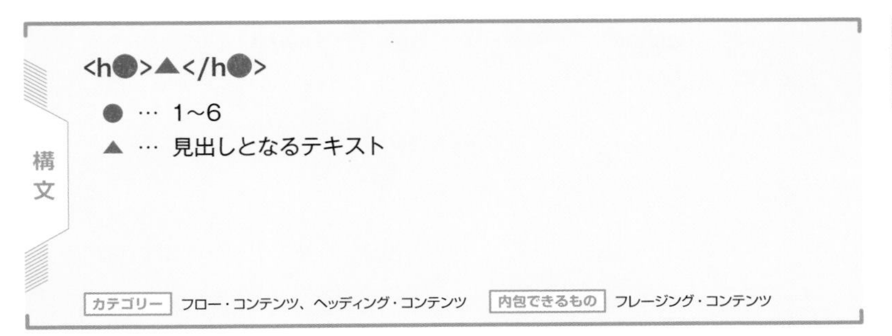

h1～h6要素は、セクションごとの見出しを示します。hの右側の数字は見出しのランクです。

h1要素が最も上のランクの見出し、h6要素が最も下のランクの見出しとなります。

見出しのランクは、ツリー構造を示すように記述する必要があります。例えば、h1要素のすぐ後にh3要素を記述するのは適切な使い方ではありません。

「セーラー服とミカン十」というテキストにh1要素、「あらすじ」というテキストにh2要素を指定しています。そのため、ブラウザ上では文字が太字で大きく表示されていることがわかります。

サンプルソース

```
<!DOCTYPE html>
<html lang="ja">
<head>
<meta charset="utf-8">
<title>見出しを作る</title>
中略
</head>
<body>
中略
<h1>セーラー服とミカン十</h1>
<p>制作年度： 1981年<br>監督：相麦慎二</p>
<h2>あらすじ</h2>
<p>セーラー服とミカン10個をめぐるファンタジック青春ストーリー。</p>
</body>
</html>
```

関連 セクション（P.22）

汎用的に使える要素①

構文

<div>●</div>

● … フロー・コンテンツ

カテゴリー フロー・コンテンツ　　内包できるもの フロー・コンテンツ

div要素は、特に特別な意味を持っていません。そのため、div要素はなるべく使わず、他の適切な要素から利用することが推奨されています。複数の要素をグループ化するためにclass、lang、title属性などと一緒に使うことができます。

div要素は様々な要素をグループ化できますが、グループ化する内容が独立した記事ならarticle要素が適切ですし、主だったリンクの集まりならnav要素が適切です。

このように要素のグループ化では、内容に合わせてセクショニング・コンテンツ（article、aside、section、nav）を選ぶことを最初に検討します。

その後、例えば2段組みや3段組みをするなど、レイアウトのために必要となるグループ化ではdiv要素の利用を考えるようにしましょう。

サンプルソース

```
<!DOCTYPE html>
<html lang="ja">
<head>
<meta charset="utf-8">
<title>汎用的に使える要素(1)</title>
中略
</head>
<body>
中略
<div>『ハゼ立ちぬ』<br>
制作年度：2013年　監督：寺﨑駿</div>
</body>
</html>
```

ブラウザ表示

『ハゼ立ちぬ』
制作年度：2013年　監督：寺﨑駿

汎用的に使える要素②

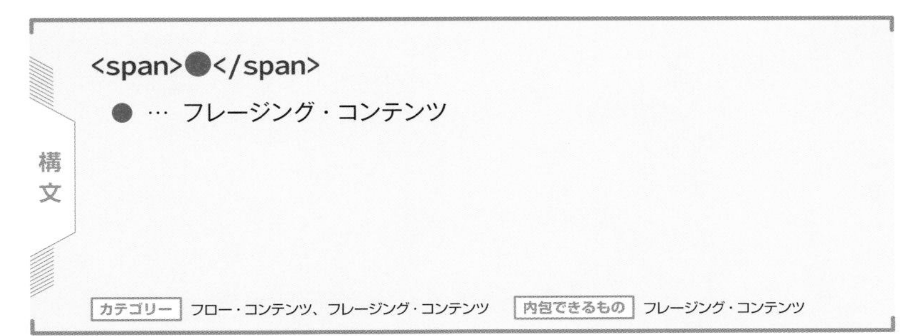

span要素は、特に特別な意味は持っていません。しかし、class、lang、dir属性などを使用して、部分的に属性を適用するのに便利です。

span要素は、単語や文章など様々な部分に利用できますが、重要な部分であればstrong要素、強調する部分であればem要素、ユーザーに注意を促す文章などはsmall要素が適切です。

このように単語や文章などには、内容に合わせてstrong要素、em要素、small要素など、意味を持ったフレージング・コンテンツを利用しましょう。

そのどれにも当てはまらない場合に、span要素の利用を考えるようにしましょう。

サンプルソース

```
<!DOCTYPE html>
<html lang="ja">
<head>
<meta charset="utf-8">
<title>汎用的に使える要素(2)</title>
中略
</head>
<body>
中略
<p>『そして父に樽』<br>
制作年度：<span class="data">2013年</span> 監督：<span class="data">非枝裕和</span></p>
</body>
</html>
```

まとまりを記事として表す

構文

<article>●</article>

● … 自己完結する内容の記事の見出しや文章など

カテゴリー フロー・コンテンツ、セクショニング・コンテンツ　内包できるもの フロー・コンテンツ

article要素は、自己完結する内容を表すセクションを定義します。例えば、雑誌や新聞の記事、掲示板への投稿、ブログエントリー、ユーザーの投稿したコメント、インタラクティブなウィジェットやガジェットに指定します。

サンプルでは、「吾輩は猫である」というテキストのh1要素と画像とp要素を囲う要素としてarticle要素を指定しています。そのため、body要素の作るセクションとarticle要素のセクションで階層構造が作られます。このページにはh1要素がふたつあり、同じ階層にある見出しのように思えます。しかし、h1要素のランクとは関係なく階層構造はセクションで作られています。

サンプルソース

```
<!DOCTYPE html>
<html lang="ja"><head>
<meta charset="utf-8">
<title>まとまりを記事として表す</title>
中略</head>
<body>
<h1>夏目漱石作品集</h1>
<article>
<h1>吾輩は猫である</h1>
中略
<p>しかしひもじいのと寒いのにはどうしても我慢が出来ん。吾輩は再びおさんの隙を見て台所へ這い上あがった。中略</p>
</article>
</body>
</html>
```

ブラウザ表示

夏目漱石作品集

吾輩は猫である

わかっちゃいるけど やめられない

しかしひもじいのと寒いのにはどうしても我慢が出来ん。吾輩は再びおさんの隙を見て台所へ這い上がった。すると間もなくまた投げ出された。吾輩は投げ出されては這い上り、這い上っては投げ出され、何でも同じ事を四五遍繰り返したのを記憶している。その時におさんと云う者はつくづくいやになった。

関連 セクション（P.22）

まとまりをテーマの区切りとして表す

構文

<section>●</section>

● … テーマでまとまっている内容の見出しや文章など

カテゴリー フロー・コンテンツ、セクショニング・コンテンツ　内包できるもの フロー・コンテンツ

section要素は、HTML文書やアプリケーションの汎用的なセクションを定義します。ここで言うセクションとは、コンテンツ内においてテーマでまとめられた部分を指します。このため、section要素はdiv要素のように単にまとめるだけの要素ではありません。

スタイルシートの適用や、スクリプトの利用時の利便性のために要素を追加する場合は、div要素が適切です。

サンプルでは、「一」というテキストのh1要素と画像とp要素を囲う要素としてsection要素を指定しています。そのため、body要素の作るセクションとsection要素のセクションで階層構造が作られます。このページにはh1要素がふたつあり、同じ階層にある見出しのように思えます。しかし、h1要素のランクとは関係なく階層構造はセクションで作られています。

HTML5.1からは入れ子になっているsection要素の中ではh1要素を使用できなくなりました。

サンプルソース

```
<!DOCTYPE html>
<html lang="ja"><head>
<meta charset="utf-8">
<title>まとまりをテーマの区切りとして表す</title>
中略</head>
<body>
<h1>吾輩は猫である</h1>
<section>
<h1>一</h1>
中略
<p>しかし挨拶をしないと険呑だと思ったから「吾輩は猫である。名前はまだない」となるべく平気を装って冷然と答えた。中略</p>
</section>
</body>
</html>
```

ブラウザ表示

吾輩は猫である

一

しかし挨拶をしないと険呑だと思ったから「吾輩は猫である。名前はまだない」となるべく平気を装って冷然と答えた。しかしこの時吾輩の心臓はたしかに平時よりも烈しく鼓動しておった。彼は大に軽蔑せる調子で「何、猫だ？　猫が聞いてあきれらあ。全てえどこに住んでるんだ」随分傍若無人である。「吾輩はここの教師の家にいるのだ」「どうせそんな事だろうと思った。いやに瘠せてるじゃねえか」と大王だけに気焔を吹きかける。

関連 セクション（P.22）

まとまりを補足部分として表す

構文

<aside>●</aside>

● … 主題を補足する内容の見出しや文章など

カテゴリー フロー・コンテンツ、セクショニング・コンテンツ　内包できるもの フロー・コンテンツ

aside要素は、Webページの主題に関連した内容からなるセクションを定義します。aside要素内に入る内容は、主題とは別の内容となるでしょう。このセクションに定義するのは、例えば印刷物で言えば、補足記事のような内容です。

ただaside要素は、HTML文書内の主だった内容の一部という位置づけになるため、単なる挿入句に利用するのは適切ではありません。

サンプルでは、画像のすぐ下にある「勝手」の用語説明をしているh1要素とp要素を囲う要素としてaside要素を指定しています。そのため、このaside要素は直前のp要素の補足部分となっていることが分かります。

サンプルソース

```
<!DOCTYPE html>
<html lang="ja"><head>
<meta charset="utf-8">
<title>まとまりを補足部分として表す</title>
中略</head>
<body>
中略
<p>勝手から御三が御客さまの御誂が参りましたと、中略</p>
<aside>
<h1>勝手</h1>
<p>台所のこと。</p>
</aside>
</body>
</html>
```

ブラウザ表示

吾輩は猫である

勝手から御三が御客さまの御誂が参りましたと、二個の笊蕎麦を座敷へ持って来る。「奥さんこれが僕の自弁の御馳走ですよ。ちょっと御免蒙って、ここでぱくつく事に致しますから」と叮嚀に御辞儀をする。真面目なような巫山戯たような動作だから細君も応対に窮したと見えて「さあどうぞ」と軽く返事をしたぎり拝見している。主人はようやく写真から眼を放して「君この暑いのに蕎麦は毒だぜ」と云った。「なあに大丈夫、好きなものは滅多に中るもんじゃない」と蒸籠の蓋をとる。

まずい もう一杯

勝手

台所のこと。 ← ココ

関連 セクション（P.22）

まとまりを主なリンクの集まりとして表す

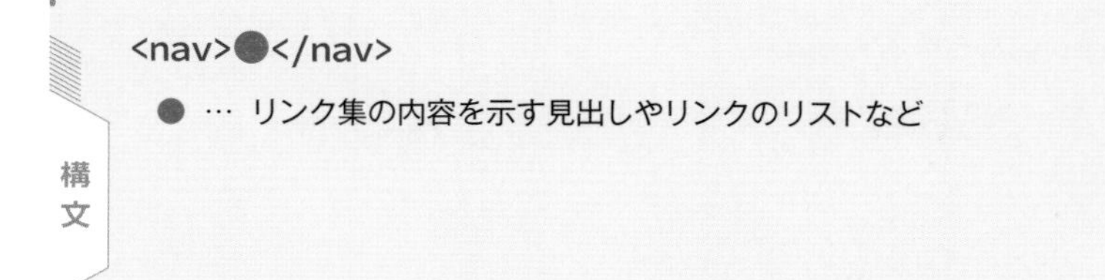

構文
<nav>●</nav>
● … リンク集の内容を示す見出しやリンクのリストなど

カテゴリー　フロー・コンテンツ、セクショニング・コンテンツ　内包できるもの　フロー・コンテンツ

nav要素は、Webサイト内の主なナビゲーションを表すセクションを定義します。

すべてのリンクの集まりにnav要素が必要となるわけではありません。メインのリンク集に適用しましょう。

ページの最下部には、利用規約や個人情報保護方針など、様々なページへの小さなリンク集があることが多いですが、こうしたリンク集はfooter要素で十分です。

サンプルでは、ページ内の見出しへのリンクの集まりであるul要素を囲う要素としてnav要素を指定しています。そのため、nav要素はこのページの主なリンクの集まりとなっていることが分かります。

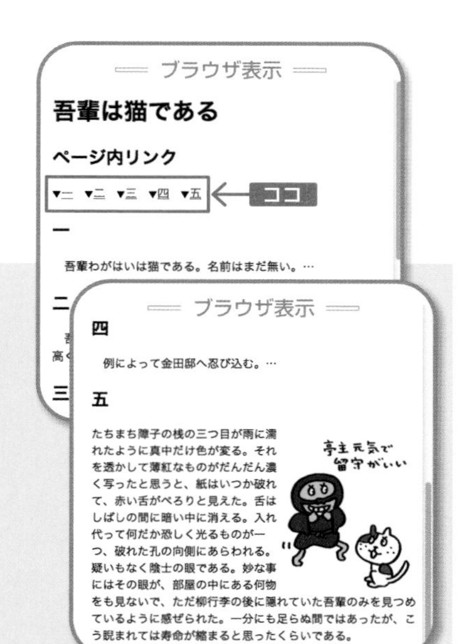

ブラウザ表示
吾輩は猫である
ページ内リンク
▼一 ▼二 ▼三 ▼四 ▼五
ココ
一
吾輩わがはいは猫である。名前はまだ無い。…
ブラウザ表示
四
例によって金田邸へ忍び込む。…
五
たちまち障子の桟の三つ目が雨に濡れたように真中だけ色が変る。それを透かして薄紅なものがだんだん濃く写ったと思うと、紙はいつか破れて、赤い舌がぺろりと見えた。舌はしばしの間に暗い中に消える。入れ代って何だか恐しく光るものが一つ、破れた孔の向側にあらわれる。疑いもなく険士の眼である。妙な事にはその眼が、部屋の中にある何物をも見ないで、ただ柳行李の後に隠れていた吾輩のみを見つめているように感ぜられた。一分にも足らぬ間ではあったが、こう睨まれては寿命が縮まると思ったくらいである。
亭主元気で留守がいい

サンプルソース

```
<!DOCTYPE html>
<html lang="ja"><head>
<meta charset="utf-8">
<title>まとまりを主なリンクの集まりとして表す</title>
中略 </head><body>
<h1>吾輩は猫である</h1>
<nav><ul>
中略
<li><a href="#anc_05">五</a></li>
</ul></nav>
中略
<section>
<h1 id="anc_05">五</h1>
中略
</section>
</body>
</html>
```

関連 セクション（P.22）

まとまりの最初の部分を表す

構文

<header>●</header>

● … まとまりの最初の部分

カテゴリー フロー・コンテンツ　内包できるもの フロー・コンテンツ（main 要素を子孫に含めない）

header要素は、セクション内のヘッダーを定義します。たいていh1～h6要素のセクションの見出しを含みますが、必須ではありません。

セクションの目次や検索フォーム、ロゴを囲むのにも利用できます。

header要素はセクショニング・コンテンツではないため、新しいセクションを作りません。

サンプルでは、body要素の開始タグのすぐそばにあるh1要素とp要素を囲う要素としてheader要素を指定しています。そのため、このheader要素はbody要素の作るセクションのヘッダーとなることがわかります。

HTML5.1からはheader要素内にセクショニング・コンテンツを入れれば、その中にheader要素・footer要素を入れ子にできるようになりました。

サンプルソース

```
<!DOCTYPE html>
<html lang="ja">
<head>
<meta charset="utf-8">
<title>まとまりの最初の部分を表す</title>
中略 </head>
<body>
<header>
<h1>吾輩は猫である</h1>
<p>夏目漱石</p>
</header>
中略
<p>ただヴァイオリンが弾きたいばかりで胸が一杯になってるんだから妙なものさ。中略 </p>
</body>
</html>
```

ブラウザ表示

吾輩は猫である ← ココ

夏目漱石 ← ココ

ただヴァイオリンが弾きたいばかりで胸が一杯になってるんだから妙なものさ。この大平と云う所は庚申山の南側で天気のいい日に登って見ると赤松の間から城下が一目に見下ろせる眺望佳絶の平地で――そうさ広さはまあ百坪もあろうかね、真中に八畳敷ほどな一枚岩があって、北側は鵜の沼と云う池つづきで、池のまわりは三抱えもあろうと云う樟ばかりだ。

関連 セクション（P.22）

まとまりの最後の部分を表す

構文

<footer>●</footer>

● … まとまりの最後の部分

カテゴリー フロー・コンテンツ　内包できるもの フロー・コンテンツ（main要素を子孫に含めない）

footer要素は、セクション内のフッターを定義します。この部分には一般的にそのセクションの筆者、関連ドキュメントへのリンク、コピーライトなどの情報を含みます。

著者への問い合わせ情報は、footer要素内のaddress要素に記載するのがよいでしょう。

footer要素はたいていセクションの最後に配置しますが、必ずしもそうする必要はありません。例えば、セクションの最後に配置されている「一覧へ戻る」というリンクがセクションの最初にもある場合は、どちらもfooter要素で囲むことができます。

footer要素はセクショニング・コンテンツではないため、新しいセクションを作りません。

HTML5.1からはfooter要素内にセクショニング・コンテンツを入れれば、その中にheader要素・footer要素を入れ子にできるようになりました。

サンプルソース

```
<!DOCTYPE html>
<html lang="ja"><head>
<meta charset="utf-8">
<title>まとまりの最後の部分を表す</title>
中略</head>
<body>
<h1>吾輩は猫である</h1>
<footer><a href="../">一覧へ戻る</a></
footer>
中略
<p>同時に主人がいよいよ出馬して敵と交戦する
な面白いわいと、痛いのを我慢して、後を慕って
裏口へ出た。中略</p>
<footer><a href="../">一覧へ戻る</a></
footer>
</body>
</html>
```

ブラウザ表示

吾輩は猫である

一覧へ戻る

同時に主人がいよいよ出馬して敵と交戦するな面白いわいと、痛いのを我慢して、後を慕って裏口へ出た。同時に主人がぬすっとうと怒鳴る声が聞える、見ると制帽をつけた十八九になる倔強な奴が一人、四ツ目垣を向うへ乗り越えつつある。

一覧へ戻る

関連 セクション（P.22）

セクションの連絡先を入れる

構文

```
<address>●</address>
```

● … 連絡先

カテゴリー フロー・コンテンツ

内包できるもの フロー・コンテンツ（ヘッディング・コンテンツ、セクショニング・コンテンツ、header 要素、footer 要素、address 要素を子孫に含めない）

address要素は、最も近い祖先のarticle要素やbody要素の連絡先を示します。

基本的にaddress要素内は、メールアドレスや、連絡先に記載されているページへのリンクを記述します。

そのため、郵便用の住所など、任意のアドレスを表すために使用することはできません（実際に関連する連絡先である場合を除きます）。一般的に、郵便用の住所はp要素でマークアップするのが適切です。

また、address要素内には連絡先以外の情報を含んではいけません。

連絡先と一緒に記載するような情報は、footer要素の中にaddress要素と一緒に記載されるのが一般的です。

サンプルソース

```
<!DOCTYPE html>
<html lang="ja"><head>
<meta charset="utf-8">
<title>セクションの連絡先を入れる</title>
中略</head>
<body>
<h1>吾輩は猫である</h1>中略
<p>「あすこの娘がハイカラで生意気だから艶書を送ったんです。中略</p>
<footer>
<address>
お問い合わせ：
<a href="mailto:editorial@example.com">編集部</a>
</address>
</footer>
</body>
</html>
```

ブラウザ表示

吾輩は猫である

「あすこの娘がハイカラで生意気だから艶書を送ったんです。――浜田が名前がなくちゃいけないって云いますから、君の名前をかけって云ったら、僕のじゃつまらない。古井武右衛門の方がいいって――それで、とうとう僕の名を借してしまったんです」
「で、君はあすこの娘を知ってるのか。交際でもあるのか」

お問い合わせ： 編集部

ページの主な内容を示す

構文

```
<main>●</main>
```

● … フロー・コンテンツ

カテゴリー　フロー・コンテンツ

内包できるもの　フロー・コンテンツ

main要素は、ページの主な内容を示します。主な内容とは、ページ内で固有の内容を含んでいる部分です。そのため、ヘッダ・フッタやその他の共通部分は、main要素の中に入らないことになります。

セクショニング・コンテンツではないので、アウトラインには影響を与えません。

main要素を利用する際は、右記のことに注意しましょう。

- **ユーザーに見せるのが1つであるなら、ページ内に複数のmain要素を利用可能です。**
- **article/aside/footer/header/nav要素の中にはmain要素を置くことはできません（main要素内にarticle/aside/footer/header/nav要素を置くことは可能）。**

サンプルソース

```
<!DOCTYPE html>
<html lang="ja">
<head>
<meta charset="utf-8">
<title>ページの主な内容を示す</title>
中略</head>
<body>
<header id="header">ヘッダ</header>
<nav id="nav">ナビゲーション</nav>
<main>
<h1>吾輩は猫である</h1>
中略
<p>我に帰ったときは水の上に浮いている。</p>
</main>
<footer id="footer">フッタ</footer>
</body>
</html>
```

ブラウザ表示

ヘッダ
ナビゲーション

吾輩は猫である

我に帰ったときは水の上に浮いている。苦しいから爪でもって矢鱈に掻いたが、掻けるものは水ばかりで、掻くとすぐもぐってしまう。仕方がないから後足で飛び上っておいて、前足で掻いたら、がりりと音がしてわずかに手応があった。ようやく頭だけ浮くからどこだろうと見廻わすと、吾輩は大きな甕の中に落ちている。

フッタ

段落を表す

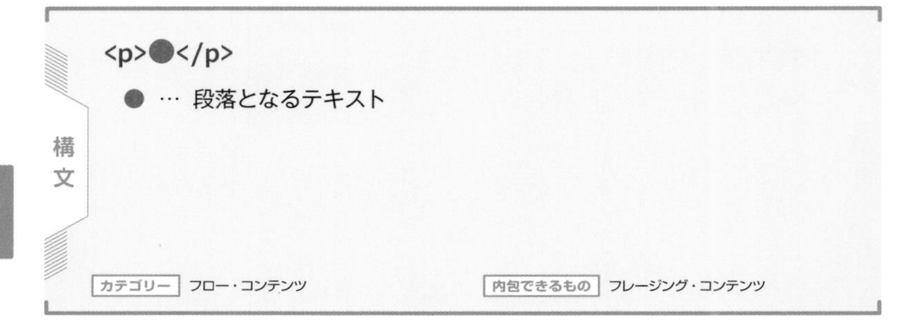

構文

<p>●</p>

● … 段落となるテキスト

カテゴリー フロー・コンテンツ

内包できるもの フレージング・コンテンツ

p要素は、段落を示します。主に文章に利用されます。

ただし、他に適切な要素がある場合にはp要素を使用すべきではありません。例えば、連絡先を示す部分にはaddress要素を利用するのが適切です。

また、文章の途中に箇条書きの部分が挟まる場合は、箇条書きの部分にul要素を使用し、前後の文章は個別のp要素を利用するか、箇条書きの部分も含めてひとつのdiv要素でまとめてマークアップするのが適切です。

サンプルでは、「好きな酒はJINROです。最近はいろんなJINROがありますね。」というテキストにp要素を指定しています。そのため、ブラウザで表示したときに、通常のテキストが表示されていることがわかります。

サンプルソース

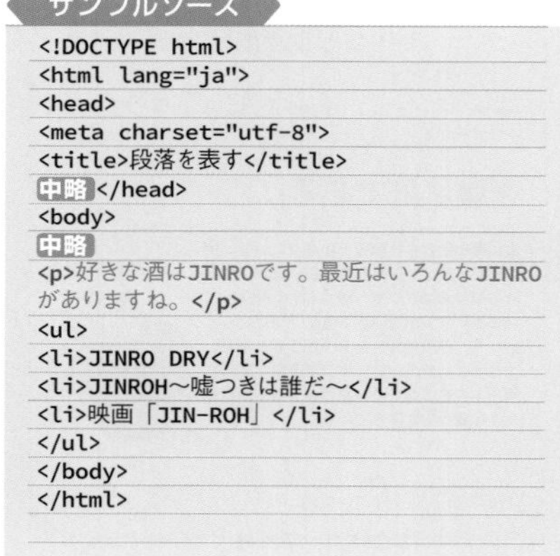

```
<!DOCTYPE html>
<html lang="ja">
<head>
<meta charset="utf-8">
<title>段落を表す</title>
中略 </head>
<body>
中略
<p>好きな酒はJINROです。最近はいろんなJINRO
がありますね。</p>
<ul>
<li>JINRO DRY</li>
<li>JINROH～嘘つきは誰だ～</li>
<li>映画「JIN-ROH」</li>
</ul>
</body>
</html>
```

ブラウザ表示

好きな酒はJINROです。最近はいろんなJINROがありますね。 ← ココ

- JINRO DRY
- JINROH～嘘つきは誰だ～
- 映画「JIN-ROH」

段落のテーマ区切りを入れる

hr要素は段落のテーマ区切りを示します。例えば小説のようなテキストでは、段落間のシーンの区切りに使うことができます。

セクションを作る要素（article要素、aside要素、nav要素、section要素など）同士の間に、hr要素を利用する必要はありません。それらの要素はテーマが切り替わることを示すからです。

サンプルでは、ふたつのp要素の間にhr要素を指定しています。そのため、ブラウザで表示したときに、ふたつのテキストの間に区切り線が表示され、シーンの区切りになっていることがわかります。

サンプルソース

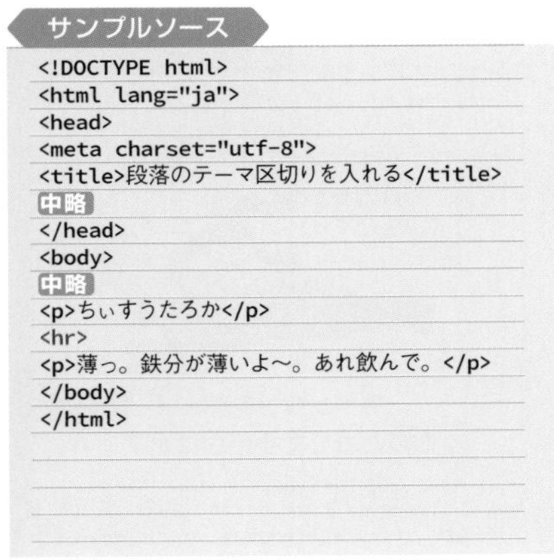

```
<!DOCTYPE html>
<html lang="ja">
<head>
<meta charset="utf-8">
<title>段落のテーマ区切りを入れる</title>
中略
</head>
<body>
中略
<p>ちぃすうたろか</p>
<hr>
<p>薄っ。鉄分が薄いよ～。あれ飲んで。</p>
</body>
</html>
```

改行を入れる

構文

```
<br>
```

カテゴリー　フロー・コンテンツ、フレージング・コンテンツ　　内包できるもの　なし

br要素は、必ず改行する位置を示します。

この改行は、例えば詩や住所、文章の句読点の後に入る改行のように、改行があることが実際に正しい場合の改行を指します。

そのため、文章が入っているエリアの幅が変更されたり、文字サイズが変更されたりすると、改行箇所が変化してしまうような場合には、br要素を入れるのは適切ではありません。

サンプルでは、「フランケン死体ん」というテキストの次にbr要素を指定しています。そのため、ブラウザで表示したときに、この部分で改行されることがわかります。

サンプルソース

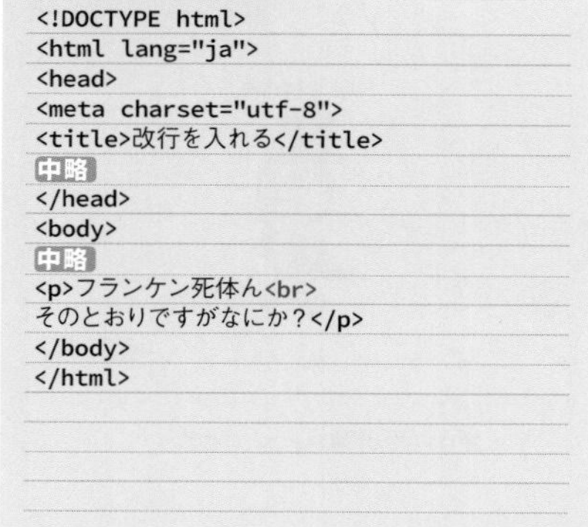

```
<!DOCTYPE html>
<html lang="ja">
<head>
<meta charset="utf-8">
<title>改行を入れる</title>
中略
</head>
<body>
中略
<p>フランケン死体ん<br>
そのとおりですがなにか？</p>
</body>
</html>
```

ブラウザ表示

フランケン死体ん

フランケン死体ん ← ココ
そのとおりですがなにか？

長い英字や数字の改行位置を表す

構文

```
<wbr>
```

カテゴリー フロー・コンテンツ、フレージング・コンテンツ　内包できるもの なし

wbr要素は改行が可能な位置を示します。

例えばURLやプログラムのような英数字のまとまりを、意味の通じる文字の単位で改行させることができます。

また、固有名詞など、改行を含めたくない文字のまとまりの改行位置をコントロールするのに利用できます。

サンプルでは、画像のURL内にwbr要素を指定しています。そのため、ブラウザで表示したときに、wbr要素を挿入した箇所のいずれかで改行されることがわかります。

サンプルソース

```
<!DOCTYPE html>
<html lang="ja">
<head>
<meta charset="utf-8">
<title>長い英字や数字の改行位置を表す</
title>
中略
</head>
<body>
中略
<p>目の前まっくらーけん<br>
画像のURL：S0403<wbr>big<wbr>deep<wbr>
quiet<wbr>darkness<wbr>has<wbr>spread
<wbr>front<wbr>of<wbr>me.gif</p>
</body>
</html>
```

重要性や強調を表す

構文

```
<em>●</em>
<strong>▲</strong>
<b>■</b>
```

●～■ … 意味付けするテキスト

カテゴリー フロー・コンテンツ、フレージング・コンテンツ　内包できるもの フレージング・コンテンツ

em要素、strong要素、b要素はそれぞれ以下の意味を示します。

- **em…強調を示します。文章になくてはならない部分に使用します。そのため、使われる場所によって文章の意味が変わります。**
- **strong…重要性を示します。使われる場所によって文章の意味が変わることはありません。**
- **b…強調も重要性も示しませんが、注意をひくことで実際にユーザーに役立つ部分を示します。**

em要素もstrong要素も、それぞれ入れ子（**<em><em>**さらに強く強調する内容**</em></em>**等）にすることで意味を強めることができます。

b要素は、要約内のキーワード、レビュー内の製品名、記事のリード文などに利用できますが、基本的には他に適切な要素がない場合に使用する要素と考えましょう。

サンプルソース

```
<!DOCTYPE html>
<html lang="ja">
<head>
<meta charset="utf-8">
<title>重要性や強調を表す</title>
中略
</head>
<body>
中略
<p>好きな武器は<em>バズーカ</em>です。</p>
<p>一あなたにとってバズーカはどんな武器ですか？</p>
<p><strong>いつもそばにある武器ですね。</strong></p>
</body>
</html>
```

ブラウザ表示
好きな武器は
バズーカです
em
好きな武器はバズーカです。
一あなたにとってバズーカはどんな武器ですか？
いつもそばにある武器ですね。
strong

04 テキストの表示

上付き文字・下付き文字にする

構文

```
<sup>●</sup>
<sub>▲</sub>
```

● … 上付きにするテキスト
▲ … 下付きにするテキスト

カテゴリー　フロー・コンテンツ、フレージング・コンテンツ　　内包できるもの　フレージング・コンテンツ

sup要素は上付き文字（superscript）、sub要素は下付き文字（subscript）を示します。

いずれも、単に見た目上の効果のために使用する要素ではありません。

sup要素は数学のべき乗の数字、脚注参照を促すテキスト、単位に添える数字、TMなどの記号に利用します。sub要素は化学式の原子の個数や数学の下付きの添字に利用します。

例えば、sup要素は数学のべき乗（「2^2」等）、脚注参照（「※1」等）、単位記号（「cm^2」等）、™などの記号に、sub要素は化学式の原子の個数（「O_2」等）に使用することができます。

サンプルでは、「※」というテキストにsup要素を指定しています。そのため、ブラウザで表示したときに、この部分が上付き文字になることがわかります。

サンプルソース

```
<!DOCTYPE html>
<html lang="ja">
<head>
<meta charset="utf-8">
<title>上付き文字・下付き文字にする</title>
中略
</head>
<body>
中略
<p>大迷惑<sup>※</sup></p>
<p>※3年2ヵ月一人旅に行かされます</p>
</body>
</html>
```

ブラウザ表示
大迷惑
大迷惑※
ココ
※3年2ヵ月一人旅に行かされます

追加・削除箇所を表す

構文

```
<ins cite="●" datetime="▲">■</ins>
<del cite="●" datetime="▲">■</del>
<s>■</s>
```

● … 変更を説明する文書のURL
▲ … 追加・削除した日時
■ … 意味付けするテキスト

カテゴリー ins、del：フロー・コンテンツ
s：フロー・コンテンツ、フレージング・コンテンツ

内包できるもの ins：透過
del：透過
s：フレージング・コンテンツ

del要素、ins要素、s要素はそれぞれ以下の意味を示します。

- **ins…文書への追加**
- **del…文書からの削除**
- **s…すでに正しくない、もしくは関わりのない内容**

del要素、ins要素のcite属性は、変更を説明する文書のURLを示すことができます。

del要素、ins要素のdatetime属性は、追加・削除した日時を下記の形式のいずれかで示すことができます。

- **年月日…2023-11-12**
- **年月日と時刻…2023-11-12T14:54**
- **標準時のタイムゾーンを含む年月日と時刻…2023-11-12T14:54+09:00**

s要素は、del要素と似ていますが、del要素が文書からの削除を示すだけに対して、s要素は内容が正しくないか、関わりがないことを示す点が異なります。また、説明のためのURL、編集した日時を記述しない点も異なります。

サンプルソース

```
<!DOCTYPE html>
<html lang="ja">
<head>
<meta charset="utf-8">
<title>追加・削除箇所を表す</title>
中略
</head>
<body>
中略
<p><del>見た目</del><ins>見てる</ins>だけ</p>
</body>
</html>
```

ブラウザ表示

見てるだけ

~~見た目~~見てるだけ

del　ins

テキストに適切な意味付けをする①

構文

<i>●</i>
<u>▲</u>
<small>■</small>

●〜■ … 意味付けするテキスト

カテゴリー フロー・コンテンツ、フレージング・コンテンツ　内包できるもの フレージング・コンテンツ

i要素、u要素、small要素は、それぞれに決まった「意味付け」をする要素です。表示を変えるために使用する要素ではなくなりました。

それぞれ以下のような意味があります。

- i…声や雰囲気を示すテキスト、分類学的な指定、技術用語、他言語の慣用句などを示す
- u…ブラウザに表示されているが、発音が明確でないため、注釈が必要なテキストを示す（スペルミスがあるテキストや外国語の名前など）
- small…細目のような注釈（誤解を避けるための注意書き、警告、法的制限、コピーライトを表す法律用語など）を示す

サンプルソース

```
<!DOCTYPE html>
<html lang="ja">
<head>
<meta charset="utf-8">
<title>テキストに適切な意味付けをする(1)</title>
中略
</head>
<body>
中略
<p><small>&copy; 2023 技術評論社</small></p>
</body>
</html>
```

ブラウザ表示

© 2023 技術評論社

テキストに適切な意味付けをする②

構文

```
<cite>●</cite>
<code>▲</code>
<kbd>■</kbd>
<var>★</var>
<samp>◆</samp>
```

●～◆ … 意味付けするテキスト

カテゴリー フロー・コンテンツ、フレージング・コンテンツ　内包できるもの フレージング・コンテンツ

cite要素、code要素、kbd要素、var要素、samp要素はそれぞれ以下の意味を示します。

- **cite…作品のタイトル**
- **code…コンピューターのコードの一部分（要素名、ファイル名、プログラムなど、コンピューターが認識する文字）**
- **kbd…ユーザーの入力（キーボード入力、音声コマンドなど）**
- **var…変数（数式やプログラムの変数など）**
- **samp…プログラムやコンピューターのシステムが出力したもの**

kbd要素がsamp要素内にあるとき、kbd要素は、システムが画面に出力したユーザーの入力を示します。

kbd要素がsamp要素を含むとき、kbd要素は、システムの出力にもとづいた入力を示します。

kbd要素がkbd要素内にあるとき、kbd要素は、実際のキー操作を示します。

サンプルソース

```
<!DOCTYPE html>
<html lang="ja">
<head>
<meta charset="utf-8">
<title>テキストに適切な意味付けをする(2)</title>
中略
</head>
<body>
中略
<p>半魚人の映画といえば「<cite>大アマゾンの半魚人</cite>」ですね</p>
</body>
</html>
```

ブラウザ表示

半魚人の映画といえば「大アマゾンの半魚人」ですね

cite

略語であることを表す

構文

<abbr title="●">▲</abbr>

● … 元の言葉
▲ … 略語

カテゴリー　フロー・コンテンツ、フレージング・コンテンツ　内包できるもの　フレージング・コンテンツ

abbr要素は略語や頭字語を示します。title属性は元の言葉を示すことができます。

略語に必ずabbr要素を使う必要はありませんが、下記の場合は便利に使えるでしょう。

- **元の言葉をつけたい略語…元の言葉をabbr要素のtitle属性で提供すると、文章内に元の言葉を書く代わりになります。**
- **読者がよく知らない略語…元の言葉をabbr要素のtitle属性で提供するか、略語が最初に出てきたときに元の言葉を書くとよいです。**
- **意味的に注釈をつける必要がある略語…例えば、スタイルシートでabbr要素に特定のスタイルを指定する場合です。この場合、abbr要素にtitle属性を指定せずに使用できます。**

いったん略語の元の言葉をabbr要素のtitle属性で示した後は、同じ略語をtitle属性なしのabbr要素でマークアップしてもよいでしょう。しかし、すべてのabbr要素は独立していると考えて、別々のtitle属性を指定することも可能です。

サンプルソース

```
<!DOCTYPE html>
<html lang="ja">
<head>
<meta charset="utf-8">
<title>略語であることを表す</title>
中略
</head>
<body>
中略
<p><abbr title="Tamago Kake Gohan">
TKG</abbr>は日本人が育てた。</p>
</body>
</html>
```

ブラウザ表示
ジャイアンは
わしが育てた
TKGは日本人が育てた。
Tamago Kake Gohan

長い文章の引用を表す

構文

```
<blockquote cite="●">▲</blockquote>
```

● … 引用元のURL
▲ … 引用している内容

カテゴリー フロー・コンテンツ、セクショニング・ルート　内包できるもの フロー・コンテンツ

blockquote要素は、別ソースから引用されているセクションを示します。

cite属性は、引用元のURLを示します。引用元の作者や文献などの情報がある場合は、blockquote要素の外に記述します。

例えば、blockquote要素の下に、作者や文献などの情報をp要素でマークアップしたり、figure要素内にblockquote要素を入れて、作者や文献などの情報をfigcaption要素でマークアップしたりすることができます。

サンプルでは、「元旦正午、ＤＣ四型四発機は滑走路を…」というテキストにblockquote要素を指定しています。そのため、引用部分であることがわかります。

サンプルソース

```
<!DOCTYPE html>
<html lang="ja">
<head>
<meta charset="utf-8">
<title>長い文章の引用を表す</title>
中略</head>
<body>
中略
<blockquote cite="https://www.aozora.gr.jp/cards/001095/files/45896_34350.html"> 元旦正午、ＤＣ四型四発機は滑走路を走りだした。ニコニコと親切な米人のエアガールが外套を預る。中略</blockquote>
</body>
</html>
```

ブラウザ表示

元旦正午、ＤＣ四型四発機は滑走路を走りだした。ニコニコと親切な米人のエアガールが外套を預る。真冬の四千メートルの高空を二〇度の適温で旅行させてくれる。落下傘や酸素吸入器など前世紀的なものはここには存在しない。爆音も有って無きが如く、普通に会話ができるのは流石さすがである。

短いテキストの引用を表す

構文

```
<q cite="●">▲</q>
```

● … 引用元のURL
▲ … 引用している内容

カテゴリー　フロー・コンテンツ、フレージング・コンテンツ　内包できるもの　フレージング・コンテンツ

q要素は、別ソースから引用されているフレージング・コンテンツ（ただのテキストも含む）を示します。

cite属性は、引用元のURLを示します。

q要素の前後や内部に「""」などの引用符を挿入してはいけません。引用符はブラウザが挿入します。

また、引用と関係なく、単に引用符をつける代わりにq要素を使用してはいけません。

q要素を使用して引用を示すかどうかは任意です。引用符を使用して引用を示すことは、引用符を使用しないでq要素を使用するのと同様に正しいです。

サンプルでは、「白い歯っていいな」というテキストにq要素を指定しています。そのため、ブラウザで表示したときに、この部分が括弧で囲われ、引用部分であることがわかります。

サンプルソース

```
<!DOCTYPE html>
<html lang="ja">
<head>
<meta charset="utf-8">
<title>短いテキストの引用を表す</title>
中略
</head>
<body>
中略
<p>女性は<q>白い歯っていいな</q>と言った</p>
</body>
</html>
```

改行やスペースをそのまま表示する

構文

<pre>●</pre>

● … 改行やスペースをそのまま表示するテキスト

カテゴリー　フロー・コンテンツ　　内包できるもの　フレージング・コンテンツ

pre要素は、改行やスペースを入れて形を整えたテキストの部分を示します。

下記は、pre要素が使用される場面の例です。

- **電子メールを含める：テキストの上下に空行を入れて段落を示したり、行頭に空白を使いリストを示したりします。**
- **コンピューターのプログラムの一部を含める**
- **ASCIIアートを表示する**

コンピューターのプログラムの一部を示すには、pre要素とともにcode要素を使うことができます。また、コンピューターの出力を示すには、pre要素とともにsamp要素を使うことができます。ユーザーが入力するテキストを示すには、pre要素とともにkbd要素を使うことができます。

サンプルソース

```
<!DOCTYPE html>
<html lang="ja">
<head>
<meta charset="utf-8">
<title>改行やスペースをそのまま表示する</title>
中略 </head>
<body>
中略
<pre>拝啓
とうとううちも畳からフローリングに
変えようと思います。よろしくどうぞ。
                                        敬具
令和5年3月吉日
                                        宿主
座敷童様</pre>
</body>
</html>
```

ブラウザ表示

拝啓
とうとううちも畳からフローリングに
変えようと思います。よろしくどうぞ。
敬具
令和5年3月吉日
宿主
座敷童様

ルビ(ふりがな)を表す

構文

```
<ruby>
  ●<rp>▲</rp><rt>■</rt><rp>★</rp>
</ruby>
```

● … ルビをつける元の文字
▲ … 始め括弧
■ … ルビ
★ … 終わり括弧

カテゴリー ruby：フロー・コンテンツ、フレージング・コンテンツ
rp：なし
rt：なし

内包できるもの ruby：本文を参照
rp：フレージング・コンテンツ
rt：フレージング・コンテンツ

ruby要素は、ひとつもしくは複数のフレージング・コンテンツに、ルビを振ることができるようにします。

ルビとは、読み方の補助となるテキストを元の文字のそばに表記するものです。rt要素は、直前にある●の読み方を補助するテキストを示します。

rp要素は、ルビ表記をサポートしていないブラウザで■を囲う括弧を示します。

ruby要素が内包できるものは、複数の読みを記述するかどうかによって異なります（例えば、「東南」のルビに「とうなん」「Southeast」のどちらも記述するかどうかなど）。

- **複数記述しない：フレージング・コンテンツ（子孫にruby要素を持たない）**
- **複数記述する：ひとつのruby要素（子孫にruby要素を持たない）**

サンプルソース

```
<!DOCTYPE html>
<html lang="ja">
<head>
<meta charset="utf-8">
<title>ルビ(ふりがな)を表す</title>
中略
</head>
<body>
中略
<p><ruby>大太郎法師<rp>（</rp>
<rt>ダイダラボッチ</rt>
<rp>）</rp></ruby></p>
</body>
</html>
```

日時を表す

<time datetime="●">▲</time>

構文

● … 日時を示すテキスト
▲ … 日時を示すテキスト
（日本語を含むことも可能）

カテゴリー フロー・コンテンツ、フレージング・コンテンツ　内包できるもの フレージング・コンテンツ

time要素は、24時間表記の時刻や西暦における正確な日付を示します。

datetime属性の属性値●と、datetime属性を指定していないときの内容▲には、決まった形式の日付や時刻を書く必要があります。

以下はその形式にならった書き方の例です。

- **年月…2023-11**
- **年月日…2023-11-12**
- **月日…11-12**
- **時刻…14:54**
- **年月日と時刻…2023-11-12T14:54**
- **標準時のタイムゾーンを含む年月日と時刻…2023-11-12T14:54+09:00**
- **週…2023-W46**

datetime属性の値●を記述している場合、内容▲は「2023年11月」のように自由に年月日、日時を記述できます。

time要素を使用しても表示上なにも起こりませんが、どんな言語圏のアプリケーションにも日付、時間のデータを提供できます。

サンプルソース

```
<!DOCTYPE html>
<html lang="ja">
<head>
<meta charset="utf-8">
<title>日時を表す</title>
中略
</head>
<body>
中略
<p><time datetime="2013-09-07">2013年9月7日</time>のことでした。</p>
</body>
</html>
```

ブラウザ表示

2013年9月7日のことでした。

ハイライト表示する

構文

<mark>●</mark>

● … ハイライト表示するテキスト

カテゴリー　フロー・コンテンツ、フレージング・コンテンツ　内包できるもの　フレージング・コンテンツ

mark要素は、別のコンテキスト（他のWebサイトやページ、文献など）との関連性を示すために、参照目的でマークしたり、ハイライト表示したりするテキストを定義します。

引用箇所の特定の部分に印をつけるという用途でmark要素を使ったり、検索結果画面で検索キーワードが使われている箇所をハイライト表示したりするのに使うことができます。

サンプルでは、「イケメン」というテキストにmark要素を指定しています。そのため、ブラウザで表示したときに、この部分がハイライト表示されることがわかります。

サンプルソース

```
<!DOCTYPE html>
<html lang="ja">
<head>
<meta charset="utf-8">
<title>ハイライト表示する</title>
中略
</head>
<body>
中略
<p>スキーをするのも見るのも好き。<br>
ただし、見るのは<mark>イケメン</mark>
に限るの。<br>
大事だから2回言うわ、見るのは
<mark>イケメン</mark>に限るの。</p>
</body>
</html>
```

ブラウザ表示

スキーをするのも見るのも好きなの。
ただし、見るのはイケメンに限るの。
大事だから2回言うわ、見るのはイケメンに限るの。

文字を書き進める方向をコントロールする

構文

```
<bdo dir="●">▲</bdo>
<bdi>■</bdi>
```

● … ltrもしくはrtl
▲ … 文字を書き進める方向を変更するテキスト
■ … 文字を書き進める方向を周りから分離させるテキスト

カテゴリー　フロー・コンテンツ、フレージング・コンテンツ　　内包できるもの　フレージング・コンテンツ

bdo要素は、dir属性を使用して明確に文字を書き進める方向（書字方向）を示します。

dir属性は、下記の値によって書字方向を指定します。

- ltr…左横書き(左から右に書き進める文字)
- rtl…右横書き(右から左に書き進める文字)

bdi要素は、ふたつの異なる書字方向を許容するために、書字方向を周りから分離させるテキストの範囲を示します。

例えば、日本語や英語のように左横書きのテキストの中に、アラビア語のような右横書きのテキストが混ざると、右にあった文字の並びが右から左に変わってしまうことがあります。

ユーザー jcranmer: 12 ポイント
ユーザー hober: 5 ポイント
ユーザー 3 : إيان ポイント←「:」とポイント数の場所が変わっています

この場合、アラビア語の部分にbdi要素を使うことで、文字の並びが変わるのを防ぐことができます。

サンプルソース

```
<!DOCTYPE html>
<html lang="ja">
<head>
<meta charset="utf-8">
<title>文字を書き進める方向をコントロールする</title>
中略
</head>
<body>
中略
<p>今の横文字：ちょっといい気持ち<br>
<bdo dir="rtl">昔の横文字：ちょっといい気持ち</bdo></p>
<p>Water-imp(10) gets 5 points from
<bdi>إيان</bdi>(12).</p>
</body>
</html>
```

ブラウザ表示

bdo

今の横文字：ちょっといい気持ち
ち持気いいとっょち：字文横の昔

Water-imp(10) gets 5 points from إيان(12).

bdi

リストの種類

リスト表示は、リストの種類を示す要素と、個別のリスト項目を示す子要素のセットで作ることができます。

リストの種類を示す要素は3つ用意されています。

- **文頭に番号のつくリスト…ol要素**
- **文頭に記号のつくリスト…ul要素**
- **用語と説明文のリスト…dl要素**

また、ol要素とul要素の子要素はli要素です。

dl要素の子要素はふたつあり、用語をdt要素、用語の説明文をdd要素で示します。

ol要素の文頭の表示方法は、type属性を利用して変更できます。例えば「1、2、3…」と表示することもできますし、「i、ii、iii…」と表示することもできます。

ul要素も文頭の記号を「●」「○」「■」と変更できますが、type属性ではなくスタイルシートを利用します。

3種類のリストは入れ子にすることも可能です。

サンプルソース

```
<!DOCTYPE html>
<html lang="ja">
<head>中略</head>
<body>
<p>日本で最も高い山ベスト3</p>
<ol>
  <li>富士山(3,776m)</li>
  <li>北岳(3,193.2m)</li>
  <li>奥穂高岳(3,190m)</li>
</ol>

<p>日本の自然世界遺産</p>
<ul>
<li>知床</li>
  <li>白神山地</li>
  <li>屋久島</li>
  <li>小笠原諸島</li>
</ul>

<dl>
  <dt>日本最古の自然物</dt>
  <dd>鉱物 - 富山県黒部市宇奈月のジルコン、37億5000万年前</dd>
</dl>
</body>
</html>
```

ブラウザ表示

日本で最も高い山ベスト3

1. 富士山(3,776m)
2. 北岳(3,193.2m)
3. 奥穂高岳(3,190m)

日本の自然世界遺産

- 知床
- 白神山地
- 屋久島
- 小笠原諸島

日本最古の自然物

鉱物 - 富山県黒部市宇奈月のジルコン、37億5000万年前

順序なしリストを表す

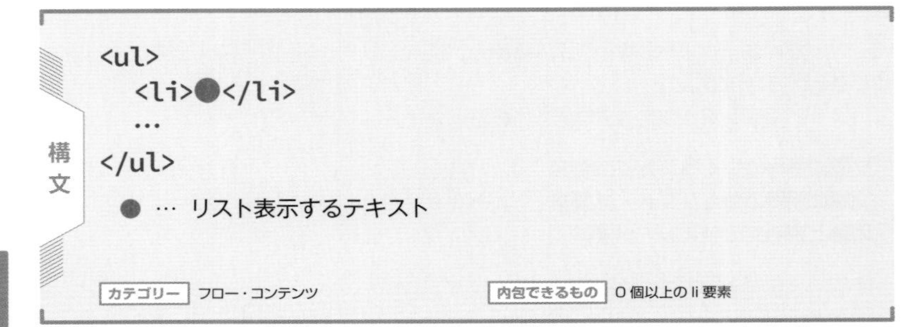

構文

```
<ul>
  <li>●</li>
  …
</ul>
```

● … リスト表示するテキスト

カテゴリー　フロー・コンテンツ

内包できるもの　0個以上のli要素

ul要素は、順序が重要でない項目のリストを示します。

順序が重要でない項目というのは、その順序が変わってもあまり文書の意味が変わらない項目です。

li要素は、ul要素の子要素で、リストの個別の項目を示します。

サンプルでは、「次のトランプを引く前に銃が火を噴く！」等の3行のテキストにul要素とli要素のセットを指定しています。

そのため、ブラウザで表示したときに、この部分の行頭に「・」のついた順序なしリストの表示がされることがわかります。

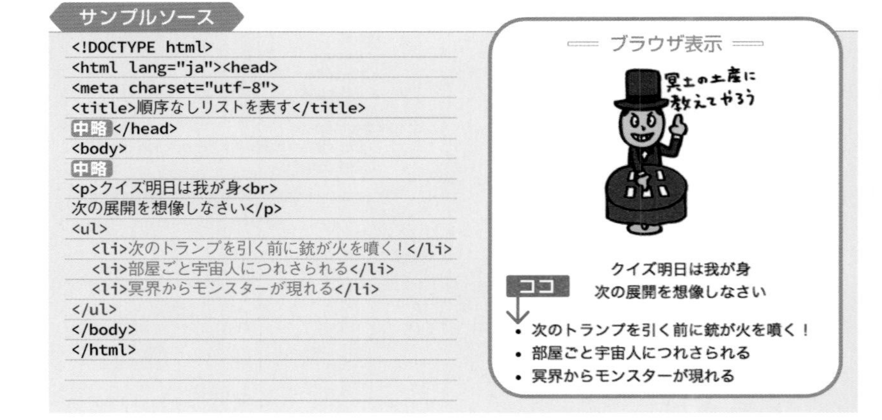

サンプルソース

```
<!DOCTYPE html>
<html lang="ja"><head>
<meta charset="utf-8">
<title>順序なしリストを表す</title>
中略</head>
<body>
中略
<p>クイズ明日は我が身<br>
次の展開を想像しなさい</p>
<ul>
  <li>次のトランプを引く前に銃が火を噴く！</li>
  <li>部屋ごと宇宙人につれさられる</li>
  <li>冥界からモンスターが現れる</li>
</ul>
</body>
</html>
```

ブラウザ表示
冥土の土産に
教えてやろう
クイズ明日は我が身
次の展開を想像しなさい
ココ
• 次のトランプを引く前に銃が火を噴く！
• 部屋ごと宇宙人につれさられる
• 冥界からモンスターが現れる

順序付きリストを表す

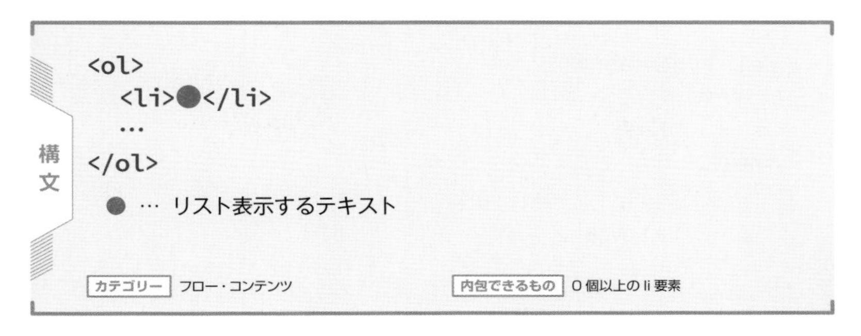
構文
<ol>
<li>●</li>
…
</ol>
● … リスト表示するテキスト
カテゴリー フロー・コンテンツ
内包できるもの 0個以上のli要素

ol要素は、意図的に順序をつけた項目のリストを示します。

順序をつけた項目というのは、その順序が変わると文書の意味が変わってしまう項目、つまり順序に意味がある項目です。

li要素は、ol要素の子要素で、リストの個別の項目を示します。

サンプルでは、「追手の銃が火を噴く！」等の3行のテキストにol要素とli要素のセットを指定しています。そのため、ブラウザで表示したときに、この部分の文頭に「1. 2. 3.」などがついた順序付きリストの表示がされることがわかります。

サンプルソース

```
<!DOCTYPE html>
<html lang="ja">
<head>
<meta charset="utf-8">
<title>順序付きリストを表す</title>
中略 </head>
<body>
中略
<p>クイズ明日は我が身<br>
このあと起こることを時系列にならべなさい</p>
<ol>
  <li>追手の銃が火を噴く！</li>
  <li>追手がやってくる</li>
  <li>仲間が涙をのんで立ち去る</li>
</ol>
</body>
</html>
```

ブラウザ表示
ここは俺に任せろ！
ココ
クイズ明日は我が身
このあと起こることを時系列にならべなさい
1. 追手の銃が火を噴く！
2. 追手がやってくる
3. 仲間が涙をのんで立ち去る

順序付きリストの文頭の表示を変える

構文

```
<ol type="●">
  <li>▲</li>
  …
</ol>
```

● … 1、a、A、i、Iのいずれか
▲ … リスト表示するテキスト

ol要素のtype属性は、文頭の番号の種類（マーカー）を指定します。

type属性に指定する値は下記のとおりです。属性が指定されないときは数字が文頭に表示されます。

- 1…数字（1、2、3…）
- a…小文字のアルファベット（a､b､c…）
- A…大文字のアルファベット(A､B､C…)
- i…小文字のローマ数字（i、ii、iii…）
- I…大文字のローマ数字（I、II、III…）

type属性の値はCSSのlist-style-typeの値と対応しています。

サンプルでは、「体が動かなくなる仲間たち」等の3行のテキストにol要素とli要素のセットを指定し、さらにol要素のtype属性に「I」を指定しています。そのため、ブラウザで表示したときに、この部分の文頭に「I II III」のついた順序付きリストの表示がされることがわかります。

サンプルソース

```
<!DOCTYPE html>
<html lang="ja"><head>
<meta charset="utf-8">
<title>順番があるリストの文頭の表示を変える
</title>
中略</head>
<body>
中略
<p>クイズ明日は我が身<br>
このあと起こることを時系列にならべなさい</p>
<ol type="I">
  <li>体が動かなくなる仲間たち</li>
  <li>マジシャンの背後で銃が火を噴く！</li>
  <li>ひととおりマジックをみせる</li>
</ol>
</body>
</html>
```

ブラウザ表示

ココ

クイズ明日は我が身
このあと起こることを時系列にならべなさい

I. 体が動かなくなる仲間たち
II. マジシャンの背後で銃が火を噴く！
III. ひととおりマジックをみせる

関連 リストマーカーの種類（P.236）

順序付きリストの最初の数字を指定する

構文

```
<ol start="●">
  <li value="▲">■</li>
  …
</ol>
```

● … 整数
▲ … 整数
■ … リスト表示するテキスト

ol要素のstart属性は、リストの最初の項目の数値を示します。また、li要素のvalue属性は、リストの個別の項目の数値を示します。

start属性、value属性ともに、属性値は整数でなければいけません。小数値が指定された場合は、整数に直された数値がリストに適用されます。

また、数値でない文字が指定された場合は、属性が指定されないときと同じ数値がリストに適用されます。

ol要素にstart属性が指定されていても、最初のli要素にvalue属性が指定された場合は、value属性の値がリストに適用されます。

サンプルソース

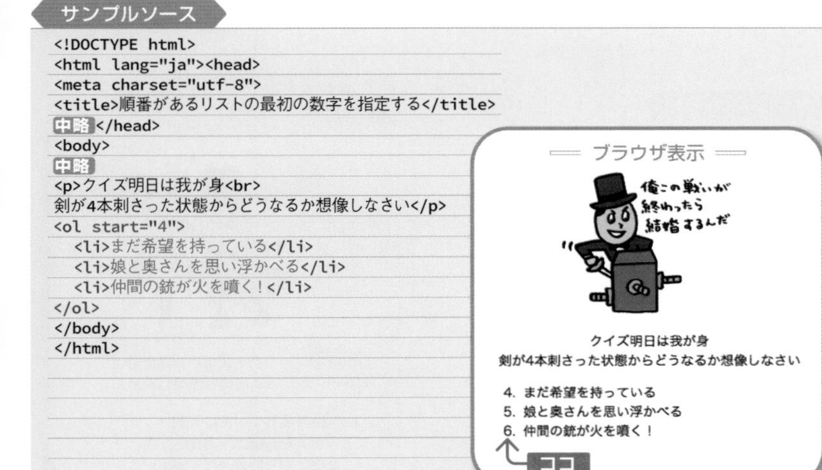

```
<!DOCTYPE html>
<html lang="ja"><head>
<meta charset="utf-8">
<title>順番があるリストの最初の数字を指定する</title>
中略 </head>
<body>
中略
<p>クイズ明日は我が身<br>
剣が4本刺さった状態からどうなるか想像しなさい</p>
<ol start="4">
  <li>まだ希望を持っている</li>
  <li>娘と奥さんを思い浮かべる</li>
  <li>仲間の銃が火を噴く！</li>
</ol>
</body>
</html>
```

ブラウザ表示
俺この戦いが
終わったら
結婚するんだ
クイズ明日は我が身
剣が4本刺さった状態からどうなるか想像しなさい
4. まだ希望を持っている
5. 娘と奥さんを思い浮かべる
6. 仲間の銃が火を噴く！
ココ

文頭の番号が降順のリストを作る

構文

```
<ol reversed>
  <li>●</li>
  …
</ol>
```

● … リスト表示するテキスト

ol要素のreversed属性は、番号順リストの番号を降順に変更します。この属性がない場合は、番号は昇順になります。

start属性が指定されていない場合、リストの一番最後の番号は「1」となり、リストの一番最初まで1ずつ番号が加算されていきます。

start属性が指定されている場合、リストの一番最初の番号がstart属性で指定されている番号となり、リストの一番最後まで1ずつ減算されています。

サンプルでは、「天使が現れて一緒に天国へ」等の3行のテキストにol要素とli要素のセットを指定し、さらにol要素にreversed属性を指定しています。そのため、ブラウザで表示したときに、この部分の文頭に「3 2 1」のついた順序付きリストの表示がされることがわかります。

サンプルソース

```
<!DOCTYPE html>
<html lang="ja">
<head>
<meta charset="utf-8">
<title>文頭の番号が降順のリストを作る</title>
中略</head>
<body>
中略
<p>クイズ明日は我が身<br>
次の展開を想像しなさい</p>
<ol reversed>
  <li>天使が現れて一緒に天国へ</li>
  <li>宇宙人と一緒に宇宙船へ</li>
  <li>背後にシリアルキラーが！</li>
</ol>
</body>
</html>
```

ブラウザ表示

ココ

クイズ明日は我が身
次の展開を想像しなさい

3. 天使が現れて一緒に天国へ
2. 宇宙人と一緒に宇宙船へ
1. 背後にシリアルキラーが！

名前と値の関連付けのリストを表す

構文

```
<dl>
  <dt>●</dt>
  <dd>▲</dd>
</dl>
```

● … 説明されるテキスト
▲ … 説明文

カテゴリー	内包できるもの
dl：フロー・コンテンツ dt：なし dd：なし	dl：ひとつ以上のdt要素とひとつ以上のdd要素のセットが0個以上 dt：フロー・コンテンツ（ただしheader要素、footer要素、セクショニング・コンテンツ、ヘッディング・コンテンツは子孫に含めない） dd：フロー・コンテンツ

dl要素は、「名前」と「値」のグループで作られる関連付けのリスト（説明リスト）です。
「名前」と「値」のグループはdt要素がひとつ以上と、その後にdd要素がひとつ以上ある状態で作られます。つまり、グループの状態は1対1でも、2対1でも、1対2でも、2対2でもありえます。
このグループとしてマークアップできるのは以下のものが考えられます。

- **用語とその定義**
- **メタデータ項目とその値**
- **質問と回答**
- **その他の「名前」と「値」として扱えるもの**

なお、「名前」＝人の名前、「値」＝話す内容として、対話を示すのにはdl要素は不適切です。対話にはp要素を使用するのが適切です。

サンプルソース

```
<!DOCTYPE html>
<html lang="ja">
<head>
<meta charset="utf-8">
<title>名前と値の関連付けのリストを表す</title>
中略
</head>
<body>
中略
<dl>
  <dt>クイズ明日は我が身</dt>
  <dd>登場人物のセリフを元に死亡フラグがたったかどうかを楽しむクイズ</dd>
</dl>
</body>
</html>
```

ブラウザ表示

クイズ明日は我が身
　　登場人物のセリフを元に死亡フラグがたったかどうかを楽しむクイズ

名前と値の関連付けのリストをグループ化して表す

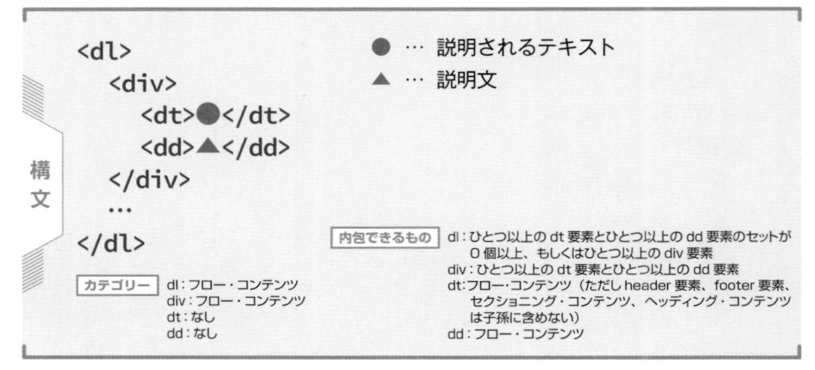

構文

```
<dl>
  <div>
    <dt>●</dt>
    <dd>▲</dd>
  </div>
  …
</dl>
```

● … 説明されるテキスト
▲ … 説明文

カテゴリー
dl：フロー・コンテンツ
div：フロー・コンテンツ
dt：なし
dd：なし

内包できるもの
dl：ひとつ以上の dt 要素とひとつ以上の dd 要素のセットが 0 個以上、もしくはひとつ以上の div 要素
div：ひとつ以上の dt 要素とひとつ以上の dd 要素
dt：フロー・コンテンツ（ただし header 要素、footer 要素、セクショニング・コンテンツ、ヘッディング・コンテンツは子孫に含めない）
dd：フロー・コンテンツ

前節で触れたようにdl要素は、「名前」と「値」のグループで作られる関連付けのリスト（説明リスト）です。

「名前」と「値」のグループはdt要素とdd要素で作られます。

HTML5.2からはこの「名前」と「値」のグループをdiv要素で囲むことができるようになりました。dl要素の子要素にdiv要素が入ることで「名前」と「値」のグループを明確に分けることができるようになります。

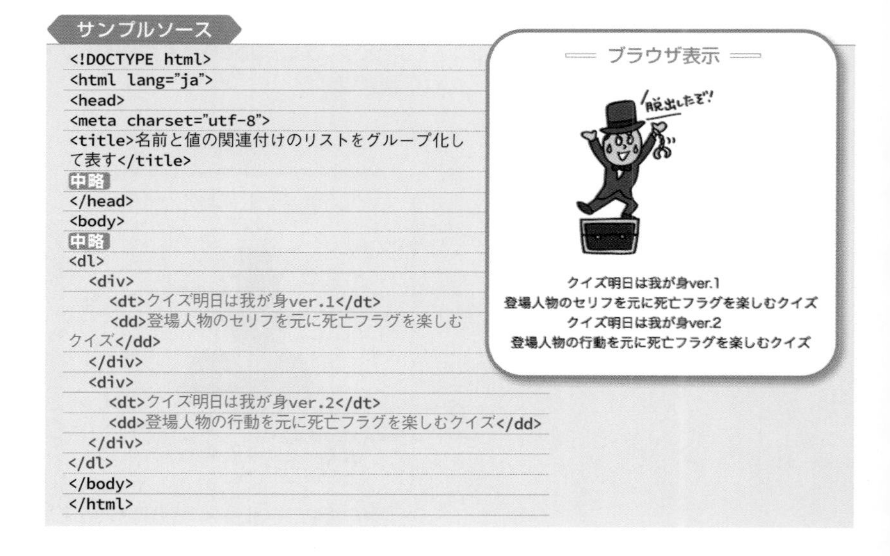

サンプルソース

```
<!DOCTYPE html>
<html lang="ja">
<head>
<meta charset="utf-8">
<title>名前と値の関連付けのリストをグループ化して表す</title>
中略
</head>
<body>
中略
<dl>
  <div>
    <dt>クイズ明日は我が身ver.1</dt>
    <dd>登場人物のセリフを元に死亡フラグを楽しむクイズ</dd>
  </div>
  <div>
    <dt>クイズ明日は我が身ver.2</dt>
    <dd>登場人物の行動を元に死亡フラグを楽しむクイズ</dd>
  </div>
</dl>
</body>
</html>
```

ブラウザ表示

脱出したぞ!
クイズ明日は我が身ver.1
登場人物のセリフを元に死亡フラグを楽しむクイズ
クイズ明日は我が身ver.2
登場人物の行動を元に死亡フラグを楽しむクイズ

表組を作る要素のセット

表組の表示は、下記の要素のセットで作ることができます。

- **表組を示す要素**…table要素は、表組を示します。ひとつひとつのテーブルを区切ることができます。
- **行を示す要素**…tr要素は表組内の行（縦の並び）を示します。tr要素を増やせば行が増えます。
- **データセルを示す要素**…th要素、td要素は、表組のセル（枡目）を示します。これらの要素はtr要素の中に入ります。th要素は後に続くデータの項目名、td要素はデータ本体を入れるのに使います。
- **テーブルの説明を示す要素**…caption要素は、テーブルの説明を示します。table要素の最初の子要素として入れることができます。
- **行のまとまりを示す要素**…th要素とtd要素をまとめるtr要素があるように、tr要素をまとめる要素が3つあります。

  thead要素は項目名、tbody要素はデータ本体、tfoot要素は列の要約（合計など）を示します。
- **列のまとまりを示す要素**…セルを行としてまとめるtr要素があるように、セルを列としてまとめるにはcolgroup要素が利用できます。

  col要素は、colgroup要素が複数の列をまとめているときに、ひとつひとつの列を示す要素として、colgroup要素の中で利用できます。

  col要素、colgroup要素は、table要素の子要素として、caption要素とthead要素/tfoot要素/tbody要素の間に入れることができます。

サンプルソース

```
<table>
<caption>総人口の推移</caption>
<thead>
  <tr><th>年次</th><th>総人口<br>10月1日現在<br>人口(千人)</th></tr>
</thead>
<tbody>
  <tr><td>平成29年</td><td>127,692</td></tr>
  <tr><td>平成30年</td><td>127,510</td></tr>
</tbody>
<tfoot>
  <tr><td>平成30年の前年比増減数</td><td>-183</
td></tr>
</tfoot>
</table>
```

ブラウザ表示

総人口の推移

年次	総人口 10月1日現在 人口(千人)
平成29年	127,692
平成30年	127,510
平成30年の前年比増減数	-182

表組のデータセルを作る

構文

```
<table>
  <tr><td headers="●">▲</td></tr>
</table>
```

● … ヘッダセルのid属性値
▲ … 表のデータ

カテゴリー　セクショニング・ルート
内包できるもの　フロー・コンテンツ

td要素は、表組のデータセルを示します。

headers属性は、関連のあるth要素のid属性値を指定します。

行方向、列方向それぞれのth要素のid属性値を指定する等、複数のid属性値を指定する場合、半角スペースで区切って指定します。

headers属性を使用すると、音声で情報を取得しているユーザーなど、表組を一覧できないユーザーに対して、データセルとヘッダセルの関連付けを知らせることができます。

サンプルでは、「日本」「ショベルカー」等のテキストにtd要素を指定し、さらにtd要素のheaders属性に「th_1」「th_2」を指定しています。そのため、この部分がセルのid属性値として「th_1」「th_2」を持っている「国」「呼び名」に関連付けられていることがわかります。

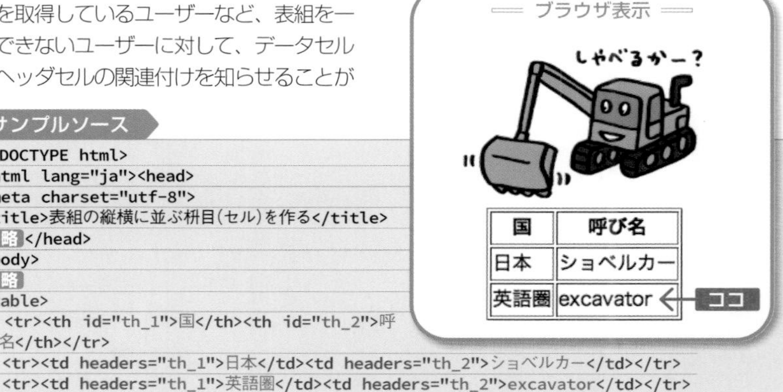

国	呼び名
日本	ショベルカー
英語圏	excavator

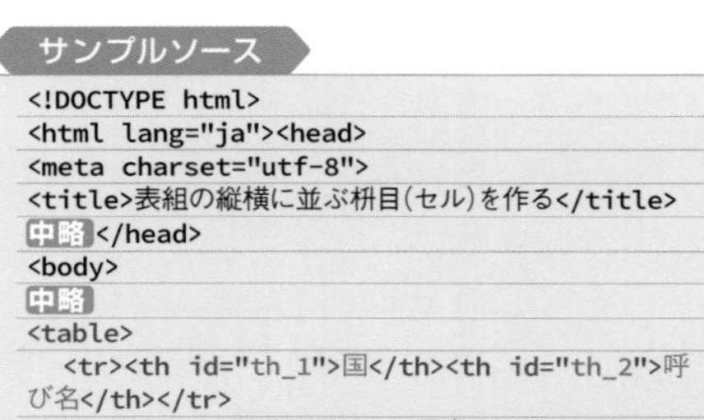

サンプルソース

```
<!DOCTYPE html>
<html lang="ja"><head>
<meta charset="utf-8">
<title>表組の縦横に並ぶ枡目(セル)を作る</title>
中略 </head>
<body>
中略
<table>
  <tr><th id="th_1">国</th><th id="th_2">呼び名</th></tr>
  <tr><td headers="th_1">日本</td><td headers="th_2">ショベルカー</td></tr>
  <tr><td headers="th_1">英語圏</td><td headers="th_2">excavator</td></tr>
</table>
</body>
</html>
```

表組のヘッダセルを作る

構文

```
<table>
  <tr><th headers="●" abbr="▲">■</th></tr>
</table>
```

● … ヘッダセルのid属性値
▲ … ■を省略した内容
■ … 表のヘッダ

カテゴリー なし　内包できるもの フロー・コンテンツ（header 要素、footer 要素、セクショニング・コンテンツ、ヘッディング・コンテンツを子孫に含めない）

th要素は、表組のヘッダセルを示します。

headers属性は、関連のあるヘッダセルのid属性値を指定します。複数のid属性値を指定する場合、半角スペースで区切って指定します。

abbr属性は、th要素の内容が長い場合に省略した内容を記述します。

headers属性やabbr属性を使用すると、音声で情報を取得しているユーザーなど、表組を一覧できないユーザーに対して、データセルとヘッダセルの関連付けを知らせることができます。

サンプルでは、「調査対象の国」「各国での呼び名」等のテキストにth要素を指定し、さらにth要素のabbr属性に「国」「呼び名」を指定しています。そのため、この部分の省略した内容が「国」「呼び名」であることがわかります。

サンプルソース

```
<!DOCTYPE html>
<html lang="ja"><head>
<meta charset="utf-8">
<title>表組でヘッダ項目用の枡目（セル）を作る</title>
中略</head>
<body>
中略
<table>
  <tr><th id="th_1" abbr="国">調査対象の国</th><th id="th_2" abbr="呼び名">各国での呼び名</th></tr>
  <tr><td headers="th_1">日本</td><td headers="th_2">トラクター</td></tr>
  <tr><td headers="th_1">英語圏</td><td headers="th_2">tractor</td></tr>
</table>
</body>
</html>
```

表組にタイトルをつける

構文

```
<table>
  <caption>●</caption>
  <tr><td>▲</td></tr>
</table>
```

● … 表のタイトル
▲ … 表のデータ

カテゴリー なし　内包できるもの フロー・コンテンツ（table 要素を子孫に含めない）

caption要素は、表組のタイトルを示します。

caption要素があると、表組の内容はかなり理解しやすくなります。

figure要素内にtable要素だけがある場合、table要素のタイトルはcaption要素ではなく、figcaption要素を使用するのが適切です。

サンプルでは、「国ごとの呼び名」というテキストにcaption要素を指定しています。そのため、ブラウザで表示したときに、表組すぐそばにこのテキストが表示されることがわかります。

サンプルソース

```
<!DOCTYPE html>
<html lang="ja">
<head>
<meta charset="utf-8">
<title>表組にキャプションをつける</title>
中略</head>
<body>
中略
<table>
  <caption>国ごとの呼び名</caption>
  <tr><th>国</th><th>呼び名</th></tr>
  <tr><td>日本</td><td>トレーラー</td></tr>
  <tr><td>英語圏</td><td>trailer</td></tr>
</table>
</body>
</html>
```

表組を読み上げ環境でも利用可能にする

構文

```
<table>
  <tr><th scope="●">▲</th><td>■</td></tr>
</table>
```

● … ヘッダとして影響のある方向（row、col、rowgroup、colgroupのいずれか）
▲ … 表のヘッダ ／ ■ … 表のデータ

インターネットはテキストだけでなく、音声や画像、動画を扱うことができます。

しかし、中には音声ブラウザやスクリーンリーダーなどの支援技術を利用して、テキスト読み上げによって情報を取得しているユーザーもいます。

これらのユーザーは、表組の情報を取得するとき、たえず縦と横のヘッダ情報を意識する必要があり、内容を理解するのが難しくなります。

そのため、表組の情報を理解しやすくする属性が、表組関連の要素に準備されています。

headers属性…この属性を指定したデータセルやヘッダセルと関連のあるヘッダセルのid属性値を示します。半角スペースで区切って、複数のid属性値を指定できます。td要素、th要素で利用可能。

scope属性…ヘッダセルが、どの方向のデータに対してのヘッダであるかを示します。属性値には、下記の4つのキーワードのいずれかを指定します。th要素で利用可能。

- **row…横方向（行方向）のデータのヘッダ**
- **col…縦方向（列方向）のデータのヘッダ**
- **rowgroup…残りすべての横方向（行方向）のまとまりのヘッダ（thead、tfoot、tbody要素に対応）**
- **colgroup…残りすべての縦方向(列方向)のまとまりのヘッダ（colgroup要素に対応）**

これらの属性を指定すると、支援技術の設定によっては、データとともにヘッダも得られるため、情報が理解しやすくなります。

サンプルソース

```
<!DOCTYPE html>
<html lang="ja">
<head>中略</head>
<body>
<table>
  <thead>
    <tr><th>計測値</th><th>平均値</th>
<th>最大値</th></tr>
  </thead>
  <tbody>
     <tr><th  scope="rowgroup">柴 犬</
th><td></td><td></td></tr>
    <tr><th scope="row">好き度</th>
<td>7.9</td><td>10</td></tr>
  </tbody>
  <tbody>
     <tr><th  scope="rowgroup">チワワ</
th><td></td><td></td></tr>
    <tr><th scope="row">好き度</th>
<td>7.7</td><td>10</td></tr>
  </tbody>
</table>
</body>
</html>
```

ブラウザ表示

計測値	平均値	最大値
柴犬		
好き度	7.9	10
チワワ		
好き度	7.7	10

関連 表組のデータセルを作る（P.82）、表組でヘッダセルを作る（P.83）

表組の縦方向のセルを結合する

構文

```
<table>
  <tr><td rowspan="●">▲</td><td>▲</td></tr>
</table>
```

● … 縦に連結するセルの数
▲ … 表のデータ

rowspan属性が指定されたセルは、●で指定した数の行（縦方向のセル）にまたがったデータであることを示します。

ひとつのデータを複数の行で利用できるため、HTMLの記述を減らすことができます。

しかし、colspan属性とあわせて利用すると複雑な表組になりますし、テキスト読み上げツールで情報を取得するユーザーにとっても理解しにくい表組となるので、過度な使用には気をつけましょう。

サンプルでは、「英語圏」というテキストが入っているtd要素のrowspan属性を「2」に指定しています。そのため、ブラウザで表示したときに、この部分が縦方向のふたつのセルを結合して表示されることがわかります。

サンプルソース

```
<!DOCTYPE html>
<html lang="ja">
<head>
<meta charset="utf-8">
<title>表組で複数の枡目(セル)を縦方向に連結する</title>
中略 </head>
<body>
中略
<table>
  <tr><th>国</th><th>呼び名</th></tr>
  <tr><td>日本</td><td>パトカー</td></tr>
  <tr><td rowspan="2">英語圏</td><td>police</td></tr>
  <tr><td>car</td></tr>
</table>
</body></html>
```

表組の横方向のセルを結合する

構文

```
<table>
  <tr><td colspan="●">▲</td></tr>
</table>
```

● … 横に連結するセルの数
▲ … 表のデータ

colspan属性は、●で指定した数の列（横方向のセル）にまたがったデータであることを示します。

ひとつのデータを複数の列で利用できるため、HTMLの記述を減らすことができます。

しかし、rowspan属性とあわせて利用すると複雑な表組になりますし、テキスト読み上げツールで情報を取得するユーザーにとっても理解しにくい表組となるので、過度な使用には気をつけましょう。

サンプルでは、「国による救急車の呼び名」というテキストが入っているth要素のcolspan属性を「2」に指定しています。そのため、ブラウザで表示したときに、この部分が横方向のふたつのセルを結合して表示されることがわかります。

サンプルソース

```
<!DOCTYPE html>
<html lang="ja">
<head>
<meta charset="utf-8">
<title>表組で複数の枡目(セル)を横方向に連結する</title>
中略 </head>
<body>
中略
<table>
  <tr><th colspan="2">国による救急車の呼び名</th></tr>
  <tr><td>日本</td><td>救急車</td></tr>
  <tr><td>英語圏</td><td>ambulance</td></tr>
</table>
</body>
</html>
```

表組の横列を3グループにまとめる

構文

```
<table>
  <thead>●</thead>
  <tbody>▲</tbody>
  <tfoot>■</tfoot>
</table>
```

● … 項目名となるtr要素・th要素・td要素

▲ … 表のデータとなるtr要素・th要素・td要素

■ … 表組の要素となるtr要素・th要素・td要素

カテゴリー なし　　内包できるもの 0個以上の tr 要素

thead要素は表組の項目名となる行のグループ、tbody要素は表組のデータ本体となる行のグループ、tfoot要素は表組の要約（数値データの合計など）となる行のグループを示します。

行のグループを作るこれらの要素を使用することで、適切な意味をつけることもできます。

また、列のヘッダセルと行のヘッダセルをスタイルシートで装飾しやすくなります。

サンプルでは、「種別」というテキストのある行をthead要素に、「総出火件数」というテキストのある行をtfoot要素に、それ以外の行をtbody要素に指定しています。

HTML5.1からはtbody要素の前にtfoot要素を置くことができなくなりました。

サンプルソース

```
<!DOCTYPE html>
<html lang="ja"><head>
<meta charset="utf-8">
<title>表組をヘッダ、ボディ、フッタに
グループ分けする</title>中略</head>
<body>中略<table>
<thead>
  <tr><th>種別</th><th>件数</th></tr>
</thead>
<tbody>
  <tr><td>建物火災</td><td>4</td></tr>
  <tr><td>車両火災</td><td>1</td></tr>
  <tr><td>その他</td><td>5</td></tr>
</tbody>
<tfoot>
  <tr><td>総出火件数</td><td>10件</td></tr>
</tfoot>
</table></body></html>
```

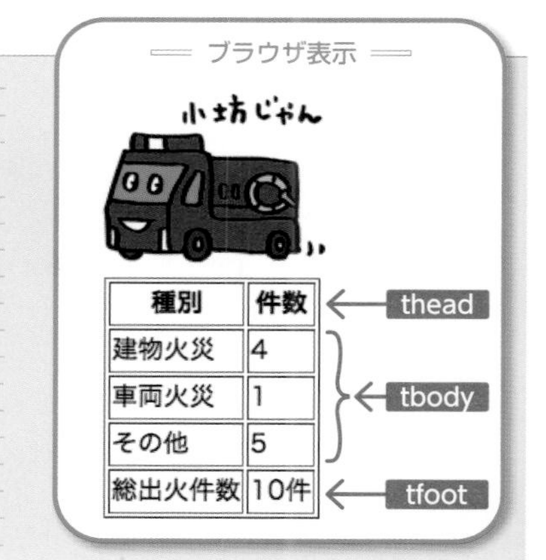

表組の縦列をまとめる

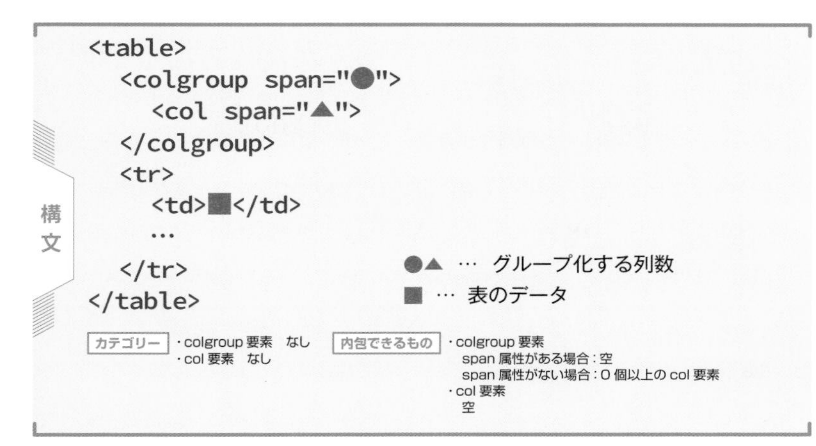

構文

```
<table>
  <colgroup span="●">
    <col span="▲">
  </colgroup>
  <tr>
    <td>■</td>
    …
  </tr>
</table>
```

●▲ … グループ化する列数
■ … 表のデータ

カテゴリー
・colgroup 要素　なし
・col 要素　なし

内包できるもの
・colgroup 要素
　span 属性がある場合：空
　span 属性がない場合：0 個以上の col 要素
・col 要素
　空

colgroup要素は、表組の1列以上の列グループを示します。

col要素は、colgroup要素が作る列グループ内のひとつ以上の列を示します。

span属性は、グループ化する列数を0より大きい整数で指定します。

colgroup要素にspan属性が指定されている場合、そのcolgroup要素の中でcol要素は使用できません。

国	呼び名	
日本	除雪車	雪かき車
英語圏	plow	snow plow

サンプルソース

```
<!DOCTYPE html>
<html lang="ja"><head>
<meta charset="utf-8">
<title>表組の縦列の内容をグループ分けする</title>
中略 </head>
<body>
<table>
  <colgroup></colgroup>
  <colgroup span="2"></colgroup>
  <tr><th>国</th><th colspan="2">呼び名</th></tr>
  <tr><td>日本</td><td>除雪車</td><td>雪かき車</td></tr>
  <tr><td>英語圏</td><td>plow</td><td>snow plow</td></tr>
</table>
</body>
</html>
```

リンクを表す

構文

<a href="●">▲</a>

● … リンク先URL
▲ … テキスト、インタラクティブ・コンテンツ以外の要素

カテゴリー　フロー・コンテンツ、フレージング・コンテンツ（フレージング・コンテンツだけを含んでいるとき）、インタラクティブ・コンテンツ

内包できるもの　透過（インタラクティブ・コンテンツを子孫に含めない）

a要素にhref属性が指定されているとき、a要素はハイパーリンクを示します。

ハイパーリンクは、Webページ、メールアドレス、ダウンロードファイルなど、他のリソースへのリンクです。

HTML5からは、a要素の中にp要素やdiv要素など、HTML4でブロック要素と言われていた要素を入れることができます。

ただし、a要素と同様に、ユーザーからアクションを受け付けるインタラクティブ・コンテンツは、a要素の中に入れることはできません。

例えば、フォーム関係の要素や再生ボタンが表示されているvideo要素やaudio要素は、a要素の中に入れることはできません。

サンプルでは、「天然水の検索結果」というテキストにa要素を指定しています。そのため、ブラウザで表示したときに、この部分が青文字になり下線が表示され、リンクテキストになっていることがわかります。

サンプルソース

```
<!DOCTYPE html>
<html lang="ja">
<head>
<meta charset="utf-8">
<title>リンクを表す</title>
中略
</head>
<body>
中略
<p><a href="https://goo.gl/ylU1nz">天然水の検索結果</a></p>
</body>
</html>
```

ブラウザ表示

オワター

天然水の検索結果

リンク先の表示ウインドウを指定する

構文

```
<a href="●" target="▲">■</a>
```

● … リンク先URL
▲ … 任意の名前
■ … テキスト、インタラクティブ・コンテンツ以外の要素

target属性は、リンク先の内容を表示する場所を示します。

属性値には任意の名前を指定します。

指定した名前のウインドウが存在する場合は、そのウインドウ内にリンク先を表示します。

指定した名前のウインドウが存在しない場合は、新しいウインドウを開いてリンク先を表示します。

サンプルでは、「緑茶の検索結果」「日本茶の検索結果」というテキストのどちらにもa要素のtarget属性値として「green_tea」を指定しています。そのため、ブラウザで表示して、どちらのテキストをクリックしたときも、最初は別ウインドウで開き、2回目以降は同じウインドウでページが表示されることがわかります。

ブラウザ表示

緑茶の検索結果

日本茶の検索結果

サンプルソース

```
<!DOCTYPE html>
<html lang="ja">
<head>
<meta charset="utf-8">
<title>リンク先の表示ウインドウを指定する</title>
中略
</head>
<body>
中略
<p><a href="https://goo.gl/jbdsw5" target="green_tea">緑茶の検索結果</a></p>
<p><a href="https://goo.gl/o23LVo" target="green_tea">日本茶の検索結果</a></p>
</body>
</html>
```

リンク先を新しいウインドウで開く

構文

`<a href="●" target="▲">■</a>`

● … リンク先URL
▲ … _blank
■ … テキスト、インタラクティブ・コンテンツ以外の要素

target属性は、リンク先の内容を表示する場所を示します。例えば_blankを指定すれば、リンク先を新しいウインドウで表示できます。

属性値には任意の名前を指定できる他、下記のキーワードを指定できます。

- **_blank…新しくウインドウを開いて表示**
- **_self…同じウインドウ内で表示**
- **_parent…親ウインドウで表示**
- **_top…一番上のレベルのウインドウで表示**

_parentと_topの違いは、_parentがひとつ上の親で表示するのに対して、_topは親の入れ子がいくつあっても一番上の親のウインドウで表示することです。

例えば、iframe要素がふたつ入れ子になっているときでも、_topの場合はiframeをなくしてリンク先の内容を表示します。_parentの場合はひとつ上のiframe要素の中に表示します。

サンプルソース

```
<!DOCTYPE html>
<html lang="ja">
<head>
<meta charset="utf-8">
<title>リンク先を新しいウインドウで開く</title>
中略
</head>
<body>
<p><a href="https://goo.gl/dU5Km1" target="
_blank">紅茶の飲み方の検索結果</a></p>
</body>
</html>
```

ブラウザ表示

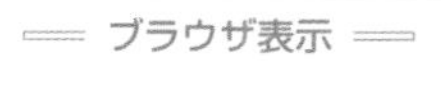

紅茶の飲み方の検索結果

ページ内の特定の場所にリンクする

構文

```
<a href="●">▲</a>
```

● … 頭に「#」つけたid属性値
▲ … テキスト、インタラクティブ・コンテンツ以外の要素

「#」とid属性値を指定したhref属性は、ページ内の指定箇所へのリンクを示します。

例えば、リンク箇所が同じページ内のid属性にsection_lastとつけた要素であれば、href属性に#section_lastと指定します。

なお、HTML4で使用されていたa要素のname属性は、HTML5から廃止されました。どの要素でも利用できるid属性で指定しましょう。

サンプルでは、「ページ内の烏龍茶のセクションへ」というテキストに、href属性値を「#oolong_tea」にしたa要素を指定しています。そのため、ブラウザで表示してこの部分をクリックすると、ページ内で「oolong_tea」をid属性値に持つ場所に移動することがわかります。

ブラウザ表示

ページ内の烏龍茶セクションへ

途中のセクション

途中のセクションです。

烏龍茶セクション

烏龍茶セクションへようこそ。

サンプルソース

```
<!DOCTYPE html>
<html lang="ja">
<head>
<meta charset="utf-8">
<title>ページ内の特定の場所にリンクする</title>
中略 </head>
<body>
中略
<a href="#oolong_tea">ページ内の烏龍茶のセクションへ</a>
中略
<section id="oolong_tea">
<h1>烏龍茶セクション</h1>
<p>烏龍茶セクションへようこそ。</p>
</section>
</body>
</html>
```

別ページの特定の場所にリンクする

構文

```
<a href="●">▲</a>
```

● … ファイルパスと頭に「#」つけたid属性値
▲ … テキスト、インタラクティブ・コンテンツ以外の要素

ファイルパスと「#」とid属性値を指定したhref属性は、他のページの指定箇所へのリンクを示します。

例えば、リンク箇所が**product/index.html**というページ内のid属性に**section_last**とつけた要素であれば、href属性に**product/index.html#section_last**と指定します。

なお、HTML4で使用されていたa要素のname属性はHTML5から廃止されました。どの要素でも利用できるid属性で指定しましょう。

サンプルでは、「前節の烏龍茶セクションへ」というテキストに、href属性値を「C07_04.html#oolong_tea」にしたa要素を指定しています。そのため、ブラウザで表示してこの部分をクリックすると、「C07_04.html」というHTMLファイル内の「oolong_tea」をid属性値に持つ場所に移動することがわかります。

サンプルソース

```
<!DOCTYPE html>
<html lang="ja">
<head>
<meta charset="utf-8">
<title>別ページの特定の場所にリンクする</title>
中略
</head>
<body>
中略
<p><a href="C07_04.html#oolong_tea">前節の烏龍茶セクションへ</a></p>
</body>
</html>
```

ブラウザ表示
もう
無理じゃ
前節の烏龍茶セクションへ

メールアドレス用のリンクを表す

構文

```
<a href="mailto:●">▲</a>
```

● … メールアドレス

▲ … テキスト、インタラクティブ・コンテンツ以外の要素

「**mailto:**」とメールアドレスを指定したhref属性は、指定したメールアドレスに送付するメールウインドウへのリンクを示します。

例えば、送り先が**abcd@exmple.jp**というメールアドレスであれば、href属性に**mailto:abcd@exmple.jp**と指定します。

サンプルでは、「メールウインドウが開きます」というテキストに、href属性値を「mailto:houchij@example.com」にしたa要素を指定しています。そのため、ブラウザで表示してこの部分をクリックすると、メーラーが起動し送信先に「houchij@example.com」が入ることがわかります。

ブラウザ表示

放置じゃ

メールウインドウが開きます

mailto:houchij@example....

サンプルソース

```
<!DOCTYPE html>
<html lang="ja">
<head>
<meta charset="utf-8">
<title>メールアドレス用のリンクを表す</title>
中略
</head>
<body>
中略
<p><a href="mailto:houchij@example.com">メールウインドウが開きます</a></p>
</body>
</html>
```

電話番号用のリンクを表す

構文

```
<a href="tel:●">▲</a>
```

● … 電話番号

▲ … テキスト、インタラクティブ・コンテンツ以外の要素

「tel:」と電話番号を指定したhref属性は、指定した電話番号へのリンクを示します。例えば、電話をかける相手が090-1234-5678という電話番号であれば、href属性にtel:09012345678と指定します。

ただしこれは、スマートフォンで実装されている機能で、パソコンではリンクをクリックしても何も起こりません。

サンプルでは、「電話をかける」というテキストに、href属性値を「tel:09012345678」にしたa要素を指定しています。そのため、スマートフォンなどの電話をかけられるデバイスのブラウザで表示したときに、この部分をクリックすると、「09012345678」に電話をかける画面になることがわかります。

サンプルソース

```
<!DOCTYPE html>
<html lang="ja">
<head>
<meta charset="utf-8">
<title>電話番号用のリンクを表す</title>
中略
</head>
<body>
中略
<p><a href="tel:09012345678">電話をかける</a></p>
</body>
</html>
```

ファイルダウンロード用のリンクを表す

構文

```
<a href="●">▲</a>
```

● … ファイルパス
▲ … テキスト、インタラクティブ・コンテンツ以外の要素

文書作成ソフトなどで作成したファイルや、圧縮ファイルへのファイルパスを指定したhref属性は、ファイルをダウンロードするリンクを示します。

例えば、ダウンロードファイルのファイルパスがdownload/archive.zipであれば、href属性にdownload/archive.zipと指定します。

サンプルでは、「ファイルをダウンロードする」というテキストに、href属性値を「download/archive.zip」にしたa要素を指定しています。そのため、ブラウザで表示して、この部分をクリックすると、「archive.zip」というファイルがダウンロードされることがわかります。

ブラウザ表示

サンプルソース

```
<!DOCTYPE html>
<html lang="ja">
<head>
<meta charset="utf-8">
<title>ファイルダウンロード用のリンクを表す</title>
中略
</head>
<body>
中略
<p><a href="download/archive.zip">ファイルをダウンロードする</a></p>
</body>
</html>
```

特定のキーにリンクを割り当てる

構文

<a href="●" accesskey="▲">■</a>

● … リンク先URL
▲ … ショートカット用のキー
■ … テキスト、インタラクティブ・コンテンツ以外の要素

a要素のaccesskey属性は、href属性に指定したページに移動するときに使うキーを示します。

例えば、トップページへのリンクを指定したa要素にaccesskey属性で「0」と記述しておくと、キーボードの「0」キーを組み合わせたショートカットキーでトップページに移動できます。

HTML Living Standardでは、accesskey属性値に、半角スペースで区切った複数の値を指定できるようになりました。

ショートカットキーの組み合わせはブラウザごとに設定されており、次のとおりです。

【Windows】

- Edge、Chrome… Alt （+ Shift ）+[accesskey属性値]
- Firefox… Alt + Shift +[accesskey属性値]
- Opera… Alt +[accesskey属性値]

【Mac】

- Edge、Safari、Chrome… Control + Option （+ Shift ）+[accesskey属性値]
- Firefox… Control + Option （または Alt ）+ [accesskey属性値]
- Opera… Control + Alt + [accesskey属性値]

サンプルソース

```
<!DOCTYPE html>
<html lang="ja">
<head>
<meta charset="utf-8">
<title>特定のキーにリンクを割り当てる</title>
中略
</head>
<body>
中略
<p><a href="https://goo.gl/Ve8laf" accesskey
="0">オレンジジュースの検索結果</a></p>
</body>
</html>
```

ブラウザ表示

オレンジジュースの検索結果

リンク先の説明を示す

構文

```
<a href="●" title="▲">■</a>
```

● … リンク先URL
▲ … リンク先のタイトルや説明
■ … テキスト、インタラクティブ・コンテンツ以外の要素

a要素のtitle属性は、リンク先のタイトルや説明を示します。title属性を指定したa要素にマウスオーバーするとtitle属性値が表示されます。

alt属性値が設定されているimg要素が子要素にある場合でも、a要素のtitle属性値が表示されます（ただし、IE7ではimg要素のalt属性値が表示されます）。

なお、title属性はすべての要素で利用できます。

属性値としては、その要素の補助的な情報を示すテキストになります。右記は、利用場所ごとの例です。

- **画像に使われる場合…その画像の情報や説明**
- **段落に使われる場合…脚注やコメント**
- **引用に使われる場合…情報源の詳細情報**
- **インタラクティブ・コンテンツに使われる場合…ラベルや使用説明**

サンプルソース

```
<!DOCTYPE html>
<html lang="ja">
<head>
<meta charset="utf-8">
<title>リンク先の説明を示す</title>
中略
</head>
<body>
中略
<p><a href="https://goo.gl/XkPRZf" title="リンゴのダジャレを言った人と言えばリンゴ・スター">リンゴ・スターの検索結果</a></p>
</body>
</html>
```

ブラウザ表示
リンゴすったあ
リンゴ・スターの検索結果
リンゴのダジャレを言った人と言えばリンゴ・スター
ココ

07
リンク

外部ファイルとの関係を表す

構文

```
<a rel="●" href="▲">■</a>
<link rel="●" href="▲">
<area rel="●" href="▲">
```

● … 他の文書とのリンク関係を示すキーワード
▲ … リンク先URL
■ … テキスト、インタラクティブ・コンテンツ以外の要素

a要素、link要素、area要素のrel属性は、href属性に指定した外部ファイルとの関係を示します。rel属性値には、下記のキーワードが指定できます（キーワードは半角スペースで区切って複数指定できます）。

- alternate…代替文書
- author…著者情報
- bookmark…直近の祖先セクション［l不可］
- help…ヘルプページ
- icon…アイコン画像［a不可］
- license…著作権ライセンスページ
- next…次の文書
- nofollow…参照することを許可しない文書を示す注記［l不可］
- noreferrer…リファラを送らない文書であることの注記［l不可］
- prefetch…前もって読み込んでおくべきリソース
- prev…前の文書
- search…関連ページを検索するのに利用可能な文書
- stylesheet…スタイルシート［a不可］
- tag…文書に適用されるタグ［l不可］

※［l不可］…link要素は利用不可／
［a不可］…a要素、area要素は利用不可

07 リンク

サンプルソース

```
<!DOCTYPE html>
<html lang="ja">
<head>
<meta charset="utf-8">
<title>外部ファイルとの関係を表す</title>
中略
</head>
<body>
中略
<p><a href="C07_10.html" rel="prev">前のページへ</a>
<a href="C07_12.html" rel="next">次のページへ</a></p>
</body>
</html>
```

タイトルバーのアイコンを設定する

構文

```
<link rel="shortcut icon" href="●" type="▲" sizes="■">
```

● … ファビコン用のファイルのURL
▲ … ファビコン用のファイルのMIMEタイプ
■ … ファビコン用のファイルの幅・高さ（16x16など）

カテゴリー　フロー・コンテンツ、フレージング・コンテンツ　内包できるもの　フレージング・コンテンツ

タイトルバーに表示されるアイコンを、ファビコン（Favaorite iconを縮めた呼び方）と言います。

link要素のrel属性にiconを指定してファビコン用のファイルを指定します。

href属性にファビコン用のファイルのURLを指定します。使用できる拡張子はico/png/jpg/gifなどですが、IE7以前ではicoしか使用できません。

type属性にファビコン用のファイルのMIMEタイプを指定します。拡張子ごとのMIMEタイプは次のとおりです。

- ico…image/vnd.microsoft.icon
- png…image/png
- jpg…image/jpeg
- gif…image/gif

sizes属性にはファビコン用ファイルの幅と高さを指定します。サイズごとに異なるファイルを指定するときに使用できます。一般的な幅と高さは16×16です。ただし、この属性はどのブラウザでもサポートされていません。

サンプルソース

```
<!DOCTYPE html>
<html lang="ja">
<head>
<meta charset="utf-8">
<title>タイトルバーのアイコンを設定する</
title>
中略
<link rel="shortcut icon" href
="favicon.ico" type="image/vnd.
microsoft.icon" sizes="16x16">
</head>
<body>
中略
<p>ファビコンは表示されてますか？</p>
</body>
</html>
```

07 リンク

閲覧環境ごとに読み込むCSSファイルを設定

構文

```
<link rel="stylesheet" href="●" media="▲">
```

● … CSSファイルのURL
▲ … 対象とするユーザー環境
(screen and (min-width: 480px)など)

link要素のmedia属性は、対象環境を指定し、読み込むファイルを設定します。対象環境は「メディアタイプ and (メディア特性)」の書式で指定します。これをメディアクエリーと言います。それぞれ指定できる値は以下のとおりです。

【メディアタイプ】

- all…すべて
- aural…音声ブラウザ
- braille…点字ディスプレイ
- handheld…携帯電話ディスプレイ
- print…プリンタ
- projection…プロジェクター
- screen…PC・スマートフォン・タブレットのディスプレイ
- tty…テレタイプ端末
- tv…テレビ

【メディア特性】

- width…ウインドウの幅
- height…ウインドウの高さ
- device-width…デバイスの画面の幅
- device-height…デバイスの画面の高さ
- orientation…デバイスの向き (portrait (縦長)、landscape (横長))

※orientation以外は「min-」(最小値)、「max-」(最大値)を頭につけて指定できます。

サンプルソース

```
<!DOCTYPE html>
<html lang="ja"><head>
<meta charset="utf-8">
<title>閲覧環境ごとに読み込むCSSファイルを設定</title>中略
<link rel="stylesheet" href="df.css" media="screen">
<link rel="stylesheet" href="sp.css" media="screen and (min-width: 480px)">
<link rel="stylesheet" href="tb.css" media="screen and (min-width: 768px)">
<link rel="stylesheet" href="pc.css" media="screen and (min-width: 1024px)">
</head>
<body>中略
<p>環境ごとに表示を切り替えます。</p>
</body>
</html>
```

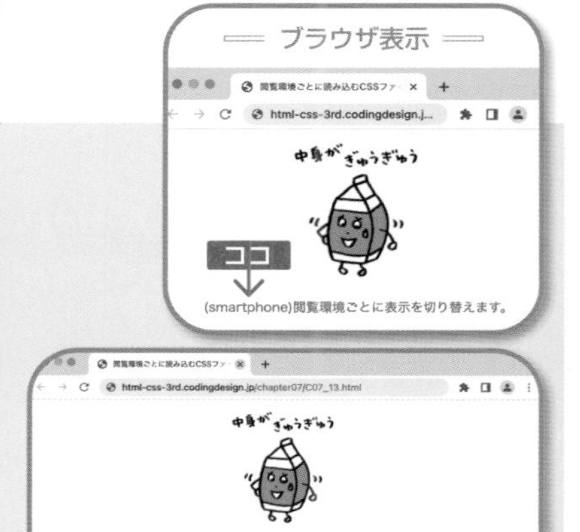

07 リンク

リンクの基準となるURLを指定する

```
<base href="●" target="▲">
```

● … 基準となるURL

▲ … 任意の名前

構文

カテゴリー　メタデータ・コンテンツ　　内包できるもの　空

base要素は、リンクの基準となるURLを指定します。文書ごとにひとつだけ指定できる要素です。

ここで言うリンクは、テキストリンクのリンク先URLだけでなく、画像、CSS、JavascriptなどのURLも含みます。

href属性には、リソースへのURLを相対パス、絶対パス、フルパスともに指定できます。

target属性には、リンクを開くウインドウをa要素のtarget属性と同様に指定できます。

base要素は、href属性とtarget属性のどちらかを必ず指定する必要があります。

また、base要素以降にあるリンクテキストや画像、CSS、Javascriptは、すべてbase要素の影響を受けます。

ブラウザ表示

WEB+DESIGN STAGEをご覧ください。
このリンクはhttps://gihyo.jp/designにつながります。

サンプルソース

```
<!DOCTYPE html>
<html lang="ja">
<head>
<meta charset="utf-8">
<title>リンクの基準となるURLを指定する</title>
中略
<base href="https://gihyo.jp/" target="_blank">
</head>
<body>
中略
<p><a href="/design">WEB+DESIGN STAGE</a>をご覧ください。<br>
このリンクはhttps://gihyo.jp/designにつながります。</p>
</body>
</html>
```

関連 リンク先の表示ウインドウを指定する（P.91）

画像を挿入する

構文

```
<img src="●">
```

● … 画像ファイルのURL

カテゴリー フロー・コンテンツ、フレージング・コンテンツ、エンベデッド・コンテンツ、インタラクティブ・コンテンツ（usemap があるとき）

内包できるもの 空

img要素は、画像を示します。

src属性は、画像ファイルのURLを指定します。この属性は必ず指定する必要があります。

src属性には、下記のファイルが指定できます。

- **静的なビットマップ画像（GIF、JPEG、PNGなど）**
- **1ページのベクター文書（1ページのPDF、SVG付きXML）**
- **アニメーションつきのビットマップ画像（アニメーションGIF、アニメーションPNG）**
- **アニメーションつきのベクター画像（SMILアニメーションを使用するSVG付きXML）**

なお、img要素はレイアウト用に使ってはいけません。特に、文書上意味がない、またはなにも意味を追加しないような透明な画像を表示するために、使用してはいけません。

サンプルソース

```
<!DOCTYPE html>
<html lang="ja">
<head>
<meta charset="utf-8">
<title>画像を挿入する</title>
中略
</head>
<body>
<div><img src="S0801.png"></div>
</body>
</html>
```

ブラウザ表示

画像が表示されないときのテキストを指定

構文

```
<img src="●" alt="▲">
```

● … 画像ファイルのURL
▲ … 代替テキスト

img要素のalt属性は、画像と同等の内容のテキストを示します。

特に指定する内容がない場合を除いて、alt属性は指定をしなければいけません。

また、alt属性の値は画像の適切な代替である必要があります。

このテキストは、画像を見られない人や、そもそも画像の読み込みを無効にしている人に向けて提供されることを意図しています。

サンプルでは、img要素のalt属性に「アリスはケーキを食べて大きくなりすぎる」というテキストを指定しています。そのため、ブラウザで画像を表示しない設定にしていたり、読み上げブラウザを利用している場合に、alt属性値が利用されます。

ブラウザ表示
キノコ食べたのかしら？

アリスはケーキを食べて大きくなりすぎる

画像を表示しない設定

サンプルソース

```
<!DOCTYPE html>
<html lang="ja">
<head>
<meta charset="utf-8">
<title>画像が表示されないときのテキストを指定</title>
中略
</head>
<body>
<div><img src="S0802.png" alt="アリスはケーキを食べて大きくなりすぎる"></div>
</body>
</html>
```

ブラウザ上の画像サイズを指定

構文

<img src="●" width="▲" height="■">

● … 画像ファイルのURL
▲ … ブラウザで表示させる画像の幅
■ … ブラウザで表示させる画像の高さ

img要素のwidth属性は画像のブラウザ上での幅を、height属性は画像のブラウザ上での高さを示します。

width属性とheight属性を使うと、PCと解像度が異なるスマートフォンやタブレット端末に、適切な大きさで表示することができます。

例えば、PCで幅・高さが100pxの画像を表示するとき、解像度が2倍のスマートフォンやタブレット端末で同じ画像をきれいに表示するには、幅・高さが200pxの画像を別に用意して、img要素のwidth属性・height属性に100と指定することになります。

サンプルソース

```
<!DOCTYPE html>
<html lang="ja">
<head>
<meta charset="utf-8">
<title>画像のブラウザでの表示サイズを指定</title>
中略
</head>
<body>
<p>PC用<br>
<img src="S0803.png" width="266" height="196"></p>
<p>高解像度の端末用<br>
<img src="S0803_2.png" width="266" height="196"></p>
</body>
</html>
```

イメージ・ムービーなどを挿入する

構文

```
<object data="●" type="▲" width="■" height="★
">～</object>
```

- ● … オブジェクトのファイルURL
- ▲ … ●のMIMEタイプ
- ■ … オブジェクトの幅
- ★ … オブジェクトの高さ

・その他の属性

name="◎"…オブジェクトの名前

form="△"…関連のあるフォームの設定

カテゴリー
- ・object要素　フロー・コンテンツ、フレージング・コンテンツ、エンベデッド・コンテンツ、インタラクティブ・コンテンツ（usemap属性があるとき）
- ・param要素　なし
- ・embed要素　フロー・コンテンツ、フレージング・コンテンツ、エンベデッド・コンテンツ、インタラクティブ・コンテンツ

内包できるもの
- ・object要素　0個以上のparam要素、その後にフロー・コンテンツ、インタラクティブ・コンテンツ
- ・param要素　空
- ・embed要素　空

object要素は、画像やプラグインで表示する外部リソースを示します。

data属性は、オブジェクトのファイルURLを示します。

type属性は、オブジェクトのMIMEタイプを示します。

object要素にはdata属性、type属性のどちらかが指定されている必要があります。

width属性はオブジェクトの幅、height属性はオブジェクトの高さを示します。

object要素の内容には、プラグインへのパラメータや、object要素が利用できない環境のための要素を指定することができます。

param要素は、object要素によって呼び出されるプラグインのパラメータを定義します。

embed要素は、object要素が利用できない環境で、プラグインが必要なコンテンツを読み込むのに利用できます。

また、object要素の内容には、プラグインが利用できない環境のために情報を提供することができます。

サンプルでは、動画ファイルをobject要素で読み込むように指定しています。そのため、イラストの下に動画を表示していることがわかります。

HTML5.1からはusemap属性を使用できなくなりました。

関連　属性値のバリエーション（P.28）、入力フォームを自由に配置する（P.151）

サンプルソース

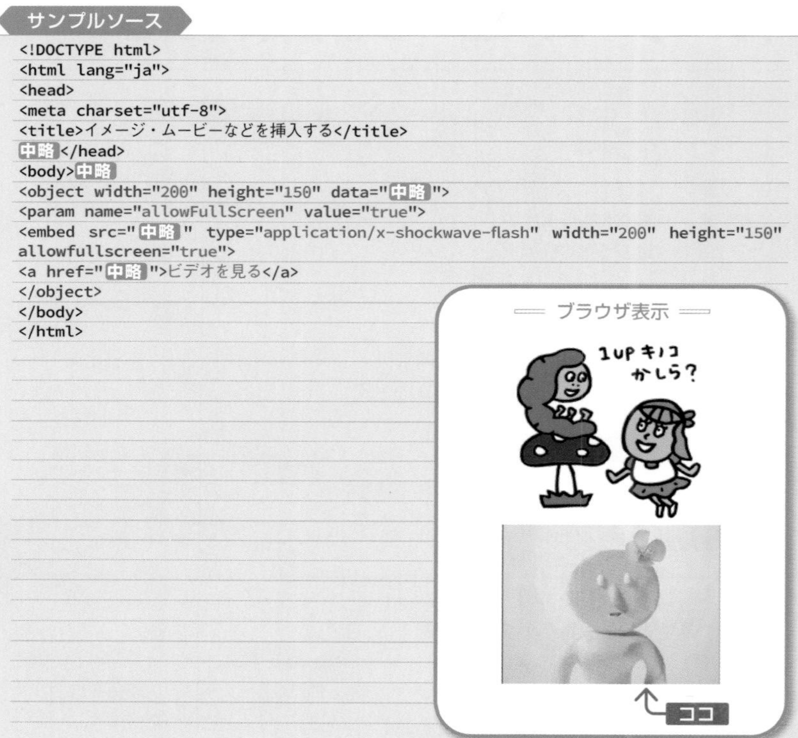

```
<!DOCTYPE html>
<html lang="ja">
<head>
<meta charset="utf-8">
<title>イメージ・ムービーなどを挿入する</title>
中略</head>
<body>中略
<object width="200" height="150" data="中略">
<param name="allowFullScreen" value="true">
<embed src="中略" type="application/x-shockwave-flash" width="200" height="150"
allowfullscreen="true">
<a href="中略">ビデオを見る</a>
</object>
</body>
</html>
```

イメージ内に自由にリンクを設定する

```
<img src="●" usemap="#▲">
<map name="▲">
<area shape="■" coords="★" href="◆" alt="◎"
target="○">
…
</map>
```

構文

- ● … 画像ファイルのURL
- ▲ … img要素とmap要素を関連付ける名前
- ■ … リンク範囲の形（circle、poly、rect）
- ★ … リンク範囲を示す座標
- ◆ … リンク先URL
- ◎ … 代替テキスト
- ○ … リンク先を表示するウインドウ名

カテゴリー
・map 要素　フロー・コンテンツ、フレージング・コンテンツ
・area 要素　フロー・コンテンツ、フレージング・コンテンツ

内包できるもの
・map 要素　透過
・area 要素　空

img要素のusemap属性は、属性値にmap要素のname属性を指定することで、img要素とmap要素を関連付けます。

map要素は、イメージマップを定義します。イメージマップは、1枚の画像内に複数のリンク領域を作るものです。リンク領域を定義するarea要素をまとめます。

area要素のshape属性はリンク範囲の形、coords属性はリンク範囲の座標を示します。

shape属性に指定できるキーワードとcoords属性に指定する座標は以下のとおりです。

- circle…円
  coords="(円の中心のx座標), (円の中心のy座標), (円の半径)"

- poly…多角形
  coords="(ひとつめのポイントのx座標), (ひとつめのポイントのy座標), (ふたつめのポイントのx座標), (ふたつめのポイントのy座標)…(以下ポイント分の座標指定)"

- rect…四角形
  coords="(左上のx座標), (左上のy座標), (右下のx座標), (右下のy座標)"

area要素のsrc属性はリンク先のURL、alt属性はリンク範囲の代替テキスト、target属性はリンク先を表示するウインドウ名を示します。

サンプルでは、イラストを表示するimg要素にusemap属性を指定しています。

そのため、公爵夫人の顔は四角の領域で、ゲーム機には多角形の領域でリンクが設定されています。

HTML5.1からはarea要素のalt属性値を空にできなくなりました。

サンプルソース

```
<!DOCTYPE html>
<html lang="ja"><head>
<meta charset="utf-8">
<title>イメージ内に自由にリンクを設定する</title>
中略 </head>
<body>
<div><img src="S0806.png" alt="無愛想な公爵夫人" usemap="#map"><div>
<map name="map">
<area shape="rect" coords="126,67,183,102" href="page1.html" alt="無愛想な公爵夫人">
<area shape="poly" coords="104,163,100,182,145,184,137,163" href="page2.html"
alt="ゲームは1日1時間">
</map>
</body>
</html>
```

ブラウザ表示

ゲームは1日
1時間だったわ
このへん
このへん

説明文つきの写真などを表す

構文

```
<figure>
●
<figcaption>▲</figcaption>
</figure>
```

● … コンテンツ（画像、動画など）
▲ … コンテンツのキャプション

カテゴリー　figure　フロー・コンテンツ、セクショニング・ルート
figcaption　なし

内包できるもの　figure　以下のいずれか
・figcaption 要素をひとつ伴うフロー・コンテンツ
・フロー・コンテンツ
figcaption　フロー・コンテンツ

figure要素は、figcaption要素と一緒に使うことで、キャプションつきの自己完結型コンテンツを表します。ここで言うコンテンツとは、ページ内に不可欠ではあるものの、入る場所は重要ではないものです。

例えば、写真画像、動画、グラフ、プログラムコードのサンプル、詩などです。

figcaption要素は、コンテンツの前後どちらに使用しても問題ありません。

また、figure要素を入れ子にして、複数のfigure要素をまとめてfigcaption要素でキャプションをつけることもできます。

サンプルでは、イラストをfigurea要素、「ボーナスステージかしら？」というテキストにfigcaption要素を指定しています。そのため、イラストと説明文を関連付けしていることがわかります。

HTML5.1からはfigcaption要素をfigure要素内の最初と最後以外にも自由に置けるようになりました。

サンプルソース

```
<!DOCTYPE html>
<html lang="ja">
<head>
<meta charset="utf-8">
<title>説明文つきの写真などを表す</title>
中略
</head>
<body>
<figure>
<img src="S0807.png" alt="">
<figcaption>ボーナスステージかしら？</figcaption>
</figure>
</body>
</html>
```

ブラウザ表示

ボーナスステージかしら？
ボーナスステージかしら？

音楽を埋め込む

構文

```
<audio src="●" preload="▲" autoplay loop muted
controls></audio>
```

● … 音楽ファイルのURL
▲ … 音楽ファイルの先読みのしかた
(none、metadata、auto)

カテゴリー　フロー・コンテンツ、フレージング・コンテンツ、エンベデッド・コンテンツ、インタラクティブ・コンテンツ（controls 属性があるとき）

内包できるもの　**src 属性があるとき:**0 個以上の track 要素、透過（ただし audio 要素、video 要素を除く）
src 属性がないとき：0 個以上の source 要素、0 個以上の track 要素、透過（ただし audio 要素、video 要素を除く）

audio要素は、音楽ファイルの配信方法を指定します。

src属性は、音楽ファイルのURLを指定します。preload属性の属性値は、以下の3つのキーワードのいずれかを指定することで、音楽ファイルの先読み方法を指定できます。

- **none…先読みしない**
- **metadata…容量、トラックリスト、長さのデータだけ先読みする**
- **auto…すべて先読みする**

autoplay属性は自動再生、loop属性はループ再生を指定します。muted属性は、初期状態を消音にします。controls属性は、操作ボタンを表示します。

読み込むことができる音楽ファイル形式は下記のとおりです。

- Edge…MP3、AAC、WAVE
- Chrome…Ogg、MP3、AAC、WAVE
- Firefox…Ogg、MP3、WAVE
- Safari…MP3、AAC、WAVE
- Opera…Ogg、AAC、WAVE
- Android…デバイスに依存
- iOS…MP3、AAC、WAVE

サンプルソース

```
<!DOCTYPE html>
<html lang="ja">
<head>
<meta charset="utf-8">
<title>音楽を埋め込む</title>
中略
</head>
<body>
中略
<div><audio src="audio.mp3" preload=
"metadata" controls></audio></div>
</body>
</html>
```

ムービーを配置する

構文

```
<video src="●" autoplay loop muted controls playsinline poster="▲" width="■" height="★"></video>
```

● … 動画ファイルのURL ／ ▲ … 画像ファイルのURL
■ … 動画や画像を表示する幅（ピクセル数）
★ … 動画や画像を表示する高さ

カテゴリー フロー・コンテンツ、フレージング・コンテンツ、エンベデッド・コンテンツ、インタラクティブ・コンテンツ（controls属性があるとき）

内包できるもの **src属性があるとき**：0個以上のtrack要素、透過（ただしaudio要素、video要素を除く）
src属性がないとき：0個以上のsource要素、0個以上のtrack要素、透過（ただしaudio要素、video要素を除く）

video要素は、動画ファイルの配信方法を指定します。

src属性は、動画ファイルのURLを指定します。preload属性の属性値は、以下の3つのキーワードのいずれかを指定することで、動画ファイルの先読み方法を指定できます。

- none…先読みしない
- metadata…容量、トラックリスト、長さのデータだけ先読みする
- auto…すべて先読みする

autoplay属性は自動再生、loop属性はループ再生、muted属性は消音状態、controls属性は操作ボタンの表示、playsinline属性は動画のインライン再生、poster属性は代替画像のURL、width属性は幅、height属性は高さを指定します。読み込むことができる動画ファイル形式は下記のとおりです。

- Edge…MP4
- Chrome…Ogg、MP4、WebM
- Firefox…Ogg、MP4、WebM
- Safari…MP4
- Opera…Ogg、MP4、WebM
- Android…MP4、WebM
- iOS…MP4

サンプルソース

```
<!DOCTYPE html>
<html lang="ja">
<head>
<meta charset="utf-8">
<title>ムービーを配置する</title>
中略
</head>
<body>
中略
<div><video src="video.mp4" autoplay controls poster="poster.jpg" width="200" height="150"></video></div>
</body>
</html>
```

ブラウザ表示

08

画像・動画などのコンテンツ

複数形式の音楽やムービーを用意する

構文

`<source src="●" type="▲" media="■">`

● … 音楽/動画ファイルのURL
▲ … 音楽/動画ファイルのMIMEタイプ
■ … 対象のメディア

カテゴリー なし　　内包できるもの 空

source要素は、複数の音楽/動画ファイルを指定するための要素です。

現在、ブラウザ間で共通して利用できるファイル形式がありません。そのため、audio/video要素を利用してひとつの音楽や動画を配信する場合、複数形式のファイルが必要となります。

source要素を使用する場合、audio/video要素にsrc属性を利用しません。

src属性はファイルのURLを指定します(必須)。type属性はファイルのMIMEタイプ、media属性は対象のメディアを指定します。

指定できる属性値は次のとおりです。

【音楽ファイル】
- AAC…audio/aac
- MP4…audio/mp4
- MP3…audio/mpeg
- Ogg…audio/ogg
- WAVE…audio/wav
- WebM…audio/webm

【動画ファイル】
- MP4…video/mp4
- Ogg…video/ogg
- WebM…video/webm

サンプルソース

```
<!DOCTYPE html>
<html lang="ja">
<head>
<meta charset="utf-8">
<title>複数形式の音楽やムービーを用意する</title>
中略 </head>
<body>
中略
<div><video controls width="200" height="150">
<source src="video.mp4" type="video/mp4"
media="screen">
<source src="video.webm" type="video/webm"
media="screen">
</video></div>
</body>
</html>
```

ブラウザ表示

関連 閲覧環境ごとに読み込むCSSファイルを設定(P.102)、音楽を埋め込む(P.112)、ムービーを配置する(P.113)

ムービー内に字幕を表示する

構文

```
<track src="●" kind="▲" srclang="■" label="★" default>
```

● … ムービー内で利用するテキストファイルのURL
▲ … 音楽/動画ファイルのMIMEタイプ
■ … 対象のメディア ／ ★ … 言語切替ができるときに表示する文字

カテゴリー なし　　内包できるもの 空

track要素は、ムービー内で利用するテキスト（字幕など）との関係を指定します。src属性は、テキストファイルのURLを指定します。

kind属性は、ムービーとテキストファイルの関係を示します。指定できる属性値は以下のとおりです。

- **subtitles…会話の転写または翻訳。動画の上に表示。**
- **captions…会話の転写または翻訳、サウンドエフェクト、関連する音声情報。動画の上に表示。**
- **descriptions…映像や音楽のためのテキストによる説明文。音声合成される。**
- **chapters…映像や音楽を操作するのに使われる章のタイトル。ブラウザにリスト表示。**
- **metadata…スクリプトから利用するためのテキスト。非表示。**

srclang属性はテキストファイルで使用されている言語、label属性は言語を選択できる際にブラウザに表記される文字、default属性は初期表示であることを指定します。default属性を記述したtrack要素が最初に利用されます。

サンプルソース

```
<!DOCTYPE html>
<html lang="ja">
<head>
<meta charset="utf-8">
<title>ムービー内に字幕を表示する</title>
中略</head>
<body>
<div><video src="video.mp4" controls width="200" height="150">
<track src="track_ja.vtt" kind="subtitles" srclang="ja" label="Japanese" default>
<track src="track_en.vtt" kind="subtitles" srclang="en" label="English">
</video></div>
</body>
</html>
```

字幕を制作する

動画の上に字幕を表示するためには、WebVTT（Web Video Text Tracks）という仕様に沿ったテキストファイルを作る必要があります。

WebVTTファイルの文字エンコード方式はUTF-8となります。

基本の構文

以下WebVTTファイルの基本となる構文です。

構文

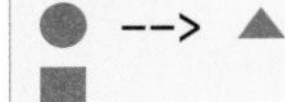

● … 字幕の開始時間（00:00:10.000など）
▲ … 字幕の終了時間（00:00:15.000など）
■ … ●と▲の示す時間中に表示するテキスト

最初の行のWEBVTTは、必ず入れる言葉です。

●から■の行の上下には空行が入っています。この空行で挟まれている範囲が、1回に表示する情報のまとまりになります。

字幕の開始時間●と字幕の終了時間▲は、それぞれ「時間:分:秒.ミリ秒」という形式で記述します。

●と▲の示す時間中に表示するテキスト■は、1行でも複数行でも問題ありません。長い文章は、動画の上に表示されるときには、動画の幅に合わせて自動で改行されます。また、基本の構文に記述を加えることで様々な調整ができます。字幕の終了時間▲の右横に加える記述は、半角スペースで区切ることで複数の記述をすることができます。

縦書き・横書き

表示方向を縦書きにする場合は、時間の横に「vertical:●」と記述します。

●は縦書きの方法を示すキーワードで、rl（右から左）、lr（左から右）を指定します。

2023年2月現在、SafariとiOS版Chromeでサポートされています。

上下位置

行の上下の位置を調整する場合は、時間の横に「line:●」と記述します。

●は動画の上端からの位置で、1（行数）、10%などの数値を指定します。

左右位置

行の左右の位置を調整する場合は、時間の横に「position:●」と記述します。

●は動画の左端からの位置で、10%などの数値を指定します。

関連 ムービー内に字幕を表示する（P.115）

Column

表示幅

表示幅を調整する場合は、時間の横に「size:●」と記述します。

●は表示幅で、10%などの数値を指定します。

テキストの装飾

太字、斜体、下線の装飾をする場合は、テキストにそれぞれb要素、i要素、u要素を使用します。

テキストの行揃え

テキストの行揃えを調整する場合は、時間の横に「align:●」と記述します。

●は行揃えのキーワードで、start（左寄せ）、middle（中央寄せ）、end（右寄せ）を指定します。

サンプルソース WebVTT

```
WEBVTT

00:00:00.000 --> 00:00:03.000 vertical:rl line:1 position:10% align:start
縦書きで表示するときの
テキスト
中略
```

サンプルソース HTML

```
<!DOCTYPE html>
<html lang="ja">
<head>
<meta charset="utf-8">
<title>Column　字幕を制作する</title>
中略</head>
<body>
<video src="video.mp4" controls>
<track src="track_ja_column.vtt" kind="subtitles" srclang="ja" label="Japanese"
 default>
</video>
</body>
</html>
```

ブラウザ表示

画面の大きさによって表示する画像を変える

```
<picture>
  <source media="●" srcset="▲">
  <img src="■" alt="★">
</picture>
```

構文

- ● … 対象とするユーザー環境（screen and (min-width: 480px)など）
- ▲ … 対象ユーザー環境向けの画像ファイルのURL
- ■ … どの対象ユーザー環境向けでもなかったときの画像ファイルのURL
- ★ … 代替テキスト

カテゴリー　フロー・コンテンツ、フレージング・コンテンツ、エンベデッド・コンテンツ

内包できるもの　0個以上のsource要素とそのあとにひとつのimg要素

picture要素は、ピクセル密度やブラウザの表示幅などのユーザー環境に応じて、表示する画像を出し分けることができる要素です。ユーザー環境や画像については子要素のsource要素やimg要素で指定します。

source要素は、ここではユーザー環境ごとに表示する画像ファイルを指定する要素となります。

media属性には、対象環境を「メディアタイプ and (メディア特性)」の書式で指定します。

src属性には、画像ファイルのURLを指定します。source要素にもimg要素にもsrc属性は必ず指定する必要があります。

img要素のsrc属性には、source要素に指定したどの対象ユーザー環境向けにもあわなかったときの画像ファイルのURLを指定します。

img要素のあとに書いたsource要素は無視されるため、img要素はpicture要素内の最後の位置に記述する必要があります。

サンプルソース

```
<!DOCTYPE html>
<html lang="ja">
<head>
<meta charset="utf-8">
<title>画面の大きさによって表示する画像を変える
</title>
中略
</head>
<body>
<picture>
  <source media="(min-width: 32em)"
srcset="S0813_large.png">
  <img src="S0813_small.png" alt="">
</picture>
</body>
</html>
```

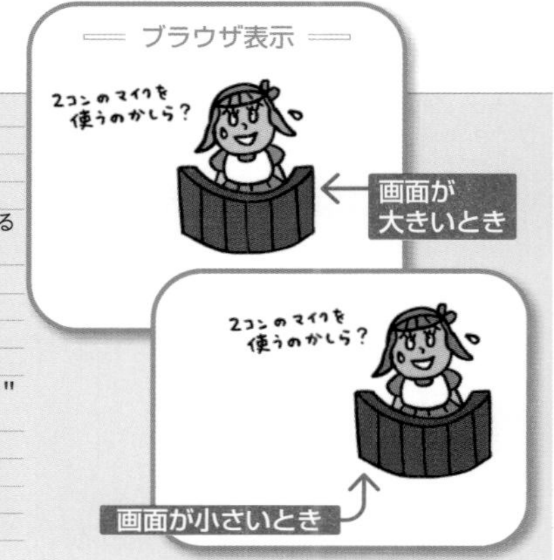
ブラウザ表示
2コンのマイクを使うのかしら？
画面が大きいとき
2コンのマイクを使うのかしら？
画面が小さいとき

08 画像・動画などのコンテンツ

関連　閲覧環境ごとに読み込むCSSファイルを設定（P.102）、対象ユーザー環境をCSSファイル内に指定する（P.171）

開閉できるコンテンツを挿入する

構文

```
<details open>
  <summary>●</summary>
  <p>▲</p>
</details>
```

● … 要約や凡例
▲ … 追加情報

カテゴリー：details:フロー・コンテンツ、セクショニング・ルート、インタラクティブ・コンテンツ
summary:フレージング・コンテンツもしくはヘッディング・コンテンツのうちの 1 要素

内包できるもの：ひとつの summary 要素とそのあとに続くフロー・コンテンツ

details要素は、ユーザーが追加の情報を取得できるしかけを表します。
details要素は開閉ができ、open属性があるときはdetails要素内の要約と追加情報がユーザーに表示されていることを示し、ないときは要約だけが表示されていることを示します。

summary要素は、details要素の要約や凡例を表します。
summary要素がある場合は、summary要素の内容がブラウザに表示されます。

details要素内のsummary要素以外の要素（上記の例ではp要素）は追加情報を示します。

サンプルソース

```
<!DOCTYPE html>
<html lang="ja">
<head>
<meta charset="utf-8">
<title>開閉できるコンテンツを挿入する</title>
中略
</head>
<body>
<details open>
  <summary>なにか表示しますよ</summary>
  <p><img src="S0814.png" alt=""></p>
</details>
</body>
</html>
```

ブラウザ表示

▶ なにか表示しますよ

別ページをページ内の一部に挿入する

構文

<iframe src="●">

● … ページURL

カテゴリー　フロー・コンテンツ、フレージング・コンテンツ、エンベデッド・コンテンツ、インタラクティブ・コンテンツ

内包できるもの　テキスト

Webページの使い勝手とアクセスのしやすさに弊害があるため、HTML5から、Webページを分割して表示するフレームがなくなりました。ただし、ページ内の一部に外部ページを表示するiframe要素は残りました。

iframe要素を使用すると、ページ内に別のページを配置することができます。

src属性は、埋め込むページのURLを指定します。

サンプルでは、iframe要素のsrc属性に「C09_01_iframe.html」を指定しています。そのため、ブラウザで表示したときに、フレーム内にC09_01_iframe.html内に配置されている画像が表示されていることがわかります。

サンプルソース

```
<!DOCTYPE html>
<html lang="ja">
<head>
<meta charset="utf-8">
<title>別ページをページ内の一部に挿入する</title>
中略
</head>
<body>
<div><iframe src="C09_01_iframe.html"></div>
</body>
</html>
```

要素をページ内の一部に挿入する

構文

```
<iframe srcdoc="●">
```

● … フレーム内に表示する要素

srcdoc属性は、フレーム内に表示する要素を指定します。この属性を利用すると、フレームの中にページ内の要素を表示できます。

属性値の中では、属性値を囲っている引用符を使用できません。例えば、属性値を囲っている引用符にダブルクォーテーション「"」を使っている場合、属性値ではシングルクォーテーション「'」もしくは実体参照「**"**」で表記する必要があります。そうしないと属性値の開始と終了の範囲を示す引用符と、属性値の中で使う引用符が混ざってしまい、ブラウザに正しく属性値の範囲を認識させることができないからです。

iframe要素にsrc属性もsrcdoc属性も指定されているときは、srcdoc属性に指定した内容が優先されます。

サンプルでは、iframe要素のsrcdoc属性に「<div><img src='S0902.png'></div>」を指定しています。そのため、ブラウザで表示したときに、フレーム内にこのhtmlが表示されていることがわかります。

サンプルソース

```
<!DOCTYPE html>
<html lang="ja">
<head>
<meta charset="utf-8">
<title>要素をページ内の一部に挿入する</title>
中略
</head>
<body>
<iframe srcdoc="<div><img src='S0902.png'></
div>">
</body>
</html>
```

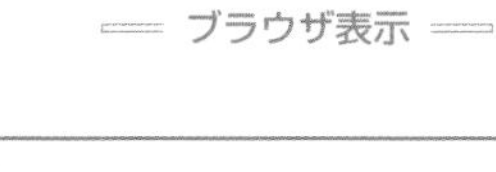

関連 記号やマークを表示する（P.36）

インラインフレームのサイズを指定する

構文

```
<iframe src="●" width="▲" height="■">
```

● … ページURL
▲ … インラインフレームを表示する幅
■ … インラインフレームを表示する高さ

iframe要素のwidth属性とheight属性は、それぞれインラインフレームを表示する幅と高さを示します。

属性値は、ピクセル数で指定する必要があります。パーセント（%）を含む値は指定できません。

パーセントを含む値を指定する場合は、スタイルシートを利用しましょう。

ブラウザ表示

サンプルソース

```
<!DOCTYPE html>
<html lang="ja">
<head>
<meta charset="utf-8">
<title>インラインフレームのサイズを指定する</title>
中略
</head>
<body>
<div><iframe src="C09_03_iframe.html" width="400" height="300"></div>
</body>
</html>
```

インラインフレーム内のリンク表示先指定

構文

```
<a href="●" target="▲">■</a>
```

● … リンク先URL
▲ … 任意の名前、もしくはキーワード
■ … テキスト、インタラクティブ・コンテンツ以外の要素

iframe要素内に表示したページのリンクをクリックすると、iframe要素内でページを移動します。

リンクをクリックしたときにページ全体にリンク先を表示するには、a要素のtarget属性に下記のいずれかのキーワードを使用します。

- _parent…親ウインドウで表示
- _top…一番上のレベルのウインドウで表示

_parentと_topの違いは、_parentがひとつ上の親で表示するのに対して、_topは親の入れ子がいくつあっても一番上の親のウインドウで表示することです。

iframe要素内にさらにiframe要素を表示した場合、_topを指定することでページ全体にリンク先を表示できます。

サンプルはiframe要素内に表示するページです。

ブラウザ表示

サンプルソース

```
<!DOCTYPE html>
<html lang="ja">
<head>
<meta charset="utf-8">
<title>インラインフレーム内のリンク表示先指定</title>
中略
</head>
<body>
中略
<p><a href="../index.html" target="_parent">親ウインドウにページ一覧を表示</a><br>
<a href="../index.html">iframe内にページ一覧を表示</a></p>
</body>
</html>
```

関連 リンク先を新しいウインドウで開く（P.92）

フォームの構成と入力項目の種類

フォームは、ユーザーからの入力を受け付けるWebページ内の部品です。例えば、twitterやfacebookなどのWebサービスでコメントを入力するときに利用する部分です。

ユーザーは、フォームに様々な情報を入力してサーバに送信することで、サーバ上のプログラムを使ってデータを保存・表示させることができます。

フォームの基本構成

フォームの基本構成は「フォームの枠」「入力項目」「送信ボタン」の3つです。

「フォームの枠」はform要素になります。form要素があることで、ページ内にフォームがあることを示します。ユーザーからの入力を受け付ける要素は、form要素の中に配置されてform要素と関連付けられます。

「入力項目」の多くは、input要素、textarea要素、select要素などの入力用の要素を使います。

「送信ボタン」は、input要素のtype属性にsubmitを指定したものになります。

入力項目の種類

主な入力項目としては、下記のものがあります。

要素	属性	入力内容	イメージ
input	type="text"	1行のテキスト入力	1行のテキスト入力
	type="password"	パスワード入力	••••••••
	type="checkbox"	複数の項目選択	□複数の項目選択
	type="radio"	単一の項目選択	○単一の項目選択
	type="file"	ファイル選択	ファイルを選択 選択されていません
	type="submit"	送信ボタン	送信
	type="image"	画像の送信ボタン	画像の送信ボタン
	type="reset"	リセットボタン	リセット
	type="button"	単なるボタン	単なるボタン
	type="hidden"	隠し項目	
select, option		ドロップダウンリスト	ドロップダウンリスト
textarea		複数行のテキスト入力	複数行のテキスト入力 複数行のテキスト入力 複数行のテキスト入力
button		要素を内包できるボタン	要素を内包(ないほう)できるボタン

HTML5からはこの他にも多くの入力項目が追加されています。

項目名と値

ブラウザで表示する項目名は、label要素やfieldset要素内のlegend要素で示すことができますが、サーバに送信する項目名はname属性の値を利用します。
また、サーバに送信するときには、name属性とともにvalue属性の値を使用します。テキスト入力をさせる項目では、入力されたテキストがvalue属性に入ります。選択肢から選ぶ項目では、value属性の値を設定しておく必要があります。

サンプルソース

```
<!DOCTYPE html>
<html lang="ja">
<head>中略</head>
<body>
<form action="/" method="get" name="form_user">
<p><label>お名前: <input name="user_name"></label></p>
<p><label>住所: <input name="user_address"></label></p>
<p><label>電話番号: <input name="user_tel"></label></p>
<p><input type="submit"></p>
</form>
</body>
</html>
```

ブラウザ表示

お名前:

住所:

電話番号:

送信

フォームの基本的な設定をする

構文

```
<form action="●" method="▲">■</form>
```

● … 入力データの送信先
▲ … 入力データの送信方法
■ … 入力項目

カテゴリー　フロー・コンテンツ　　内包できるもの　フロー・コンテンツ（子孫に form 要素を含めない）

form要素は、テキスト入力や選択項目などのフォーム関連要素の集まりを示します。

action属性は、入力データの送信先URLを示します。一般的には、入力データを処理するサーバ側のファイルURLを指定します。

method属性は、入力データの送信方法を示します。指定できる値は次のとおりです。

- **get…送信先URLに入力データを付加してサーバに送る方法**
- **post…送信先URLに入力データを付加しないでサーバに送る方法**

form要素の内容（■の部分）には、input要素、textarea要素、select要素など、ユーザーがデータを入力する要素や、サーバにデータを送るための送信ボタンを記述します。

サンプルソース

```
<!DOCTYPE html>
<html lang="ja">
<head>
<meta charset="utf-8">
<title>フォームの基本の設定をする</title>
中略
</head>
<body>
中略
<form action="/" method="get">
<p><label>ハムラビ法典制定を説明しなさい<br>
<input name="answer"></label></p>
<p><input type="submit"></p>
</form>
</body>
</html>
```

ブラウザ表示

ハムわらび法典制定

ハムラビ法典制定を説明しなさい

送信

フォームからデータを送るときの形式を指定する

構文

```
<form enctype="●">▲</form>
```

● … データ送信時のMIMEタイプ
▲ … 入力項目

form要素のenctype属性は、データ送信時のMIMEタイプを示します。この属性は、form要素のmethod属性にpostが指定されているときに利用します。指定できる値は以下のとおりです。

- **application/x-www-form-urlencoded…URLエンコードで送信。すべての文字をエンコードする。**
- **multipart/form-data…マルチパートデータとして送信。エンコードしない。ファイル、バイナリデータをサーバに送信する場合に使用します。**
- **text/plain…プレーンテキストで送信。特殊な文字はエンコードしない。**

enctype属性が指定されていないときの値は、application/x-www-form-urlencodedになります。

フォームのデータにファイルを含む場合（input要素type属性にfileを指定した項目があるとき）は、multipart/form-dataを利用する必要があります。

10 フォーム

サンプルソース

```
<!DOCTYPE html>
<html lang="ja">
<head>
<meta charset="utf-8">
<title>フォームからデータを送る時の形式を指定する</title>
中略
</head>
<body>
中略
<form action="/" enctype="application/x-www-form-urlencoded">
<p><label>ポエニ戦争を説明しなさい<br>
<input name="answer"></label></p>
<p><input type="submit"></p>
</form>
</body>
</html>
```

関連 記号やマークを表示する（P.36）、フォームの基本的な設定をする（P.126）

入力チェックをするかどうか指定する

構文

```
<form novalidate>●</form>
```

● … フォームオブジェクト
（各種入力欄や選択肢など）

novalidate属性は、入力チェックをするかどうかを示します。novalidate属性がある場合は入力チェックをせず、ない場合は入力チェックをします。

サーバ側で入力チェックを行うため、ブラウザの入力チェックが不要なときや、入力チェックのエラー表示をカスタマイズしたいときなどには、novalidate属性を使うとよいでしょう。

サンプルでは、form要素にnovalidate属性を指定し、メールアドレスを入力するテキストボックスを配置しています。そのため、テキストボックスにメールアドレスでない値が入力されていれば、送信ボタンクリック時の入力チェックでアラートが表示されますが、ここではアラートが表示されないことがわかります。

サンプルソース

```
<!DOCTYPE html>
<html lang="ja">
<head>
<meta charset="utf-8">
<title>入力チェックをするかどうか指定する</title>
中略
</head>
<body>
中略
<form action="/" novalidate>
<p>カエサルのメールアドレス<br>
<input type="email" name="email" required></p>
<p><input type="submit"></p>
</form>
</body>
</html>
```

関連 フォームデータの送信先が異なるボタンを作る（P.150）

1行のテキスト入力項目を作る

構文

```
<input type="text" name="●" value="▲" size="■"
maxlength="★" minlength="◆">
```

- ● … 入力フィールドの名前（質問項目）
- ▲ … 入力欄にデフォルトで表示する編集可能なテキスト
- ■ … テキストボックスの横幅
- ★ … 入力できる最大文字数
- ◆ … 入力できる最小文字数

カテゴリー　フロー・コンテンツ、フレージング・コンテンツ、インタラクティブ・コンテンツ　内包できるもの　空

type属性にキーワードtextを指定したinput要素は、1行のテキストが入力できる入力項目を示します。

name属性は、データをサーバに送信するときの項目名を示します。

value属性は、入力欄にデフォルトで表示する編集可能なテキストを示します。

size属性は、テキストボックスの横幅を示します。属性値は文字の数になります。maxlength属性は、入力できる最大文字数を示します。minlength属性は、入力できる最小文字数を示します。

サンプルでは、input要素type属性値に「text」を指定しています。また、value属性値を空にしています。そのため、値が空のテキストボックスが表示されていることがわかります。

サンプルソース

```
<!DOCTYPE html>
<html lang="ja">
<head>
<meta charset="utf-8">
<title>1行のテキスト入力項目を作る</title>
中略 </head>
<body>
中略
<form action="/">
<p><label>キリストの降誕を説明しなさい<br>
<input type="text" name=" answer" value=""></label></p>
<p><input type="submit"></p>
</form>
</body>
</html>
```

ブラウザ表示

10 フォーム

複数選択の項目(チェックボックス)を作る

構文

```
<input type="checkbox" name="●" value="▲" checked>
```

● … 項目名
▲ … サーバに送信するデータ

カテゴリー フロー・コンテンツ、フレージング・コンテンツ、インタラクティブ・コンテンツ　内包できるもの 空

type属性にキーワードcheckboxを指定したinput要素は、チェックされている状態とチェックされていない状態のふたつの状態を示す「チェックボックス」を表示します。チェックボックスは、複数の選択肢を選択できる項目に利用します。

name属性はサーバに送る項目名、value属性はサーバに送る値を示します。

checked属性は選択状態を示します。checked属性がない場合は、未選択状態を示します。

チェックボックスの隣には項目名をテキストで記述しましょう。その際、input要素と項目名のテキストをlabel要素でまとめて囲うと、チェックボックスをクリックしたときだけでなく、項目名のテキストをクリックしたときにも選択/非選択を操作できます。

チェックボックスと項目名のラベルをlabel要素でまとめて囲えないときは、input要素のid属性値をlabel要素のfor属性に指定することで、同じ操作ができるようになります。

サンプルソース

```
<!DOCTYPE html>
<html lang="ja"><head>
<meta charset="utf-8">
<title>中略</head>
<body>中略
<form action="/">
<p>選択肢から五賢帝ではない項目を選びなさい</p>
<fieldset>
  <legend>選択肢</legend>
  <label><input type="checkbox" name="a"
value="1" checked>トラヤヌス</label>
中略
</fieldset>
<p><input type="submit"></p>
</form>
</body>
</html>
```

ブラウザ表示
囲碁検定時代
選択肢から五賢帝ではない項目を選びなさい
選択肢
トラヤヌス
ハドリアヌス
シンドウ・ヒカル
送信

単一選択の項目(ラジオボタン)を作る

構文

```
<input type="radio" name="●" value="▲" checked>
```

● … 項目名
▲ … サーバに送信するデータ

カテゴリー　フロー・コンテンツ、フレージング・コンテンツ、インタラクティブ・コンテンツ
内包できるもの　空

type属性にキーワードradioを指定したinput要素は、チェックされている状態とチェックされていない状態のふたつの状態を示す「ラジオボタン」を表示します。ラジオボタンは、複数の選択肢から単一の選択をする項目に利用します。

name属性はサーバに送る項目名、value属性はサーバに送る値を示します。

checked属性は選択状態を示します。checked属性がない場合は、未選択状態を示します。

ラジオボタンだけ表示しても何を選択するのかわからないので、ラジオボタンの隣には項目名をテキストで記述しましょう。

その際、input要素と項目名のテキストをlabel要素でまとめて囲うと、ラジオボタンをクリックしたときだけでなく、項目名のテキストをクリックしたときにも選択/非選択を操作できます。

ラジオボタンと項目名のラベルをlabel要素でまとめて囲えないときは、input要素のid属性値をlabel要素のfor属性に指定することで、同じ操作をさせることができます。

サンプルソース

```
<!DOCTYPE html>
<html lang="ja">
<head>中略</head>
<body>中略
<form action="/">
<p>選択肢から黄巾の乱に関係のない項目を選びなさい</p>
<fieldset>
  <legend>選択肢</legend>
  <label><input type="radio" name="a" value=
"1">張角</label>
中略
</fieldset>
<p><input type="submit"></p>
</form>
</body>
</html>
```

ブラウザ表示

麹菌の乱

選択肢から黄巾の乱に関係のない項目を選びなさい

選択肢
◉ 張角　○ 塩麹　○ 皇甫嵩

送信

入力内容が隠される入力欄を作る

構文

```
<input type="password" name="●" value="▲"
 size="■" maxlength="★">
```

● … 項目名
▲ … 入力欄にデフォルトで表示する編集可能なテキスト
■ … テキストボックスの横幅
★ … 入力できる最大文字数

カテゴリー フロー・コンテンツ、フレージング・コンテンツ、インタラクティブ・コンテンツ　内包できるもの 空

type属性にキーワードpasswordを指定したinput要素は、入力内容が隠される1行のテキスト入力項目を表示します。

name属性は、データをサーバに送信するときの項目名を示します。

value属性は、入力欄にデフォルトで入力しておく、編集可能なテキストを示します。

size属性は、テキストボックスの横幅を示します。属性値は文字の数になります。maxlength属性は、入力できる最大文字数を示します。

サンプルでは、input要素type属性値に「password」を指定しています。そのため、入力内容が隠されるテキストボックスが表示されていることがわかります。

サンプルソース

```
<!DOCTYPE html>
<html lang="ja">
<head>
<meta charset="utf-8">
<title>入力内容が隠される入力欄を作る</title>
中略 </head>
<body>
中略
<form action="/">
<p><label>ミラノチョコプレゼントキャンペーンのパスワード<br>
<input type="password" name="password"></label></p>
<p><input type="submit"></p>
</form>
</body>
</html>
```

10 フォーム

ファイルを選択する項目を作る

構文

```
<input type="file" name="●" accept="▲" multiple>
```

● … 項目名
▲ … ファイルの拡張子やMIMEタイプ

カテゴリー フロー・コンテンツ、フレージング・コンテンツ、インタラクティブ・コンテンツ　内包できるもの 空

type属性にキーワードfileを指定したinput要素は、サーバに送信するファイルのファイルパスを入力する項目を表示します。

「ファイル選択」ボタンをクリックすると、ファイル選択用のウインドウが開きます。そのウインドウ内でファイルを選択して「開く」ボタンをクリックすると、「ファイル選択」ボタンの横に選択したファイル名が表示されます。

name属性は、データをサーバに送信するときの項目名を示します。

accept属性は選択するファイルの種類を拡張子（.doc等）やMIMEタイプ（image/png等）で指定します。ファイルの種類を複数指定するときはカンマで区切ります。

multiple属性は、ひとつ以上の値を指定できることを示します。type属性にキーワードfileを指定したinput要素では、ファイル選択用のウインドウで、複数のファイルを選択できるようになります。ひとつの項目のみ指定できるようにするときには、multiple属性は削除しましょう。

サンプルソース

```
<!DOCTYPE html>
<html lang="ja">
<head>
<meta charset="utf-8">
<title>ファイルを選択する項目を作る</title>
中略
</head>
<body>
<form action="/">
<p><label>サフランを食べた画像のアップロード
<br>
<input type="file" name="saffron_file"
multiple></label></p>
<p><input type="submit"></p>
</form>
</body>
</html>
```

入力内容に応じた入力欄を作る①

構文

```
<input type="tel" name="●" value="▲">
<input type="search" name="●" value="▲">
<input type="url" name="●" value="▲">
```

● … 入力フィールドの名前（質問項目）
▲ … 入力欄にデフォルトで表示する編集可能なテキスト

カテゴリー フロー・コンテンツ、フレージング・コンテンツ、インタラクティブ・コンテンツ　内包できるもの 空

type属性にtelを指定すると、電話番号の入力欄になります。

Android、iOSではキーボードが数字を入力する状態になります。電話番号は様々な記述方法があるため、入力内容に制限はありません。制限をつけるには、pattern属性を利用することが推奨されています。

type属性にsearchを指定すると、検索キーワードの入力欄になります。

入力された値をもとに検索結果を表示するときに使うのが適切です。ブラウザによっては、両脇が丸くなったテキストボックスが表示されます。また、入力時には右端に値のリセット用の［×］ボタンが表示されます。

type属性にurlを指定すると、URLの入力欄になります。

入力内容がhttp://から始まるフルパスのURLでない場合、ブラウザによっては送信ボタンをクリックしたときにエラーメッセージが表示されます。

10 フォーム

サンプルソース

```
<!DOCTYPE html>
<html lang="ja">
<head>中略</head>
<body>中略
<form action="/">
<p><label>電話番号：
<input type="tel" name="tel"
 value="09012345678"></label></p>
<p><label>フリーワード：
<input type="search" name="search"
 value="カールの戴冠"></label></p>
<p><label>Webサイト：
<input type="url" name="url"
 value="http://"></label></p>
<p><input type="submit"></p>
</form>
</body>
</html>
```

ブラウザ表示

電話番号：09012345678 ← tel
フリーワード：カールの戴冠 ← search
Webサイト：http:// ← url
送信

関連 テキストの入力を制限する（P.154）

入力内容に応じた入力欄を作る②

```
<input type="email" name="●" value="▲">
<input type="number" name="●" value="▲">
<input type="range" name="●" value="▲">
```

構文

● … 入力フィールドの名前（質問項目）
▲ … 入力欄にデフォルトで表示する編集可能なテキスト

カテゴリー フロー・コンテンツ、フレージング・コンテンツ、インタラクティブ・コンテンツ　内包できるもの 空

type属性にemailを指定すると、メールアドレスの入力欄になります。

Android、iOSではキーボードが英数字を入力する状態になります。また、入力内容がメールアドレスの形式でない場合、ブラウザによっては送信ボタンをクリックしたときにエラーメッセージが表示されます。

type属性にnumberを指定すると、数値の入力欄になります。

この指定は、1、2、3…と連続した数字の中から選択する場合に適しています。そのため、クレジットカードや郵便番号などの入力には適していません。ブラウザによっては、通常のテキストボックスの右端に数値を足したり、減らしたりするインターフェースが表示されます。Android、iOSではキーボードが数字を入力する状態になります。

type属性にrangeを指定すると、ある範囲内の数値の入力欄になります。

この指定は数値を指定しますが、正確な数値は重要ではないときに使用します。ブラウザによっては、横長のゲージ内のポインターを左右にずらすインターフェースが表示されます。

サンプルソース

```
<!DOCTYPE html>
<html lang="ja">
<head>中略</head>
<body>中略
<form action="/">
<p><label>メールアドレス：
<input type="email" name="email">
</label></p>
<p><label>氣志團のメンバーの数：
<input type="number" name="member"
 value=""></label></p>
<p><label>音のボリューム：
<input type="range" name="volume"
 value="20"></label></p>
<p><input type="submit"></p>
</form>
</body></html>
```

複数行のテキスト入力項目を作る

構文

```
<textarea cols="●" rows="▲" name="■"
 maxlength="★">◆</textarea>
```

- ● … 1行に入る最大文字数
- ▲ … 行数
- ■ … 入力フィールドの名前（質問項目）
- ★ … 入力できる最大文字数
- ◆ … 入力欄にデフォルトで表示する編集可能なテキスト

カテゴリー　フロー・コンテンツ、フレージング・コンテンツ、インタラクティブ・コンテンツ

内包できるもの　テキスト

　textarea要素は、複数行のテキスト入力欄を示します。要素の内容は、テキスト入力欄にデフォルトで表示するテキストになります。記述したテキストは、改行があればbr要素がなくても改行が表示されます。

　cols属性は、1行に入る最大文字数を示します。

　rows属性は、表示する行数を示します。

　name属性は、データをサーバに送信するときの項目名を示します。

　サンプルでは、textarea要素を配置しています。そのため、複数行のテキスト入力項目が表示されていることがわかります。

サンプルソース

```
<!DOCTYPE html>
<html lang="ja">
<head>
<meta charset="utf-8">
<title>テキスト入力できる複数行の欄を作る</title>
中略 </head>
<body>
中略
<form action="/">
<p><label>イギリス農民戦争を説明しなさい<br>
<textarea cols="30" rows="10" name="answer">
</textarea></label></p>
<p><input type="submit"></p>
</form>
</body>
</html>
```

ブラウザ表示

ドロップダウンリストを作る

構文

```
<select name="●">
  <option value="▲" selected>■</option>
</select>
```

● … 入力フィールドの名前（質問項目）
▲ … サーバに送信するデータ
■ … ブラウザに表示される選択項目

カテゴリー
・select 要素　フロー・コンテンツ、フレージング・コンテンツ、インタラクティブ・コンテンツ
・option 要素　なし

内包できるもの
・select 要素　0 個以上の option 要素、optgroup 要素
・option 要素　テキスト

select要素は、表示された項目から選択を行う「ドロップダウンリスト」を示します。

name属性はサーバに送る項目名、value属性はサーバに送る値を示します。selected属性は、選択状態を示します。selected属性がない場合は未選択状態を示します。

サンプルでは、select要素を配置しています。また、select要素内の「選択してください」というテキストが入っているoption要素にselected属性を指定しています。そのため、「選択してください」が表示されています。

HTML5.1からは内容が空のoption要素が作れるようになりました。

サンプルソース

```
<!DOCTYPE html>
<html lang="ja"><head>中略</head>
<body>中略
<form action="/">
<p>ばら戦争の発生国を選択しなさい<br>
<select name="answer">
  <option value="" selected>選択してください
</option>
  <option value="1">イングランド</option>
  <option value="2">ウェルシュ・ケーキ</
option>
  <option value="3">カレーライス</option>
</select></p>
<p><input type="submit"></p>
</form>
</body>
</html>
```

10 フォーム

ドロップダウンリスト内を一覧で表示する

構文

```
<select name="●" size="▲">
  <option value="■">★</option>
</select>
```

● … 入力フィールドの名前（質問項目）
▲ … 表示する項目数
■ … サーバに送信するデータ
★ … ブラウザに表示される選択項目

select要素のsize属性は、表示する項目数を示します。

size属性を指定すると、縦に表示エリアが広がり、項目を一覧できるようになります。

隠れている項目はスクロールバーで移動して見ることができます。

サンプルでは、size属性を「4」に指定したselect要素を配置しています。そのため、選択肢が4つ表示された状態の選択項目が表示されていることがわかります。

サンプルソース

```
<!DOCTYPE html>
<html lang="ja"><head>中略</head>
<body><form action="/">
<p>宗教改革に関連する項目を選択しなさい<br>
<select name="answer" size="4">
  <option value="" selected>選択してください</option>
  <option value="1">ルターの贖宥状批判</option>
  <option value="2">プロテスタントの分離</option>
  <option value="3">習字協会の普及活動</option>
</select></p>
<p><input type="submit"></p>
</form>
</body>
</html>
```

ブラウザ表示

宗教改革に関連する項目を選択しなさい
選択してください
ルターの贖宥状批判
プロテスタントの分離
習字協会の普及活動

送信

10 フォーム

関連 ドロップダウンリストを作る（P.137）

ドロップダウンリスト内をグループ化する

構文

```
<select name="●">
  <optgroup label="▲">
    <option value="■">★</option>
  </optgroup>
</select>
```

- ● … 入力フィールドの名前（質問項目）
- ▲ … グループ名
- ■ … サーバに送信するデータ
- ★ … ブラウザに表示される選択項目

カテゴリー ・optgroup 要素　なし　　内包できるもの ・optgroup 要素　0 個以上の option 要素

optgroup要素は、共通の項目名をもったoption要素のまとまりを示します。

label属性は、グループ化したoption要素のまとまりの名前を示します。

label属性の属性値は、select要素の一覧内にグループの区切りとして表示されます。

サンプルでは、項目にoptgroup要素を含むselect要素を配置しています。そのため、ドロップダウンリストの項目にグループ名が表示されていることがわかります。

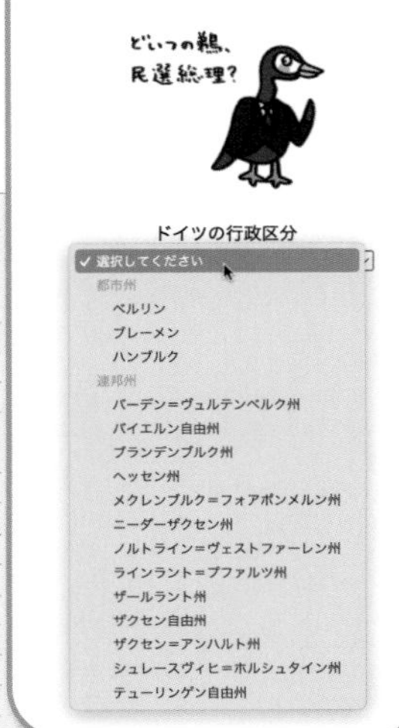

サンプルソース

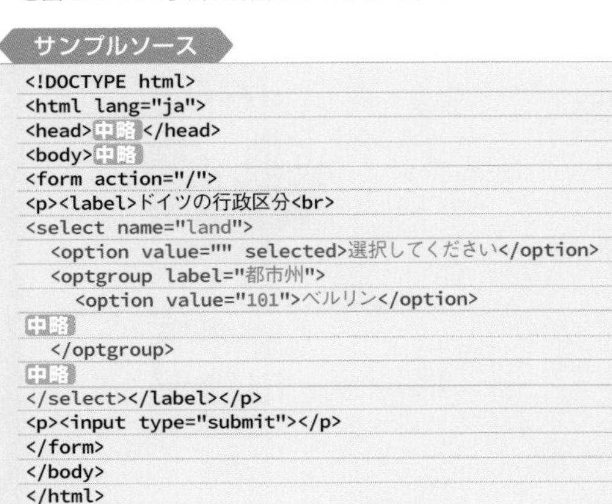

```
<!DOCTYPE html>
<html lang="ja">
<head>中略</head>
<body>中略
<form action="/">
<p><label>ドイツの行政区分<br>
<select name="land">
  <option value="" selected>選択してください</option>
  <optgroup label="都市州">
    <option value="101">ベルリン</option>
中略
  </optgroup>
中略
</select></label></p>
<p><input type="submit"></p>
</form>
</body>
</html>
```


関連 ドロップダウンリストを作る（P.137）

リスト内をグループ化して一覧で表示する

構文

```
<select name="●" size="▲">
  <optgroup label="■">
    <option value="★">◆</option>
  </optgroup>
</select>
```

- ● … 入力フィールドの名前（質問項目）
- ▲ … 表示する項目数
- ■ … グループ化した項目名
- ★ … サーバに送信するデータ
- ◆ … ブラウザに表示される選択項目

select要素のsize属性とoptgroup要素を利用すると、選択項目を一覧表示しながら、同時にグループ化した項目を表示することができます。

size属性を指定すると、縦に表示エリアが広がり、項目を一覧できるようになります。

隠れている項目はスクロールバーで移動して見ることができます。

optgroup要素は、共通の項目名をもったoption要素のまとまりを示します。

label属性は、グループ化したoption要素のまとまりの名前を示します。

label属性の属性値は、select要素の一覧内にグループの区切りとして表示されます。

サンプルソース

```
<!DOCTYPE html>
<html lang="ja"><head>中略</head>
<body>中略
<form action="/">
<p><label>三十年戦争の勢力でないものを選択しなさい<br>
<select name="answer" size="5">
  <option value="" selected>選択してください</option>
  <optgroup label="新教徒勢力">
    <option value="11">スウェーデン</option>
中略
  </optgroup>
中略
</select></label></p>
<p><input type="submit"></p>
</form>
</body></html>
```

ブラウザ表示

三十やねん戦争

三十年戦争の勢力でないものを選択しなさい

選択してください
新教徒勢力
　スウェーデン
　フランス王国
　アラサー帝国

送信

関連 ドロップダウンリストを作る（P.137）、ドロップダウンリスト内を一覧で表示する（P.138）、ドロップダウンリスト内をグループ化する（P.139）

非表示の項目を作る

構文

```
<input type="hidden" name="●" value="▲">
```

● … 隠しフィールドの名前
▲ … サーバに送信するデータ

type属性にhiddenを指定すると、ユーザーに編集されることのない項目を示します。

name属性は、データをサーバに送信するときの項目名を示します。

value属性は、サーバに送信するデータを示します。

この項目は、HTMLは記述されていますが、ブラウザでは表示されません。そのため、HTMLソースを表示すると、隠し項目の項目名と値を見ることができてしまうため、注意が必要です。

サンプルでは、テキストボックスと「↑ぴゅーと行って、リターンする途中の項目」の間に、type属性を「hidden」に指定したinput要素を配置しています。そのため、その要素が非表示の項目となっていることがわかります。

サンプルソース

```
<!DOCTYPE html>
<html lang="ja">
<head>
<meta charset="utf-8">
<title>非表示の項目を作る</title>
中略 </head>
<body>中略
<form action="/">
<p><label>ピューリタン革命を説明しなさい<br>
<input name="answer1"></label></p>
<p><input type="hidden" name="answer2"><br>
↑ぴゅーと行って、リターンする途中の項目</p>
<p><input type="submit"></p>
</form>
</body>
</html>
```

入力内容をリセットするボタンを作る

構文

```
<input type="reset" name="●" value="▲">
```

● … ボタンの名前
▲ … ボタンに表示するテキスト

　type属性にキーワードresetを指定したinput要素は、入力フォームに入力されたテキストをリセットするためのボタンを表示します。
　name属性は、ボタンの名前を示します。value属性は、ボタンに表示するテキストを示します。
　値が入っていないテキストボックスを編集してから、リセットするボタンをクリックすると入力した値が消えます。また、最初から値が入っているテキストボックスを編集してから、リセットするボタンをクリックすると、最初に入っていた値に戻ります。
　サンプルでは、「入力内容をリセットする」というテキストのボタンをtype属性を「reset」に指定したinput要素で配置しています。そのため、ブラウザで表示したときに、このボタンをクリックすると入力内容をリセットすることがわかります。

ブラウザ表示

コピれねー条約

ピレネー条約を説明しなさい

送信　入力内容をリセットする

ココ

サンプルソース

```
<!DOCTYPE html>
<html lang="ja">
<head>
<meta charset="utf-8">
<title>入力内容をリセットするボタンを作る</title>
中略 </head>
<body>中略
<form action="/">
<p><label>ピレネー条約を説明しなさい<br>
<input name="answer"></label></p>
<p><input type="submit"> <input type="reset" value="入力内容をリセットする"></p>
</form>
</body>
</html>
```

10 フォーム

入力内容を送信するボタンを作る

構文

```
<input type="submit" name="●" value="▲">
```

● … ボタンの名前
▲ … ボタンに表示するテキスト

type属性にキーワードsubmitを指定したinput要素は、入力フォームに入力されたテキストを、サーバに送信するためのボタンを表示します。

name属性は、ボタンの名前を示します。value属性は、ボタンに表示するテキストを示します。

サンプルでは、「入力内容をリセットする」というテキストのボタンをtype属性を「submit」に指定したinput要素で配置しています。そのため、ブラウザで表示したときに、このボタンをクリックすると入力内容を送信することがわかります。

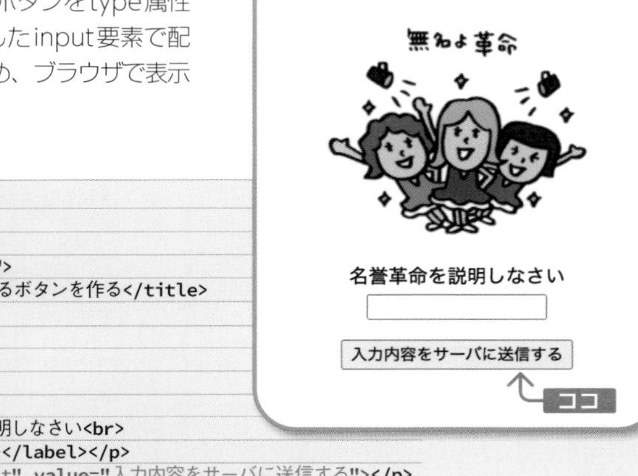

サンプルソース

```
<!DOCTYPE html>
<html lang="ja">
<head>
<meta charset="utf-8">
<title>入力内容を送信するボタンを作る</title>
中略
</head>
<body>
中略
<form action="/">
<p><label>名誉革命を説明しなさい<br>
<input name="answer"></label></p>
<p><input type="submit" value="入力内容をサーバに送信する"></p>
</form>
</body>
</html>
```

画像を用いた送信ボタンを作る

構文

```
<input type="image" name="●" src="▲" alt="■"
width="★" height="◆">
```

● … ボタンの名前
▲ … 画像ファイルのURL
■ … 代替テキスト
★ … ブラウザで表示させるボタン画像の幅
◆ … ブラウザで表示させるボタン画像の高さ

type属性にキーワードimageを指定したinput要素は、画像を用いた送信ボタンを表示します。

name属性は、ボタンの名前を示します。src属性、alt属性、width属性、height属性については、img要素と同様です。

サンプルでは、type属性を「image」に指定したinput要素を配置しています。そのため、ブラウザで表示したときに、画像の送信ボタンが表示され、このボタンをクリックすると入力内容を送信することがわかります。

ブラウザ表示

湯トレひとり条約

ユトレヒト条約を説明しなさい

画像の送信ボタン

ココ

10 フォーム

サンプルソース

```
<!DOCTYPE html>
<html lang="ja">
<head>
<meta charset="utf-8">
<title>画像を用いた送信ボタンを作る</title>
中略 </head>
<body>中略
<form action="/">
<p><label>ユトレヒト条約を説明しなさい<br>
<input type="text" name="answer"></label></p>
<p><input type="image" src="btn.png" alt="画像の送信ボタン"></p>
</form>
</body>
</html>
```

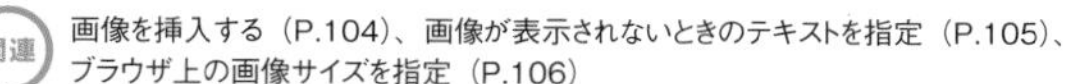
関連 画像を挿入する（P.104）、画像が表示されないときのテキストを指定（P.105）、ブラウザ上の画像サイズを指定（P.106）

要素を組み合わせたボタンを作る

構文

<button type="●" name="▲" value="■">★</button>

● … ボタンのタイプ（submit、reset、buttonのいずれか）
▲ … ボタンの名前
■ … サーバに送信するデータ
★ … ボタンに表示するテキストや画像など

カテゴリー　フロー・コンテンツ、フレージング・コンテンツ、インタラクティブ・コンテンツ

内包できるもの　フレージング・コンテンツ（インタラクティブ・コンテンツは除く）

button要素は、要素の内容（★）に書いたものがラベルになるようなボタンを示します。

type属性は、ボタンの動きを示します。属性値には下記のキーワードを指定できます。

- **submit…フォームのデータを送信するボタン**
- **reset…リセットボタン**
- **button…汎用的なボタン**

type属性を記述しないときは、キーワードsubmitを指定した状態になります。

name属性は、ボタンの名前を示します。

value属性は、サーバに送信するデータを示します。

ブラウザ表示

サンプルソース

```
<!DOCTYPE html>
<html lang="ja">
<head>
<meta charset="utf-8">
<title>要素を組み合わせたボタンを作る</title>
中略 </head>
<body>中略
<form action="/">
<p><label>産業革命を説明しなさい<br>
<input type="text" name="answer"></label></p>
<p><button type="button"><img src="btn_home.png" alt=""><br>
三行書く名湯から送信する</button></p>
</form>
</body>
</html>
```

フォーム部品の項目名を表す

構文

```
<label><input>●</label>
<input id="▲"><label for="▲">●</label>
```

● … 項目名
▲ … input要素のid属性値

カテゴリー　フロー・コンテンツ、フレージング・コンテンツ、インタラクティブ・コンテンツ

内包できるもの　フレージング・コンテンツ（label要素と関連付けられた要素やlabel要素は除く）

label要素は、フォーム部品の見出しを示します。label要素の内容に記述したテキストが、フォーム部品の見出しになります。

for属性は、label要素がフォーム部品と関連付けられていることを示します。

フォーム部品とlabel要素を関連付ける方法は、以下のふたつがあります。

- **label要素のfor属性の値とフォーム部品のid属性の値を同じにする**
- **label要素の中にフォーム部品を入れる**

チェックボックスやラジオボタンを表示するinput要素とlabel要素を関連付けると、label要素内のテキストをクリックしたときにも、関連付けられているinput要素が選択状態になり、選択状態の入力がしやすくなります。

10 » フォーム

サンプルソース

```
<!DOCTYPE html>
<html lang="ja">
<head>中略</head>
<body>
<form action="/">
<p><label>ボストン茶会事件に関連する項目を
選択しなさい<br>
<select name="answer">
  <option>会社のボス</option>
  <option>やんちゃなギタリスト</option>
  <option>サミュエル・アダムズ</option>
</select>
</label></p>
<p><input type="submit"></p>
</form>
</body></html>
```

関連　複数選択の項目（チェックボックス）を作る（P.130）、単一選択の項目（ラジオボタン）を作る（P.131）

複数のフォーム部品をまとめる

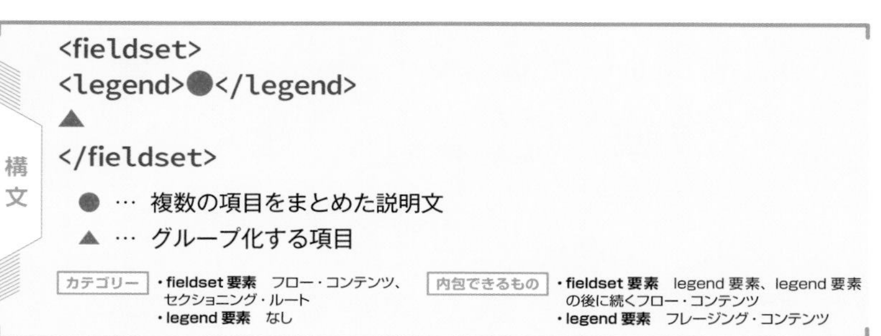

```
<fieldset>
<legend>●</legend>
▲
</fieldset>
```

構文

● … 複数の項目をまとめた説明文
▲ … グループ化する項目

カテゴリー
・fieldset 要素　フロー・コンテンツ、セクショニング・ルート
・legend 要素　なし

内包できるもの
・fieldset 要素　legend 要素、legend 要素の後に続くフロー・コンテンツ
・legend 要素　フレージング・コンテンツ

fieldset要素は、共通の名前でまとめたフォーム部品のセットを示します。fieldset要素を入れ子にすることで、階層を作ることもできます。

legend要素は、fieldset要素が作るフォーム部品のセットの見出しです。

サンプルでは、ラジオボタンをまとめるためにfieldset要素を指定し、「デカブツ」というテキストにlegend要素を指定しています。そのため、ブラウザで表示したときに、この部分が枠で囲われ、見出しとして「デカブツ」が表示されていることがわかります。

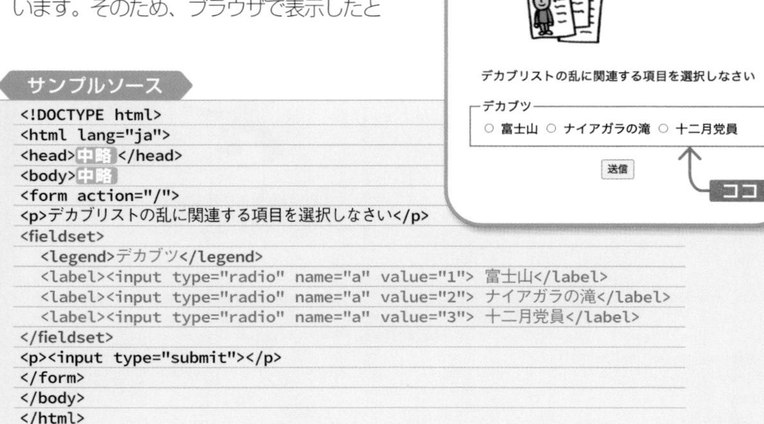

サンプルソース

```
<!DOCTYPE html>
<html lang="ja">
<head>中略</head>
<body>中略
<form action="/">
<p>デカブリストの乱に関連する項目を選択しなさい</p>
<fieldset>
  <legend>デカブツ</legend>
  <label><input type="radio" name="a" value="1"> 富士山</label>
  <label><input type="radio" name="a" value="2"> ナイアガラの滝</label>
  <label><input type="radio" name="a" value="3"> 十二月党員</label>
</fieldset>
<p><input type="submit"></p>
</form>
</body>
</html>
```

入力項目を自動補完する

構文

```
<input type="●" name="▲" autocomplete="■">
```

● … 入力フィールドの形式
▲ … 入力フィールドの名前（質問項目）
■ … 自動入力の設定（on、off）

autocomplete属性は、入力項目の自動補完をするかどうかを定義します。指定できる属性値は以下のとおりです。

- **off…自動補完しない（毎回ユーザーが入力）**
- **on…自動補完する**
- **記述なし…フォームオーナーのautocomplete属性を使用する（form要素のデフォルト設定はon）**

autocomplete属性値のoffは、クレジットカード番号、ネットバンキングのログイン用のID/パスワードなど「使いまわさない内容」に使用します。

この属性は、input要素のtype属性がtext、search、url、tel、email、password、datetime、date、month、week、time、datetime-local、number、range、colorのときに利用できます。

ブラウザ表示

サンプルソース

```
<!DOCTYPE html>
<html lang="ja">
<head>
<meta charset="utf-8">
<title>入力項目を自動補完する</title>
中略
</head>
<body>
中略
<form action="/">
<p><label>アヘン戦争に関連する国名を答えなさい<br>
<input type="text" name="answer" autocomplete="on"></label></p>
<p><input type="submit"></p>
</form>
</body>
</html>
```


関連 テキストボックスで入力候補を表示する（P.156）

送信時に入力されているかチェックを行う

構文

```
<input type="●" name="▲" value="■" required>
```

● … 入力フィールドの形式
▲ … 入力フィールドの名前（質問項目）
■ … 入力欄にデフォルトで表示する編集可能なテキスト

required属性は、「指定された項目が必ず入力されている必要がある項目」を示します。

この属性は、input要素のtype属性がtext、search、url、tel、email、password、datetime、date、month、week、time、datetime-local、numberのときと、select要素、textarea要素に利用できます。

サンプルでは、required属性を指定したinput要素を配置しています。そのため、ブラウザで表示したときに、何も入力しないで送信ボタンを押すとアラートが表示されることがわかります。

ブラウザ表示
太平天国の乱を説明しなさい
このフィールドを入力してください。

サンプルソース

```
<!DOCTYPE html>
<html lang="ja">
<head>
<meta charset="utf-8">
<title>送信時に入力されているかチェックを行う</title>
中略</head>
<body>
中略
<form action="/">
<p><label>太平天国の乱を説明しなさい<br>
<input type=" text “ name="answer" required></label></p>
<p><input type="submit"></p>
</form>
</body>
</html>
```

フォームデータの送信先が異なるボタンを作る

構文

```
<form action="●">
<input type="▲" formaction="■">
</form>
```

● … フォームデータの送信先
▲ … 入力フィールドの形式（submit、image）
■ … ●の代わりに使用する送信先

form要素のaction要素にはフォームデータの送信先が設定されますが、formaction属性は、これを上書きする送信先を表します。

formaction属性と同じように、form要素の様々な属性値を上書きする属性には以下のものがあります。

- **formenctype属性…form要素のenctype属性値を上書き**
- **formmethod属性…form要素のmethod属性値を上書き**
- **formnovalidate属性…form要素のnovalidate属性値を上書き**
- **formtarget属性…form要素のtarget属性値を上書き**

これらの属性を利用すれば、通常の送信ボタンとは動作の異なるボタンを作ることができます。
この属性は、input要素のtype属性がsubmit、imageのときと、button要素に利用できます。

サンプルソース

```
<!DOCTYPE html>
<html lang="ja">
<head>
<meta charset="utf-8">
<title>フォームデータの送信先が異なるボタンを作る</title>
中略 </head>
<body>中略
<form action="/">
<p><label>南北戦争を説明しなさい<br>
<input type="text" name="answer"></label></p>
<p><input type="submit" value="送信">
<input type="submit" formaction="中略" formnovalidate value="保存"></p>
</form>
</body>
</html>
```

ブラウザ表示

南北線掃除

南北戦争を説明しなさい

送信 保存

関連 フォームの基本的な設定をする（P.126）

入力フォームを自由に配置する

構文

```
<form id="●"></form>
<input type="▲" name="■" value="★" form="◆">
```

● … Webページ内でのユニークな値
▲ … 入力フィールドの形式
■ … 入力フィールドの名前（質問項目）
★ … 入力欄にデフォルトで表示する編集可能なテキスト
◆ … form要素のid属性値

入力フォームを自由に配置するには、form属性を使用します。

form属性は関連のあるform要素を表します。form属性値は、関連のあるform要素のid属性値を示します。

input要素などの入力フォーム用の要素は、通常はform要素の中に入っている必要があります。

しかしform属性を利用すれば、入力フォーム用の要素はform要素の中に入っている必要はなくなり、ページ内の様々な場所に配置することができるようになります。

この属性は、button要素、fieldset要素、input要素、keygen要素、object要素、output要素、select要素、textarea要素に利用できます。

HTML5.1からはlabel要素にはform属性が指定できなくなりました。

サンプルソース

```
<!DOCTYPE html>
<html lang="ja">
<head>
<meta charset="utf-8">
<title>入力フォームを自由に配置する</title>
中略
</head>
<body>中略
<p>清仏戦争の絵日記送信フォーム</p>
<p><label>絵日記の画像<br>
<input type="file" name="enikki"
form="form1"></label></p>
<form action="/" id="form1"><input
type="submit" value="絵日記を送信する
"></form>
</body>
</html>
```

入力例を表示する

構文

```
<input type="●" name="▲" value="■"
 placeholder="★">
```

- ● … 入力フィールドの形式
- ▲ … 入力フィールドの名前（質問項目）
- ■ … 入力欄にデフォルトで表示する編集可能なテキスト
- ★ … 入力例を示すテキスト

placeholder属性は、空欄のテキストボックスにテキストを入力する際の、補助となる入力例や入力形式の説明など、短いテキストを示します。

label要素に入るような項目名や、長い説明文などには適していません。

この属性は、input要素のtype属性がtext、search、url、tel、email、password、numberのときと、textarea要素に利用できます。

サンプルでは、placeholder属性を指定したinput要素を配置しています。そのため、ブラウザで表示したときに、テキストボックスに「例：1894年に朝鮮で起きた農民の内乱」というテキストが入力例として表示されることがわかります。

10 フォーム

サンプルソース

```
<!DOCTYPE html>
<html lang="ja">
<head>
<meta charset="utf-8">
<title>入力例を表示する</title>
中略
</head>
<body>中略
<form action="/">
<p><label>東学党の乱を説明しなさい<br>
<input type="text" name="answer"
placeholder="例：1894年に朝鮮で起きた農民
の内乱"></label></p>
<p><input type="submit"></p>
</form>
</body>
</html>
```

数値の入力を制限する

構文

```
<input type="●" name="▲" value="■" min="★"
 max="◆" step="◎">
```

● … 入力フィールドの形式
▲ … 入力フィールドの名前（質問項目）
■ … 入力欄にデフォルトで表示する編集可能なテキスト
★ … 最も低い値
◆ … 最も高い値
◎ … 値の精度

min属性とmax属性は、入力する値の範囲を示します。

min属性は最も低い値、max属性は最も高い値を示します。

step属性は、値の精度を示します。例えば0、10、15という値を許容するなら、step属性値は5になります。値の精度を決めない場合はanyを指定します。

これらの属性は、input要素のtype属性がdatetime、date、month、week、time、datetime-local、number、rangeのときに利用できます。

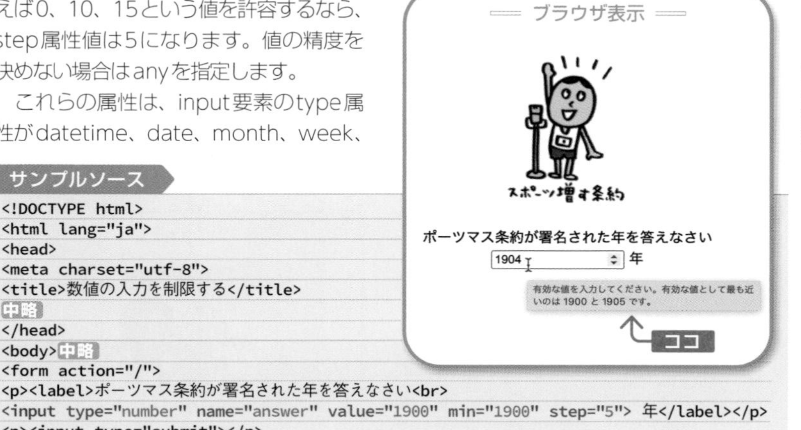

サンプルソース

```
<!DOCTYPE html>
<html lang="ja">
<head>
<meta charset="utf-8">
<title>数値の入力を制限する</title>
中略
</head>
<body>中略
<form action="/">
<p><label>ポーツマス条約が署名された年を答えなさい<br>
<input type="number" name="answer" value="1900" min="1900" step="5"> 年</label></p>
<p><input type="submit"></p>
</form>
</body>
</html>
```

テキストの入力を制限する

構文

```
<input type="●" name="▲" value="■" pattern="★"
 title="◆">
```

- ● … 入力フィールドの形式
- ▲ … 入力フィールドの名前（質問項目）
- ■ … 入力欄にデフォルトで表示する編集可能なテキスト
- ★ … 正規表現のテキスト
- ◆ … 入力形式を伝えるテキスト

pattern属性は、入力内容にJavaScriptの正規表現が適用されることを示します。

正規表現とは、文字の集まりをひとつの文字で表現する方法です。下記は正規表現の例です。

^A…Aで始まるテキスト（Abc、Ade、Afなど）
A$…Aで終わるテキスト（aA、bA、ccAなど）
[ABCXYZ]…A、B、C、X、Y、Zのいずれか1文字
[A-Z]…アルファベットのいずれか1文字
. …なんでも1文字
A+…1文字以上のA（A、AA、AAAなど）
A*…0文字以上のA（A、AA、AAAなどに加えてAがなくてもOK）
A{2}…2個のA（AA）

この属性は、input要素のtype属性がtext、search、url、tel、email、passwordのときに利用できます。

pattern属性と同時に指定するtitle属性は、入力形式を伝えるテキストで、不適正なテキストが入力されたときのエラーメッセージに表示されます。

サンプルソース

```
<!DOCTYPE html>
<html lang="ja">
<head>
<meta charset="utf-8">
<title>テキストの入力を制限する</title>
中略</head>
<body>中略
<form action="/">
<p><label>さらえ祖母プロジェクトコード<br>
<input type="text" name="code" pattern="
[0-9][A-Z]{3}" title="1つの数字のあとに3つの
英大文字"></label></p>
<p><input type="submit"></p>
</form>
</body>
</html>
```

ブラウザ表示

さらえ祖母事件

さらえ祖母プロジェクトコード

3RAESOBO

指定されている形式で入力してください。
ひとつの数字のあとに3つの英大文字

10 » フォーム

ページを開いてすぐに入力できるようにする

構文

```
<input type="●" name="▲" value="■" autofocus>
```

● … 入力フィールドの形式
▲ … 入力フィールドの名前（質問項目）
■ … 入力欄にデフォルトで表示する編集可能なテキスト

autofocus属性は、ページが開いたらすぐに入力できるよう、フォーカスをあてることを示します。

この属性は、button要素、input要素、keygen要素、select要素、textarea要素に利用できます。

サンプルでは、autofocus属性を指定したinput要素を配置しています。そのため、ブラウザで表示したときに、テキストボックスにすぐに入力できる状態であることがわかります。

サンプルソース

```
<!DOCTYPE html>
<html lang="ja">
<head>
<meta charset="utf-8">
<title>ページを開いてすぐに入力できるようにする</title>
中略
</head>
<body>
<form action="/">
<p><label>世界経済恐慌を説明しなさい<br>
<input type="text" name="answer" autofocus></label></p>
<p><input type="submit"></p>
</form>
</body>
</html>
```

＊ テキストフィールドのみサポート

テキストボックスで入力候補を表示する

構文

```
<input type="text" name="●" list="▲">
<datalist id="■">
<option value="★">◆</option>
…
</datalist>
```

● … 入力フィールドの名前（質問項目）
▲ … 関連付けるdatalist要素のid属性値
■ … datalist要素のid属性値
★ … サーバに送信する値 ／ ◆ … 選択項目に表示する値

カテゴリー フロー・コンテンツ、フレージング・コンテンツ　内包できるもの フレージング・コンテンツもしくは0個以上のoption要素

datalist要素は、テキストボックスのための選択項目を定義します。datalist要素を使えば、よく入力される内容をoption要素による選択式にすることができるため、キーボードで値を打ち込むよりもスムーズな入力を組み込めます。

datalist要素とinput要素の関連付けは、datalist要素のid属性値をinput要素のlist属性値に指定することで可能になります。

datalist要素がサポートされていないブラウザでは、datalist要素の内容がそのまま表示されます。そのためdatalist要素内には、テキストボックスへの入力またはドロップダウンリストからの選択を促す言葉と、select要素、option要素を記述しておくことが適切でしょう。

サンプルソース

```
<!DOCTYPE html>
<html lang="ja"><head>中略</head>
<body>中略<form action="/">
<p><label>独ソ不可侵条約について説明
しなさい<br>
<input type="text" name="answer"
 list="answer_list"></label></p>
<datalist id="answer_list">
テキストボックスに記入するか下記から
1つ選びさい<br>
<select name="answer_fallback">
<option value=""></option>
<option>毒素蒸かし賃について締結された
条約</option>
<option>ドイツとソ連の間に締結された不
可侵条約</option></select></datalist>
<p><input type="submit"></p>
</form></body></html>
```

ブラウザ表示

毒素蒸かし賃条約

独ソ不可侵条約について説明しなさい

毒素蒸かし賃について締結された条約
ドイツとソ連の間に締結された不可侵条約

ある範囲内での測定値を表示する

```
<meter value="●" min="▲" max="■" low="★"
 high="◆" optimum="◎"></meter>
```

構文

- ● … デフォルトで表示する値
- ▲ … 最も低い値
- ■ … 最も高い値
- ★ … 低い範囲との境目の値
- ◆ … 高い範囲との境目の値
- ◎ … 適正値

カテゴリー フロー・コンテンツ、フレージング・コンテンツ　内包できるもの フレージング・コンテンツ(meter要素は不可)

meter要素は、ある範囲内での測定値をゲージの形で表示します。例えば、ディスクの使用量、検索結果と検索キーワードの関連度、選挙で特定候補に投票した人の割合など、様々なデータを示すのに使えます。

min属性は最も低い値を、max属性は最も高い値を設定します。

value属性は、ゲージに表示する測定値として設定します。この属性は必須です。

ゲージはlow属性とhigh属性を使って、値が低い範囲、中くらいの範囲、高い範囲に分けることができます。

low属性は低い範囲と中くらいの範囲の境界の値を、high属性は中くらいの範囲、高い範囲の境界の値を設定します。

optimum属性は、適正値を示します。

meter要素がサポートされていないブラウザでは、meter要素の内容がそのまま表示されます。そのため、meter要素内にはゲージの状態を説明するテキストを記述しておくのが適切でしょう。

サンプルソース

```
<!DOCTYPE html>
<html lang="ja">
<head>
<meta charset="utf-8">
<title>ある範囲内での測定値を表示する</title>
中略
</head>
<body>中略
<p>ヤルタ会談の出席者のやる気を100を上限にして示しなさい<br>
<meter value="80" min="0" max="100">80%</meter></p>
</body>
</html>
```

ブラウザ表示
やる気高い団
ヤルタ会談の出席者のやる気を100を上限にして示しなさい

進捗状況を表示する

構文

```
<progress value="●" max="▲">
```

● … 完了した作業の量
▲ … 作業の全体量

カテゴリー フロー・コンテンツ、フレージング・コンテンツ
内包できるもの フレージング・コンテンツ（progress 要素は不可）

progress要素は、作業の進捗状況をゲージの形で表示します。

ここで言う作業とは、例えばブラウザにファイルサイズの重い画像ファイル、動画ファイルを読み込みこむ処理や、データベースから大量のデータを取得するような処理を指します。重いデータの処理を待つ間、ユーザーにprogress要素を利用して進捗状況を示すことで、作業が進んでいることを知らせることができます。

value属性は、すでに完了した作業の量を設定します。

max属性は、作業の全体量を設定します。

progress要素がサポートされていないブラウザでは、progress要素の内容がそのまま表示されます。そのためprogress要素内には、ゲージの状態を説明するテキストを記述しておくのが適切でしょう。

ブラウザ表示

サンプルソース

```
<!DOCTYPE html>
<html lang="ja">
<head>
<meta charset="utf-8">
<title>進捗状況を表示する</title>
中略
</head>
<body>
中略
<p>cuba.mpg コピー進捗<br>
<progress value="10" max="100">10%</progress></p>
</body>
</html>
```

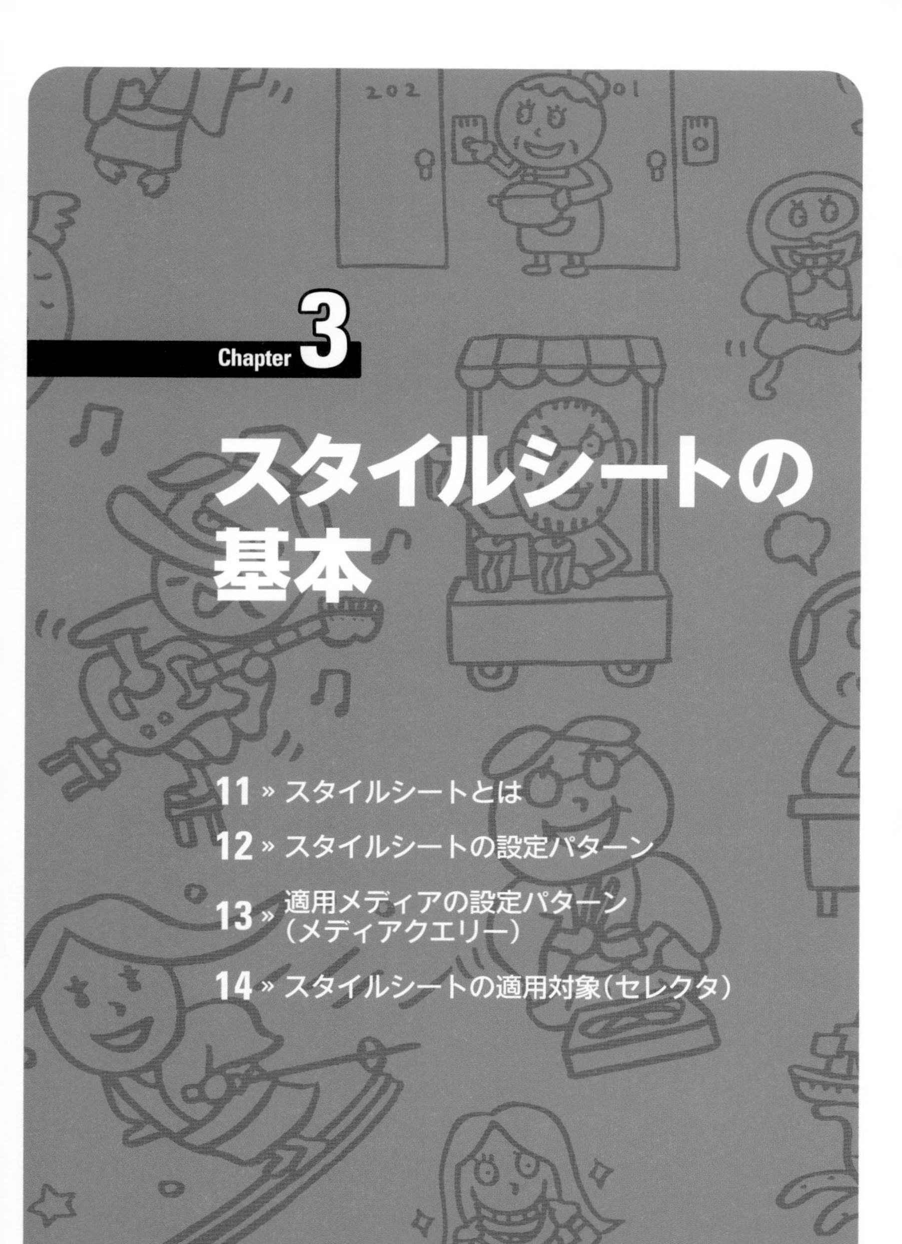

Chapter 3

スタイルシートの基本

CSSの考え方

Webページの表示内容は、HTMLを使って記述されます。HTMLによって、見出し（h1～h6要素）、段落（p要素）、画像（img要素）などが表示されます。

ただ、HTMLが進化する過程で、文書の構造だけでなく、「書式」もタグで扱うことが多くなりました。例えば、文字の色や書体を指定するためのfont要素などが作られました。しかし、HTMLファイルの中に構造と書式が混在していると、以下のようなデメリットがあります。

- **HTMLファイルの見通しが悪くなる**
- **同じ書式を複数の箇所で指定しようとすると、同じタグを何度も書かなければならない**
- **書式を変えようとすると、HTMLファイル内のあちこちのタグの修正が必要になる**
- **HTMLファイル間でデザインを統一するのが難しい**

そこで、HTMLには文書の構造と内容のみを入れるようにし、文書の書式に関する部分を「スタイルシート」として独立させて、両者を連携させる方法が取られるようになりました。CSSは「Cascading Style Sheet」（重ね合わせる書式の文書）の略です。

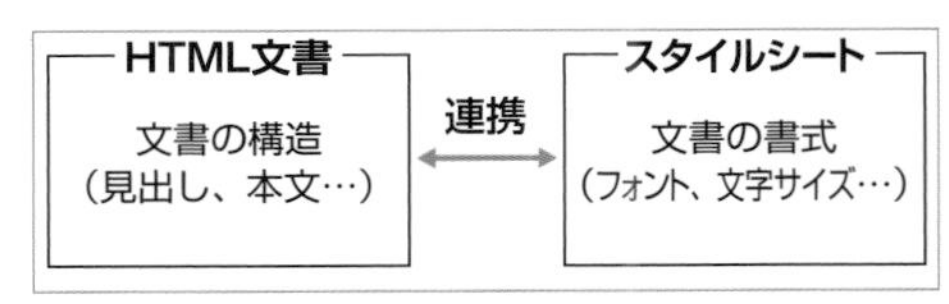

図1◉HTML文書とスタイルシートの関係

HTMLの要素について

ブロックコンテナ

HTML文書は様々な要素から構成されますが、CSSのレベル3以降では、要素を「ブロックコンテナ」と「インライン要素」に大別します。

ブロックコンテナは、HTML文書の骨格となる要素と言えます。ブロックコンテナには、見出し（h1～h6要素）、段落（p要素）などがあります。ブロックコンテナは、Webブラウザ上では長方形の領域として表示されます。

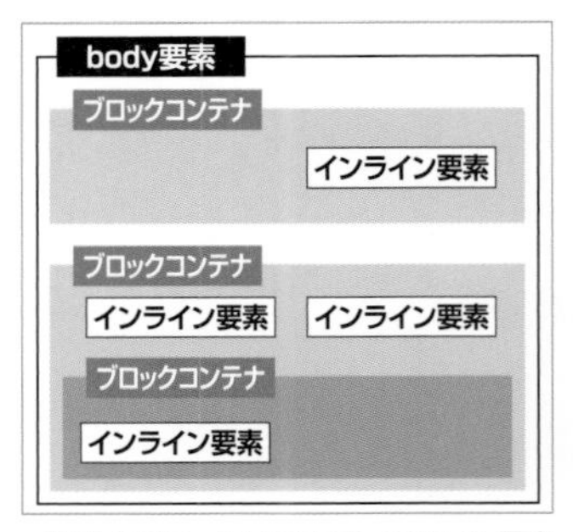

図2◉ブロックコンテナとインライン要素

ブロックコンテナの中には、別のブロックコンテナを入れることができます（ただし、入れられない場合もあります）。また、ブロックコンテナにはインライン要素を入れることもできます。

インライン要素

インライン要素は、ブロックコンテナの中身となるようなもので、文章の一部に特別な意味を持たせたり、特殊な動作をさせたりするときに使います。例えば、リンク（a要素）や強調（em要素）などがインライン要素です。

インライン要素は特定の形を持ちません。Webページのレイアウトによって、ひとつの行の中だけで表示されることもあれば、複数行にまたがって表示されることもあります。

非置換インライン要素と置換インライン要素

インライン要素は、さらに非置換インライン要素と置換インライン要素に分類されます。

- **非置換インライン要素…開始タグと終了タグの間の文字列がブラウザに表示されます。大半のインライン要素が非置換インライン要素です。**
- **置換インライン要素…文字列が何か他のものに置換されて表示されます。画像（img要素）やフォームの入力部品（input要素）などが置換インライン要素です。**

要素どうしの関係

ここまでで述べたように、要素の中に別の要素が入ることもあります。例えば、右記HTMLでは、要素は図3のような階層関係になっています。

要素間の階層関係は、「親」や「子」などの言葉で表します。

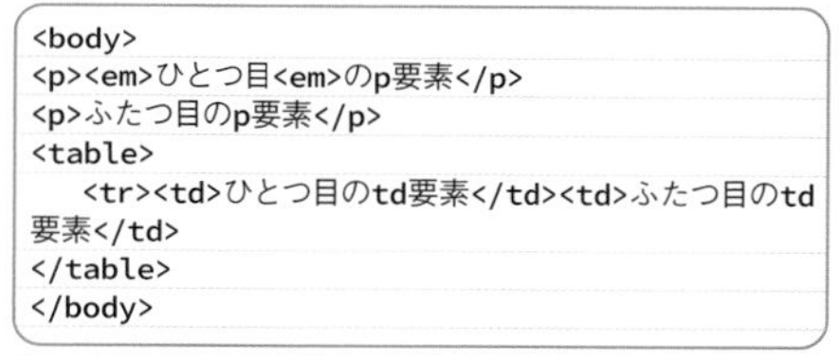

```
<body>
<p><em>ひとつ目<em>のp要素</p>
<p>ふたつ目のp要素</p>
<table>
    <tr><td>ひとつ目のtd要素</td><td>ふたつ目のtd要素</td>
</table>
</body>
```

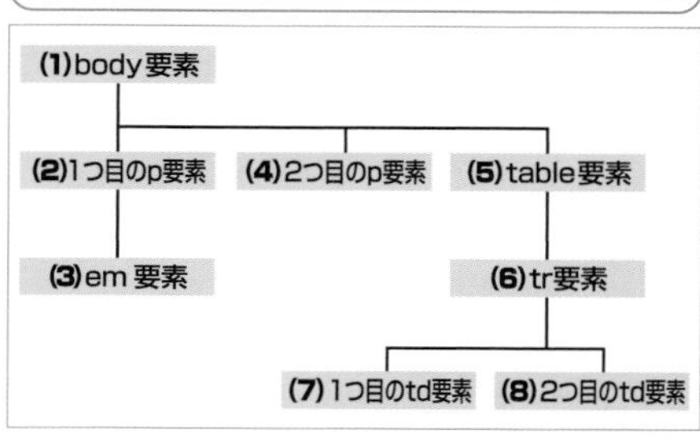

図3◉要素間の階層関係

- **親要素**

ある要素から見て、ひとつ上の階層にある要素のことを、「親要素」と呼びます。例えば、図の**(3)**のem要素の場合、親要素は**(2)**のp要素です。

- **子要素**

ある要素から見て、ひとつ下の階層にある要素のことを、「子要素」と呼びます。例えば、図の**(2)**のp要素の場合、子要素は**(3)**のem要素です。また、**(6)**のtr要素には、**(7)**と**(8)**のふたつの子要素があります。

- **子孫要素**

ある要素から下の階層にあるすべての要素のことを、「子孫要素」と呼びます。例えば、図の**(1)**のbody要素から見ると、**(2)**～**(8)**はすべて子孫要素です。

スタイルシートの基本的な書き方

セレクタ／プロパティ／値

CSSでは、以下のような書き方で、スタイルを指定する対象と、設定する項目／値を記述します。

```
セレクタ { プロパティ : 値; プロパティ : 値; … }
```

・**セレクタ**

セレクタとは、書式を設定する対象のことを指します。セレクタの部分には、HTMLの要素のタグ名を指定することができます。

また、「ID」や「クラス」といったものを指定することもできます。さらに、これらを組み合わせて、対象を細かく絞り込むこともできます（表1を参照）。

・**プロパティ**

プロパティとは、設定したい書式の種類を表します。「文字の大きさ」「文字の色」「幅」など、書式には様々なものがあり、それぞれに対応するプロパティがあります。

・**値**

個々のプロパティに対して、設定する値を指定します。例えば、「文字の大きさを12ポイントにする」という場合だと、「12ポイント」を値で指定します。

ひとつのセレクタに対して、複数のプロパティを設定することもできます。その場合は、「プロパティ : 値;」の部分を列挙します。

セレクタのパターン（e、fには任意の要素、attは属性、valは値、sはセレクタが入る）

CSS2までのセレクタのパターン（表1）

パターン	種類	説明
*	全称セレクタ	すべての要素
e	タイプセレクタ	e 要素
e f	子孫セレクタ	e 要素の子孫要素である f 要素
e>f	子供セレクタ	e 要素の子要素である f 要素
e+f	隣接セレクタ	e 要素の直後に続いている f 要素
e[att]	属性セレクタ	att 属性（値は問わない）を持つ e 要素
e[att="val"]	属性セレクタ	att 属性の属性値が「val」である e 要素
e[att~="val"]	属性セレクタ	att 属性の属性値がスペース区切りのリストで、そのひとつに「val」という値をとる e 要素
e[att|="val"]	属性セレクタ	att 属性の属性値がハイフン区切りの値のリストで、そのリストが「val」で始まる値をとる e 要素
e.cla	クラスセレクタ	cla という名前のクラス名（class="cla"）を持つ、e 要素
e#myid	ID セレクタ	myid という名前のクラス名（id="myid"）を持つ、e 要素
e:first-child	擬似クラス	親要素内で最初の子要素である e 要素
e:link/e:visited	擬似クラス	リンク先が未訪の e 要素 / 訪問済の e 要素
e:hover/e:active	擬似クラス	マウスオーバーの状態にある / マウスで押されている e 要素

パターン	種類	説明
e:focus	擬似クラス	フォーカスされている e 要素
e:lang(co)	擬似クラス	co という言語で記述された e 要素
e:first-line	擬似要素	e 要素（ブロック要素）の最初の 1 行目
e:first-letter	擬似要素	e 要素（ブロック要素）の最初の 1 文字目
e:before	擬似要素	e 要素の前
e:after	擬似要素	e 要素の後

CSS3 で追加されたセレクタのパターン（表 2）

パターン	種類	説明
e[att^="val"]	属性セレクタ	att 属性の属性値が「val」から始まる e 要素
e[att$="val"]	属性セレクタ	att 属性の属性値が「val」で終わる e 要素
e[att*="val"]	属性セレクタ	att 属性の属性値が「val」を含む e 要素
e:target	擬似クラス	リンクで移動した先にある e 要素
e:enabled	擬似クラス	有効状態にある e 要素
e:disabled	擬似クラス	無効状態にある e 要素
e:checked	擬似クラス	チェック状態にある e 要素
e:root	擬似クラス	ドキュメントのルート要素である e 要素
e:last-child	擬似クラス	親要素内で最後の子要素である e 要素
e:nth-child(n)	擬似クラス	親要素内で最初から n 番目の子要素である e 要素
e:nth-last-child(n)	擬似クラス	親要素内で最後から n 番目の子要素である e 要素
e:only-child	擬似クラス	親要素内で唯一の子要素である e 要素
e:first-of-type	擬似クラス	兄弟要素である e 要素の中で最初の e 要素
e:last-of-type	擬似クラス	兄弟要素である e 要素の中で最後の e 要素
e:nth-of-type(n)	擬似クラス	兄弟要素である e 要素の中で最初から n 番目の e 要素
e:nth-last-of-type(n)	擬似クラス	兄弟要素である e 要素の中で最後から n 番目の e 要素
e:only-of-type	擬似クラス	親要素内で唯一の e 要素
e:empty	擬似クラス	内容が空の e 要素
e:not(s)	擬似クラス	s のセレクタにマッチしない e 要素
e~f	間接セレクタ	e 要素以降の同じ階層の f 要素

スタイルを書く場所

スタイルは下記の3つの場所に書くことができます。

(1) link要素で読み込むことができる外部ファイルのcssファイル
(2) head要素・body要素内に記述するstyle要素
(3) 要素に記述するstyle属性

(1)、(2) はセレクタからの指定（セレクタ { プロパティ : 値; プロパティ : 値; … }）、(3) はプロパティと値のみを指定（プロパティ : 値;）になります。HTML5.2からはbody要素内にstyle要素を記述できるようになりました。

スタイルを適用する「ボックス」のしくみ

HTML文書では、段落や文字は四角形の領域に配置されることが多いです。それらの領域のことを、「ボックス」と呼びます。

ボックスは、図4の4つの部分から構成されます（図4）。このしくみのことを、「ボックスモデル」と呼びます。

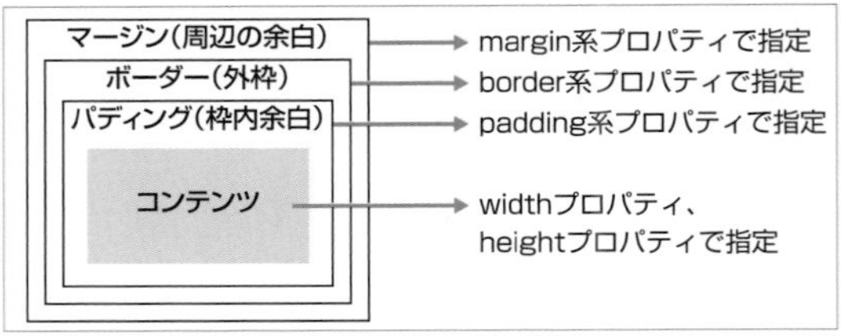

マージン（周辺の余白） → margin系プロパティで指定
ボーダー（外枠） → border系プロパティで指定
パディング（枠内余白） → padding系プロパティで指定
コンテンツ → widthプロパティ、heightプロパティで指定

図4◉ボックスモデル

マージン／ボーダー／パディングのサイズ等は、それぞれmargin系／border系／padding系のプロパティで指定します。

また、要素のサイズを指定するプロパティ（width等）では、原則としてコンテンツ部分のサイズを指定します。例えば、「**width: 300px;**」と指定すると、その要素のコンテンツ部分の幅が300pxになります。

値の型と書き方

プロパティに指定する値には、いくつかの型があり、それぞれで書き方が決まっています。

長さ

幅や高さを指定する場合、数値に「絶対単位」(absolute units) か「相対単位」(relative units) をつけます。ただし、長さが0のときは、単位を省略して単に「0」と書くことができます。

絶対単位は、センチメートル単位など、他の単位の影響を受けない長さを表す際に使います。

一方の相対単位は、「フォントのサイズ」など、他の単位によって変化する長さを表す際に使います。

	単位	意味
絶対単位	in／cm／mm	インチ／センチメートル／ミリメートル
	pt	ポイント（＝1/72インチ）
	pc	パイカ（＝12ポイント＝1/6インチ）
	px	ピクセル（＝0.75ポイント＝1/96インチ）
相対単位	em	対象要素のフォントサイズ
	ex	対象要素の「x」の文字の高さ
	ch	対象要素の「0」の文字の横幅
	rem	ルート要素のフォントサイズ
	vw	ビューポートの幅の1%
	vh	ビューポートの高さの1%
	vmin	vwとvhのどちらか小さい方
	vmax	vwとvhのどちらか大きい方
	s*	ブラウザのアドレスバー等が表示され、ビューポート縮小時のvh、vw、vmin、vmax
	l*	ブラウザのアドレスバー等が非表示になり、ビューポート拡大時のvh、vw、vmin、vmax
	d*	ビューポートの拡大 / 縮小に合わせて変わるvh、vw、vmin、vmax

※ *にはvh、vw、vmin、vmaxを指定

カラーの値

色を指定する場合は、(1)RGBの数値、(2)カラーネーム、(3)HSLの数値、(4)currentColorの4通りの方法があります。

RGBはRed、Green、Blueの各数値の組み合わせ、HSLはHue（色相）、Saturation（彩度）、Lightness（明度）の各数値の組み合わせで指定します。

(1) RGBの数値には、下記のような表記方法があります。

値の表記例	説明
#ff0000	「#」に続けてRGB各色の16進数値を指定
#f00	ぞろ目の16進数値を略記した指定。左の例は#ff0000と同じ意味
rgb(255,0,0)	rgb()の括弧内に「,」(コンマ) 区切りのRGB各色（0～255）を指定
	rgb()の括弧内に「,」(コンマ) 区切りのRGB各色（0%～100%）を指定
rgba(255,0,0,1)	rgba()の括弧内に「,」(コンマ) 区切りのRGB各色と不透明度（0～1）を指定

(2) カラーネームは、カラーネーム一覧（334ページ）に示す値が指定できます。

(3) HSLの数値は、下記の指定方法があります。

値の表記	説明
hsl((1))	(1)に、Hの0～360の値とS、Lの0%～100%の値を「,」(コンマ) 区切りで指定
hsla((1),(2))	(1)に、Hの0～360の値とS、Lの0%～100%の値を指定し、(2) に不透明度（0～1）値を指定

(4) currentColorは、colorプロパティの値を指定できます。

パーセント値

色、幅・高さ、フォントサイズ、線の太さなどの指定に使う形式です。

値は、90%や20.5%のように、整数や小数に%をつけた数値です。

パーセント値は、例えば親要素のフォントサイズを基準にして、相対的にサイズを指定するような場合に使用する相対値です。

数値

値として数値を指定する場合は、その値をそのまま書きます。例えば、「z-index」プロパティの値を3にする場合だと、以下のように書きます。

```
z-index: 3
```

アドレス

アドレス(URL)を指定する場合は、アドレスを「url()」で囲みます。アドレスの前後を「'」や「"」で囲んでも構いません。

例えば、「background-image」というプロパティに対して、「https://www.foo.com/bar.jpg」の値を指定するには、次のような書き方をします。

```
background-image: url(https://www.foo.com/bar.jpg);
background-image: url("https://www.foo.com/bar.jpg");
```

ただし、一部のプロパティでは「url()」を使わずに、直接アドレスを指定することもあります。

文字列

値として文字列を指定する場合は、文字列の前後をシングルクォーテーションマーク(')またはダブルクォーテーションマーク(")で囲みます。

文字列の中に「'」や「"」を含む場合、「'」(または「"」)が入れ子にならないように組み合わせるか、もしくは「¥'」や「¥"」のようにエスケープします。例えば、「content」というプロパティに、「This is "content"」という文字列を指定したい場合だと、以下のような書き方をします。

```
content: 'This is "content"';
content: "This is ¥"content¥"";
```

初期値

ほとんどのプロパティには初期値が設定されています。値を指定しないプロパティは、初期値で表示されます。

CSS3登場後の表現について

CSS3から表現力を向上させる多くのプロパティが追加されました。

- 色相、彩度、輝度による直感的な色指定(hsl())
- 半透明を含む色指定(rgba()、hsla())
- Webフォント(@font-faceルール)
- メディアクエリー(@media screen and (min-width: 600px)等)
- グラデーション(linear-gradient等)
- 画像ボーダー(border-image)
- ドロップシャドウ(box-shadow)
- カラム(columnプロパティ)
- 変形(transformプロパティ)
- トランジション(transitionプロパティ)
- アニメーション(animationプロパティ)

現在では、スマートフォンやタブレットなどのインターネットに接続する端末が普及しています。加速度的にその数は増えましたが、パソコンと比べると通信速度や処理速度が遅くなる傾向があります。

これらの端末向けのWebコンテンツを作るときは、ダウンロードする画像を少なくし、CSSで表現する部分を増やすように考えましょう。CSSを使うと、通信量を節約でき、表示を早くできるメリットがあります。

別ファイルのスタイルを読み込む

構文

```
<link rel="stylesheet" href="●" type="▲">
```

● … 外部スタイルシートのURL
▲ … text/cssなどのMIMEタイプ

適用可能な要素　すべての要素

Webサイト全体のデザインを統一するには、スタイルシートとHTMLファイルを別々のファイルにしておいて、個々のHTMLファイルにスタイルシートのファイルを組み込む、という方法を取ります。このしくみを、外部スタイルシートと呼びます。

それには、各HTMLファイルのhead要素内にlink要素を入れて、スタイルシートのファイルのURLを指定します。また、スタイルシートのファイルには、「**セレクタ { プロパティ : 値; }**」の部分を列挙しておきます。

type属性は、スタイルシートのMIMEタイプを示します。属性値がtext/cssである場合は、type属性は不要です。text/css以外である場合は、適切なMIMEタイプを指定する必要があります。

サンプルソース HTML

```
<!DOCTYPE html>
<html lang="ja">
<head>
<meta charset="utf-8">
<title>別ファイルに記述して宣言・ファイルを参照して適用</title>
<link rel="stylesheet" href="style.css" type="text/css">
</head>
<body>
中略
<p>食べながら痩せたいな…</p>
<p>食べる順番が大事とか…糖質制限とか…試してない
けど…</p>
</body></html>
```

サンプルソース CSS(style.css)

```
div { text-align: center; }
p { font-size: 14pt; background-color:
#00ffff; }
```

ブラウザ表示

食べながら痩せたいな…

食べる順番が大事とか…糖質制限とか…試してないけど…

ヘッダにスタイルを記述する

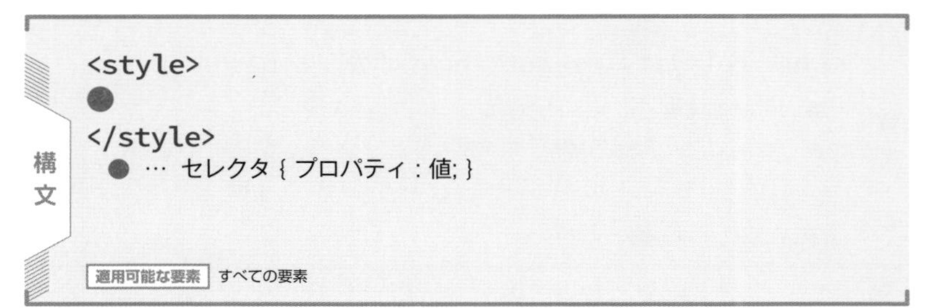

構文

```
<style>
●
</style>
```

● … セレクタ { プロパティ : 値; }

適用可能な要素　すべての要素

ひとつのページ内のデザインを統一するには、HTMLファイルの中にスタイルシートを直接組み込む、という方法があります。それには、各HTMLファイルのhead要素内にstyle要素を入れて「**セレクタ { プロパティ : 値; }**」の部分を列挙します。このような書き方のことを、「埋め込みスタイルシート」と呼びます。

サンプルでは、head要素内にstyle要素を指定しています。そのため、ブラウザで表示したときに、背景色が黄色の段落が表示されることがわかります。

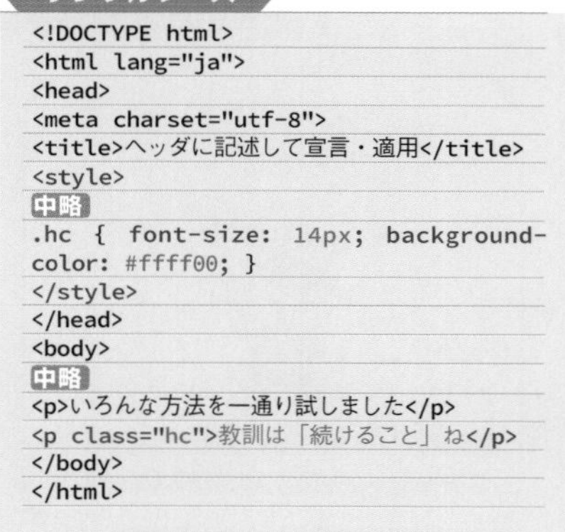

サンプルソース

```
<!DOCTYPE html>
<html lang="ja">
<head>
<meta charset="utf-8">
<title>ヘッダに記述して宣言・適用</title>
<style>
中略
.hc { font-size: 14px; background-color: #ffff00; }
</style>
</head>
<body>
中略
<p>いろんな方法を一通り試しました</p>
<p class="hc">教訓は「続けること」ね</p>
</body>
</html>
```

ブラウザ表示
ひととおり試した
いろんな方法を一通り試しました
教訓は「続けること」ね

要素にスタイルを直接記述する

構文

```
<● style="▲">■</●>
```

● … 要素名
▲ … プロパティ: 値;
■ … スタイルを適用するテキストや画像など

適用可能な要素 すべての要素

ある要素のみに書式を設定するには、その要素の開始タグの中にstyle属性を入れ、設定したい書式（プロパティ）と設定する値を列挙します。このような書き方のことを、「インラインスタイルシート」と呼びます。

なお、埋め込みスタイルシートと、インラインスタイルシートとは、共存させることができます。その際、埋め込み／インラインの両方のスタイルシートで、ひとつのプロパティに対して別々の値を指定することが起こりえます。そのときは、インラインスタイルシートの指定が優先されます。

ブラウザ表示

ランニングの記録

1日目：膝を痛めた

2日目：膝痛のため休み

サンプルソース

```
<!DOCTYPE html>
<html lang="ja">
<head>
<meta charset="utf-8">
<title>要素にstyle属性を追加して宣言・適用</title>
</head>
<body>
中略
<h1>ランニングの記録</h1>
<p style="font-size: 14px; background-color: red; color: #fff;">1日目：膝を痛めた</
p>
<p>2日目：膝痛のため休み</p>
</body>
</html>
```

関連 スタイルシートの基本的な書き方（P.162）

要素に定義済みのスタイルを適用する

構文

<● class="▲">■</●>

● … 要素名
▲ … クラス名
■ … スタイルを適用するテキストや画像など

適用可能な要素 すべての要素

外部スタイルシート内のクラスや、ページ内に記述したクラスをページ内の要素に適用する場合、要素のclass属性値にクラス名を記述します。

サンプルでは、style要素で指定した「lead」クラスを、p要素でclass属性で指定しています。そのため、ブラウザで表示したときに、フォントサイズが14ptで背景色が黄色の段落が表示されることがわかります。

サンプルソース

```
<!DOCTYPE html>
<html lang="ja">
<head>
<meta charset="utf-8">
<title>要素に定義済みのスタイルを適用</
title>
<style>
.lead { font-size: 14pt; background-
color: #ffff00; }
</style>
</head>
<body>中略
<p class="lead">ダイエット成功!</p>
<p>でも1か月後に元どおりonz</p>
</body>
</html>
```

ブラウザ表示

1ヶ月続いたら
安心してリバウンド

ダイエット成功！

でも1か月後に元どおりonz

対象ユーザー環境をCSSファイル内に指定する

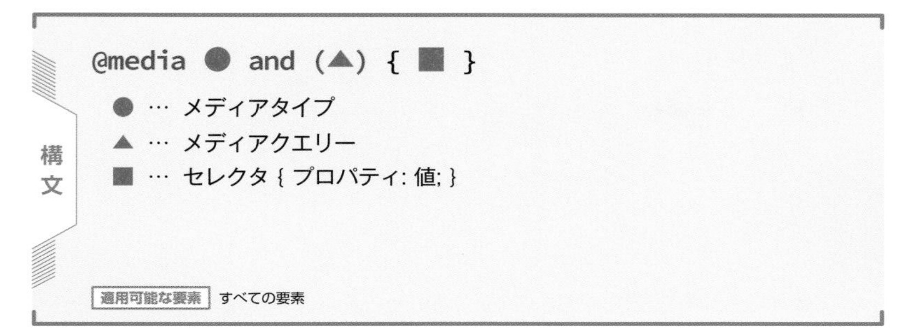

構文

```
@media ● and (▲) { ■ }
```

● … メディアタイプ
▲ … メディアクエリー
■ … セレクタ { プロパティ: 値; }

適用可能な要素　すべての要素

スタイルの適用対象にするユーザー環境をHTMLファイルに記述する場合は、link要素のmedia属性を使用しますが、CSSファイルに記述する場合は@mediaルールを使用します。

メディアタイプとメディアクエリーについては、「閲覧環境ごとに読み込むCSSファイルを設定」（102ページ）を参照してください。

link要素のmedia属性を利用する場合は、ひとつひとつの環境のスタイルを別々のCSSファイルに記述することになります。

@mediaルールを利用する場合は、複数の環境のスタイルを、CSSファイルにまとめて記述することができます。

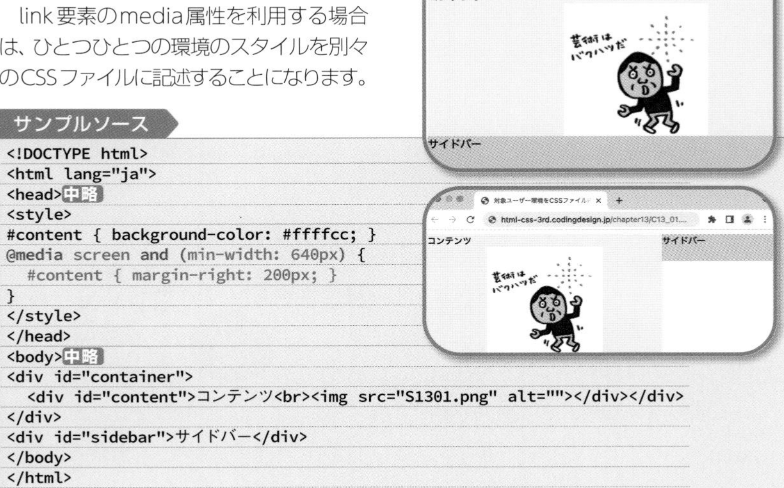

サンプルソース

```
<!DOCTYPE html>
<html lang="ja">
<head>中略
<style>
#content { background-color: #ffffcc; }
@media screen and (min-width: 640px) {
  #content { margin-right: 200px; }
}
</style>
</head>
<body>中略
<div id="container">
  <div id="content">コンテンツ<br><img src="S1301.png" alt=""></div></div>
</div>
<div id="sidebar">サイドバー</div>
</body>
</html>
```

全要素を指定する

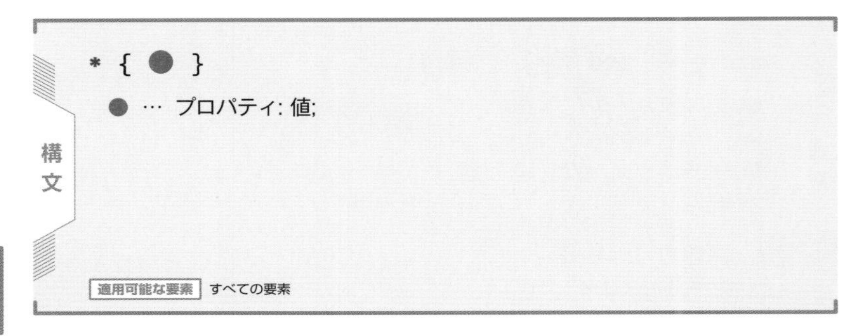

構文

```
* { ● }
```

● … プロパティ: 値;

適用可能な要素　すべての要素

「*」を指定すると、すべての要素を対象にスタイルを指定するという意味になります。これを「ユニバーサルセレクタ」と呼びます。
「*.クラス名」は「.クラス名」と同じ意味になります。また、「*#ID」は「#ID」と同じ意味になります。

　サンプルでは、style要素ですべての要素の文字色をオレンジに指定しています。そのため、ブラウザで表示したときに、div要素の文字も、p要素の文字もオレンジで表示されることがわかります。

サンプルソース

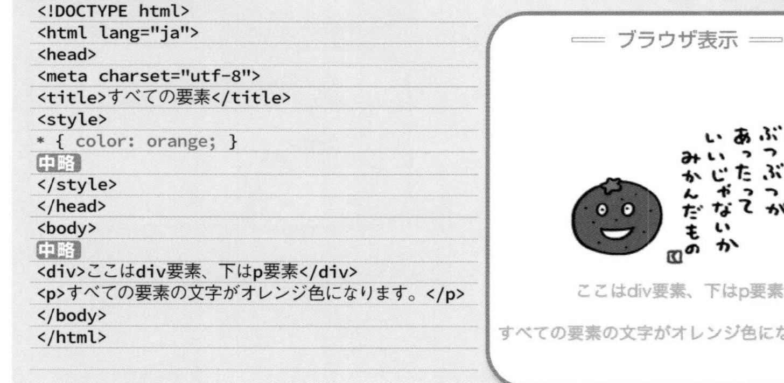

```
<!DOCTYPE html>
<html lang="ja">
<head>
<meta charset="utf-8">
<title>すべての要素</title>
<style>
* { color: orange; }
中略
</style>
</head>
<body>
中略
<div>ここはdiv要素、下はp要素</div>
<p>すべての要素の文字がオレンジ色になります。</p>
</body>
</html>
```

ブラウザ表示

ここはdiv要素、下はp要素

すべての要素の文字がオレンジ色になります。

指定のIDやクラスを持つ要素を指定する

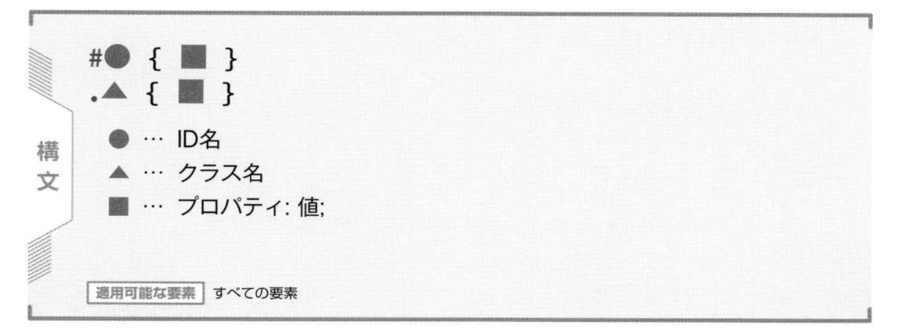

構文
#● { ■ }
.▲ { ■ }
● … ID名
▲ … クラス名
■ … プロパティ: 値;
適用可能な要素 すべての要素

「#ID」の形でセレクタを指定すると、id属性が指定した値になっている要素だけにスタイルを指定することができます。このセレクタを「IDセレクタ」と呼びます。

また、「.クラス」の形でセレクタを指定すると、その要素の中で、class属性が指定した値になっているものだけにスタイルを指定することができます。このセレクタを「クラスセレクタ」と呼びます。

IDとクラスの違いは、ひとつのHTMLファイル内に同じ値を複数指定できるかどうかです。ひとつのHTMLファイル内で、クラスは同じ値を複数指定できますが、IDは同じ値を一度しか指定できません。

サンプルでは、「kyoho」というid属性値の文字色と、「delaware」というclass属性値の文字色を指定しています。そのため、ブラウザで表示したときに、それらの部分が異なった文字色で表示されることがわかります。

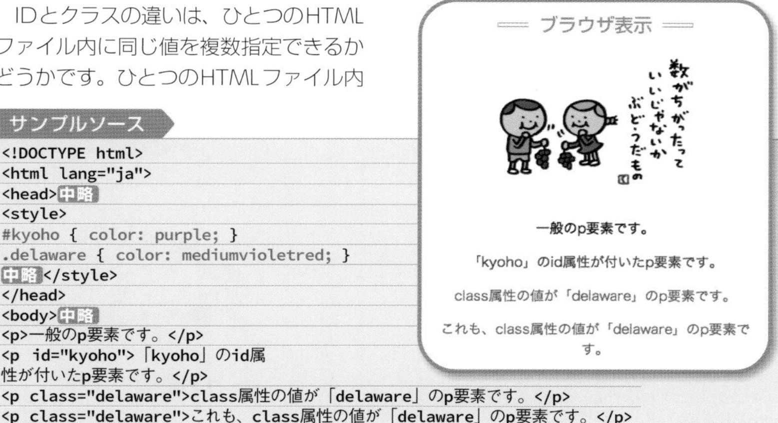

サンプルソース

```
<!DOCTYPE html>
<html lang="ja">
<head>中略
<style>
#kyoho { color: purple; }
.delaware { color: mediumvioletred; }
中略</style>
</head>
<body>中略
<p>一般のp要素です。</p>
<p id="kyoho">「kyoho」のid属
性が付いたp要素です。</p>
<p class="delaware">class属性の値が「delaware」のp要素です。</p>
<p class="delaware">これも、class属性の値が「delaware」のp要素です。</p>
</body>
</html>
```

ブラウザ表示
数がちがったって いいじゃないか ぶどうだもの
一般のp要素です。
「kyoho」のid属性が付いたp要素です。
class属性の値が「delaware」のp要素です。
これも、class属性の値が「delaware」のp要素です。

特定の組み合わせの要素を指定する

構文

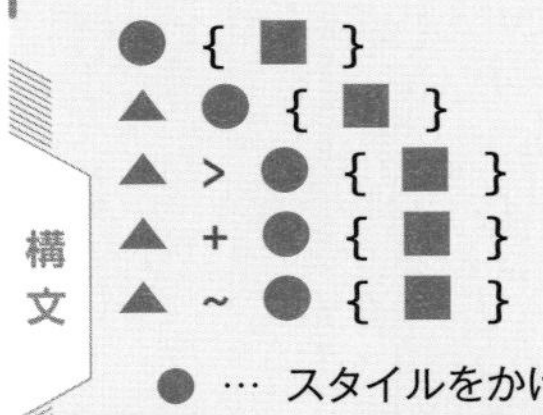

● { ■ }
▲ ● { ■ }
▲ > ● { ■ }
▲ + ● { ■ }
▲ ~ ● { ■ }

● … スタイルをかけるセレクタ（要素名、#ID名、.クラス名）
▲ … セレクタ（要素名、#ID名、.クラス名）
■ … プロパティ: 値;

適用可能な要素　すべての要素

「h1要素の次のp要素」「div要素の子要素のp要素」など、様々な要素の組み合わせをセレクタで示すことができます。

下記の表の各セレクタを、上から順に「タイプセレクタ」「子孫セレクタ」「子セレクタ」「隣接セレクタ」「間接セレクタ」と呼びます。

セレクタ	対象となる要素	例	例の意味
要素	要素	p	p 要素
要素 1　要素 2	要素 1 の子孫要素の要素 2	div p	div 要素の子孫要素の p 要素
要素 1 > 要素 2	要素 1 の子要素の要素 2	div > p	div 要素の子要素の p 要素
要素 1 + 要素 2	要素 1 の直後の要素 2	h1 + p	h1 要素の直後の p 要素
要素 1 ~ 要素 2	要素 1 の同階層で要素 1 の後にある要素 2	h1 ~ p	h1 要素の同階層で h1 要素の後にある p 要素

サンプルソース

```
<!DOCTYPE html>
<html lang="ja">
<head>中略
<style>
div > p { border: 1px solid gold; }
h1 + h2 { background-color: gold; }
中略</style>
</head>
<body>
中略
<div>
<h1>h1要素</h1>
<h2>h1+h2の対象</h2>
<p>div>pの対象</p>
</div>
</body>
</html>
```

ブラウザ表示

h1要素

h1+h2の対象

div>pの対象

特定の属性や属性値を持つ要素を指定する

構文

●[▲] { ★ }
●[▲="■"] { ★ }
●[▲~="■"] { ★ }
●[▲^="■"] { ★ }
●[▲$="■"] { ★ }
●[▲*="■"] { ★ }
●[▲|="■"] { ★ }

● … 要素名
▲ … 属性名
■ … 属性値
★ … プロパティ: 値;

適用可能な要素　すべての要素

セレクタとして、「要素[属性…]」のような形で指定すると、特定の属性がある要素や、属性が特定の値を持つ要素に対して、スタイルを指定することができます。このようなセレクタを「属性セレクタ」と呼びます。

属性セレクタとして、下記の種類が定義されています。

- **属性名…a[title]など**
- **属性名と属性値…[type="text"]など**
- **属性名と属性値の中のひとつ…div[class~="main"]など**
- **属性名と属性値の最初の文字…a[href^="https"]など**
- **属性名と属性値の最後の文字…a[href$="html"]など**
- **属性名と属性値の中の文字…p[title*="HTML"]など**
- **属性名と属性値もしくはハイフン「-」で区切られた属性値の最初の文字…a[hreflang|="en"]など**

サンプルソース

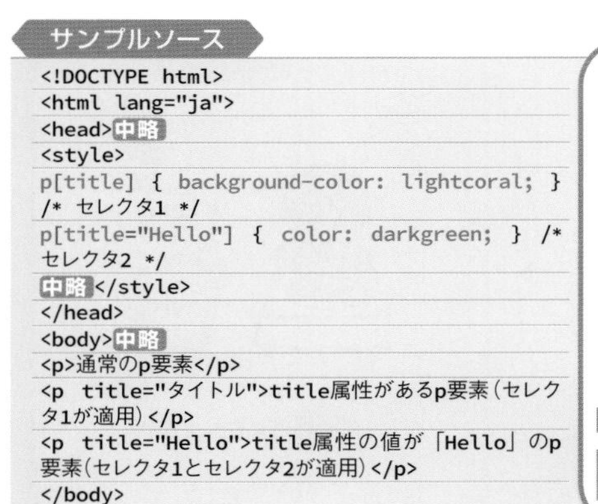

```
<!DOCTYPE html>
<html lang="ja">
<head>中略
<style>
p[title] { background-color: lightcoral; } /* セレクタ1 */
p[title="Hello"] { color: darkgreen; } /* セレクタ2 */
中略</style>
</head>
<body>中略
<p>通常のp要素</p>
<p title="タイトル">title属性があるp要素（セレクタ1が適用）</p>
<p title="Hello">title属性の値が「Hello」のp要素（セレクタ1とセレクタ2が適用）</p>
</body>
</html>
```

ブラウザ表示
タネまで
食べても
いいじゃないか
スイカだもの
通常のp要素
title属性があるp要素（セレクタ1が適用）
title属性の値が「Hello」のp要素（セレクタ1とセレクタ2が適用）

ユーザー操作で変化する要素を指定する①

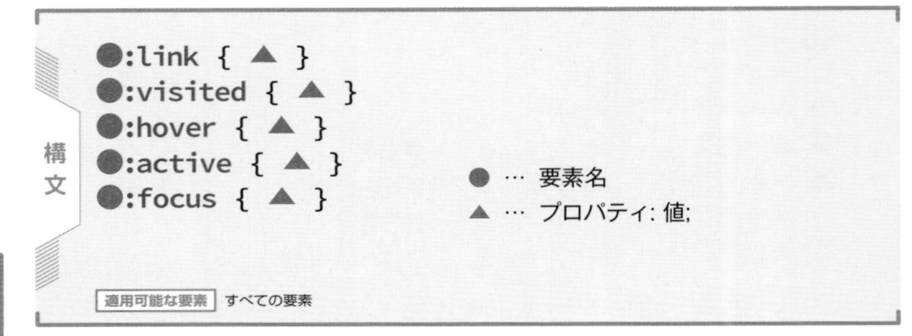

構文

```
●:link { ▲ }
●:visited { ▲ }
●:hover { ▲ }
●:active { ▲ }
●:focus { ▲ }
```

● … 要素名
▲ … プロパティ: 値;

適用可能な要素　すべての要素

ユーザーの操作によって状態が変化した要素に対し、その状態によってスタイルを切り替えることができます。下記の擬似クラスと呼ばれる記述を使います。

- :link…未訪問のリンク
- :visited…訪問済みのリンク
- :active…対象の要素がアクティブ化されているとき（マウスでクリックしている間など）
- :hover…マウスポインタ等で、対象の要素の範囲内を指したとき
- :focus…対象の要素にフォーカスがあるとき

サンプルでは、a要素の状態によって異なるスタイルを指定しています。そのため、ブラウザで表示したときに、訪問済みのリンクのときは文字色が「darkseagreen」になり、マウスオーバーしたときは下線がなくなり、リンクをクリックしたときにはアウトラインが表示され、フォーカスがあたっている状態のときは背景色が「gold」で表示されることがわかります。

サンプルソース

```
<!DOCTYPE html>
<html lang="ja">
<head>中略
<style>
a:link { color: darkgreen; }
a:visited { color: darkseagreen; }
a:hover { text-decoration: none; }
a:active { outline: 3px solid gold; }
a:focus { background-color : gold; }
中略</style>
</head>
<body>中略
<p><a href="https://gihyo.jp/">技術評論社のサイト</a></p>
<p><a href="https://www.yahoo.co.jp/">Yahooのサイト</a></p>
</body>
</html>
```

ブラウザ表示

技術評論社のサイト

Yahooのサイト

ユーザー操作で変化する要素を指定する②

構文

```
●:enabled { ▲ }
●:disabled { ▲ }
●:checked { ▲ }
```

● … 要素名
▲ … プロパティ: 値;

適用可能な要素　すべての要素

フォームの要素について、有効か無効かによって表示を変えたい場合や、チェックされている（または項目が選択されている）かどうかで表示を変えたい場合、下記の擬似クラスが利用できます。

- :enabled…有効な要素
- :disabled…無効な要素
- :checked…チェックがオンになっている要素や（チェックボックス／ラジオボタン）、選択されている要素（セレクト）

なお、:checked疑似クラスで、チェックボックスやラジオボタンにスタイルがあたらなくても、隣接セレクタでその隣のlabel要素にスタイルを設定すると動作します。

サンプルソース

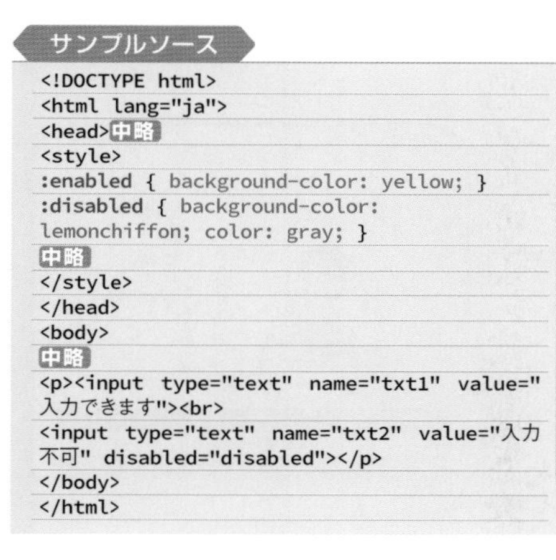

```
<!DOCTYPE html>
<html lang="ja">
<head>中略
<style>
:enabled { background-color: yellow; }
:disabled { background-color: lemonchiffon; color: gray; }
中略
</style>
</head>
<body>
中略
<p><input type="text" name="txt1" value="入力できます"><br>
<input type="text" name="txt2" value="入力不可" disabled="disabled"></p>
</body>
</html>
```

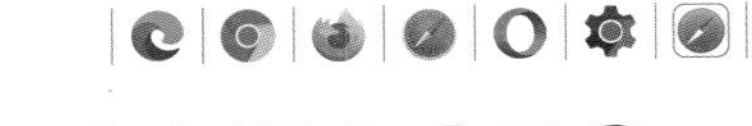

特定の場所や順番で要素を指定する①

構文

```
●:first-child { ■ }
●:last-child { ■ }
●:only-child { ■ }
●:nth-child(▲) { ■ }
●:nth-last-child(▲) { ■ }
```

● … 要素名
▲ … 要素の順序を示す数字、数式、キーワード
■ … プロパティ: 値;

適用可能な要素　すべての要素

要素の集まりの中の最初の要素や最後の要素など、要素の位置に応じてスタイル指定する場合、「疑似クラス」を使います。

順序に関係する疑似クラスには、下記のものがあります。

- **:first-child…最初の子要素**
- **:last-child…最後の子要素**
- **:only-child…唯一の子要素**
- **:nth-child(▲)…子要素の中で、先頭から順に数えたときに、順序が式で指定した値になる子要素**
- **:nth-last-child(▲)…子要素の中で、最後から順に数えたときに、順序が式で指定した値になる子要素**

▲には要素の順序を示す数字、数式、キーワードが入ります。

- **数字…数字が要素の順序を示します。**
- **数式…2nや3n+1といった数式で要素の順序を示します。nには0から始まる整数が入ります。**
- **キーワード…奇数番目（odd）、偶数番目（even）を示します**

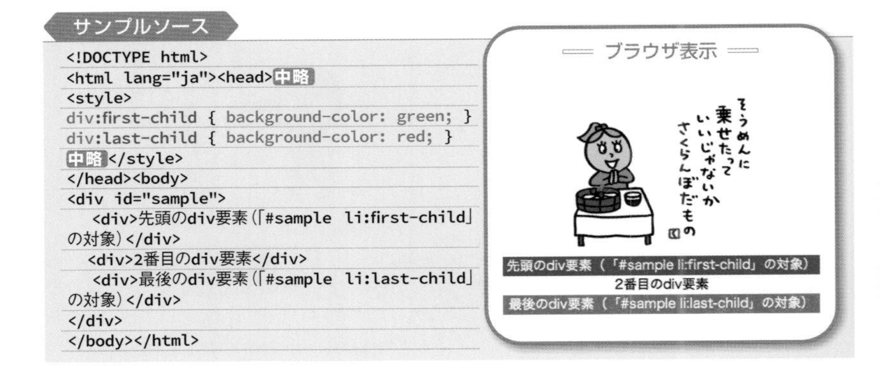

サンプルソース

```
<!DOCTYPE html>
<html lang="ja"><head>中略
<style>
div:first-child { background-color: green; }
div:last-child { background-color: red; }
中略</style>
</head><body>
<div id="sample">
  <div>先頭のdiv要素（「#sample li:first-child」の対象）</div>
  <div>2番目のdiv要素</div>
  <div>最後のdiv要素（「#sample li:last-child」の対象）</div>
</div>
</body></html>
```

ブラウザ表示
そうめんに
乗せたって
いいじゃないか
さくらんぼだもの
先頭のdiv要素（「#sample li:first-child」の対象）
2番目のdiv要素
最後のdiv要素（「#sample li:last-child」の対象）

特定の場所や順番で要素を指定する②

構文

```
●:first-of-type { ■ }
●:last-of-type { ■ }
●:only-of-type { ■ }
●:nth-of-type(▲) { ■ }
●:nth-last-of-type(▲) { ■ }
```

● … 要素名
▲ … 要素の順序を示す数字や数式
■ … プロパティ: 値;

適用可能な要素 すべての要素

前節の「nth-child」などと似ている疑似クラスとして、「nth-of-type」などがあります。

両者の違いは、子要素の中にセレクタの対象にならない要素があるときに、それも順番にカウントするかどうかです。

「nth-child」等では、セレクタの対象にならない子要素も、順番にカウントします。

一方、「nth-of-type」等では、セレクタの対象にならない子要素はカウントしません。

サンプルソース

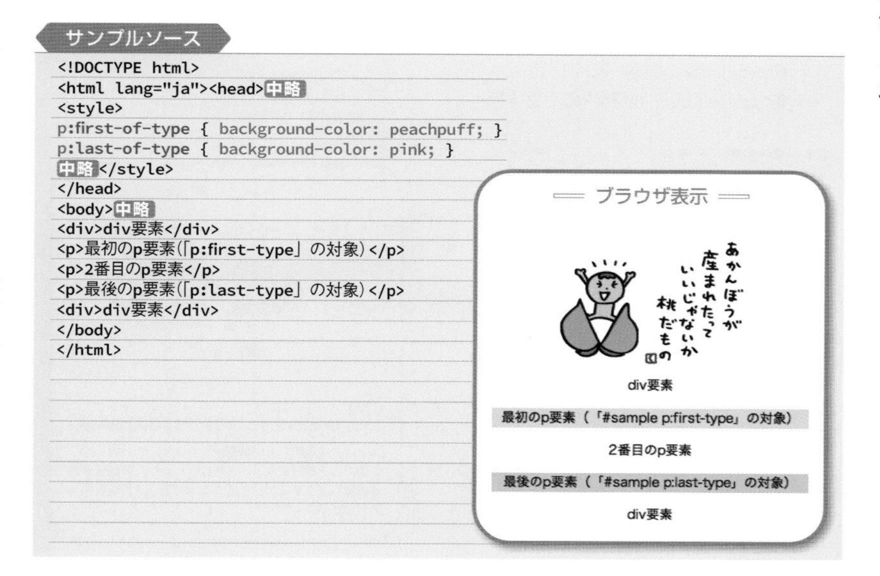

```
<!DOCTYPE html>
<html lang="ja"><head>中略
<style>
p:first-of-type { background-color: peachpuff; }
p:last-of-type { background-color: pink; }
中略</style>
</head>
<body>中略
<div>div要素</div>
<p>最初のp要素(「p:first-type」の対象)</p>
<p>2番目のp要素</p>
<p>最後のp要素(「p:last-type」の対象)</p>
<div>div要素</div>
</body>
</html>
```

要素内の1行目や1文字目を指定する

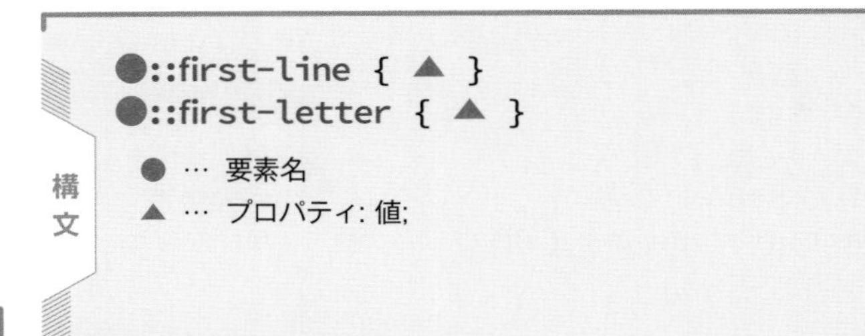
構文
●::first-line { ▲ }
●::first-letter { ▲ }
● … 要素名
▲ … プロパティ: 値;
適用可能な要素 すべての要素

要素内の1行目や1文字目だけに、他とは異なるスタイルを適用したい場合があります。このように、要素内の一部分にスタイルを適用したり、要素に何かを追加したりする場合に使う書き方を、「疑似要素」と呼びます。

要素内の1行目や1文字目にスタイルを適用する場合、下記の擬似要素を指定します。

- ::first-line…要素内の1行目
- ::first-letter…要素内の1文字目

CSSレベル2までは、疑似要素は「:first-line」のように「:」は1個でした。

一方、CSSレベル3では、擬似要素は「::first-line」のように「:」を2個書くように変わっています。

サンプルソース

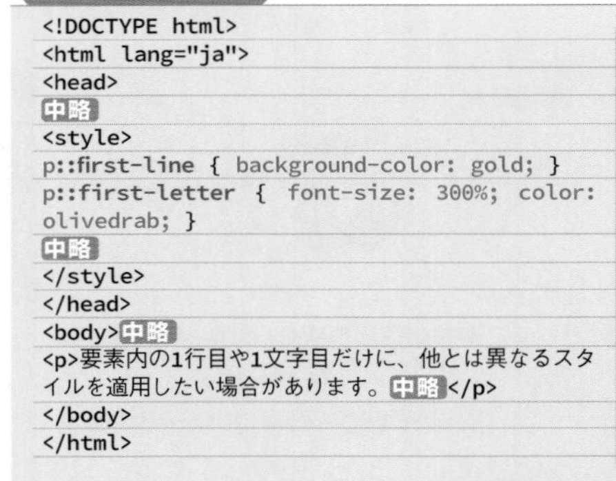

```
<!DOCTYPE html>
<html lang="ja">
<head>
中略
<style>
p::first-line { background-color: gold; }
p::first-letter { font-size: 300%; color:
olivedrab; }
中略
</style>
</head>
<body>中略
<p>要素内の1行目や1文字目だけに、他とは異なるスタ
イルを適用したい場合があります。中略</p>
</body>
</html>
```

ブラウザ表示

ママだって
いいじゃない
パパイヤだもの

要素内の1行目や1文字目だけに、他とは異なるスタイルを適用したい場合があります。このように、要素内の一部分にスタイルを適用したり、要素に何かを追加したりする場合に使う書き方を、「疑似要素」と呼びます。

要素の前後を指定する

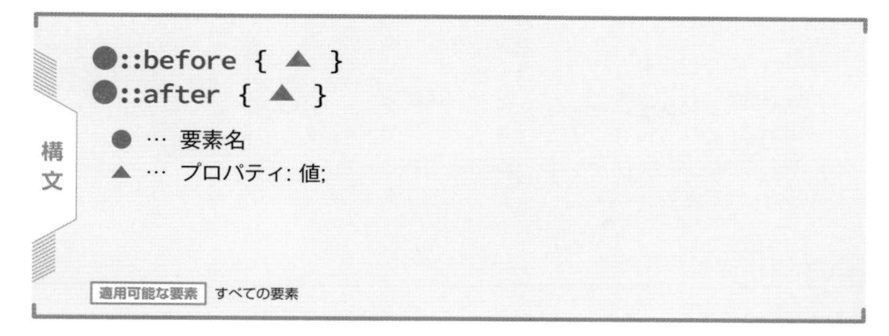

構文
●::before { ▲ }
●::after { ▲ }
● … 要素名
▲ … プロパティ: 値;
適用可能な要素 すべての要素

要素の前後に、文字や画像等を表示したい場合には、「::before」と「::after」の疑似要素を使います。

要素の前後にスタイルを適用する場合、下記の擬似要素を指定します。

- **::before…要素の前に表示する内容**
- **::after…要素の後ろに表示する内容**

::before／::afterセレクタでは、表示する内容を「content」というプロパティで指定します。

::first-line疑似要素と同様に、CSSレベル2までは、「:before」のようにコロンがひとつだけでした。

ブラウザ表示
ボタンがひとつでもいいじゃないかアップルだもの
before 疑似要素
after 疑似要素
★before疑似要素・after疑似要素◎
★before疑似要素を使うと、要素の先頭に文字等を追加することができます。
after疑似要素を使うと、要素の最後に文字等を追加することができます。◎

サンプルソース

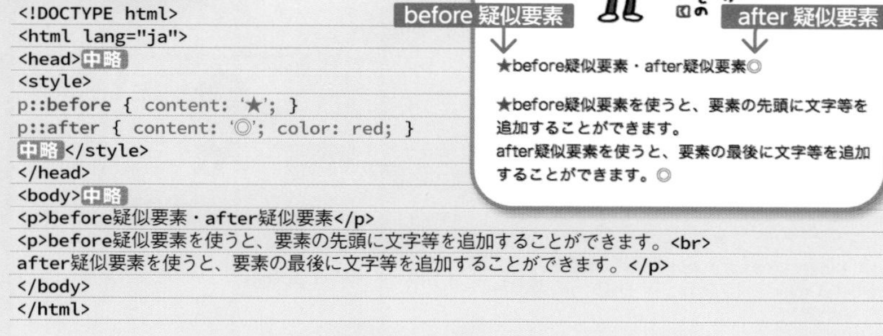

```
<!DOCTYPE html>
<html lang="ja">
<head>中略
<style>
p::before { content: '★'; }
p::after { content: '◎'; color: red; }
中略</style>
</head>
<body>中略
<p>before疑似要素・after疑似要素</p>
<p>before疑似要素を使うと、要素の先頭に文字等を追加することができます。<br>
after疑似要素を使うと、要素の最後に文字等を追加することができます。</p>
</body>
</html>
```

関連 追加するコンテンツを指定する（P.286）

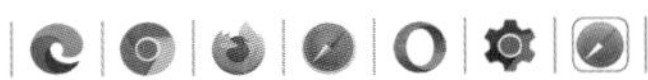

その他のセレクタを指定する

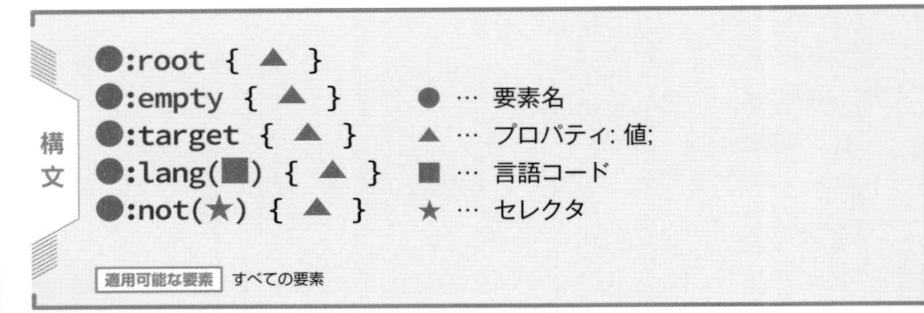

構文

```
●:root { ▲ }
●:empty { ▲ }
●:target { ▲ }
●:lang(■) { ▲ }
●:not(★) { ▲ }
```

● … 要素名
▲ … プロパティ: 値;
■ … 言語コード
★ … セレクタ

適用可能な要素 すべての要素

:root疑似クラス

文書のルートとなる要素を表します。HTMLではhtml要素にスタイルを指定する動作になります。

:empty疑似クラス

そのセレクタに合致する要素が、子要素（テキストを含む）を持たないことを表します。

:target擬似クラス

a要素をクリックしてページ内のリンク先に移動したとき、リンク先に特定のスタイルを適用することができます。

:lang擬似クラス

言語に応じたスタイルには「**:lang(■)**」疑似クラスを使います。■には、言語を表すコードを指定します。

:not疑似クラス

「● **:not(★)**」のセレクタは、●に合致する要素群から、★に合致する要素群を除くことを表します。また、「**A:not(B):not(C):…**」のように、「**:not(○)**」を続けて書いて、それらの条件を満たす要素を除くこともできます。

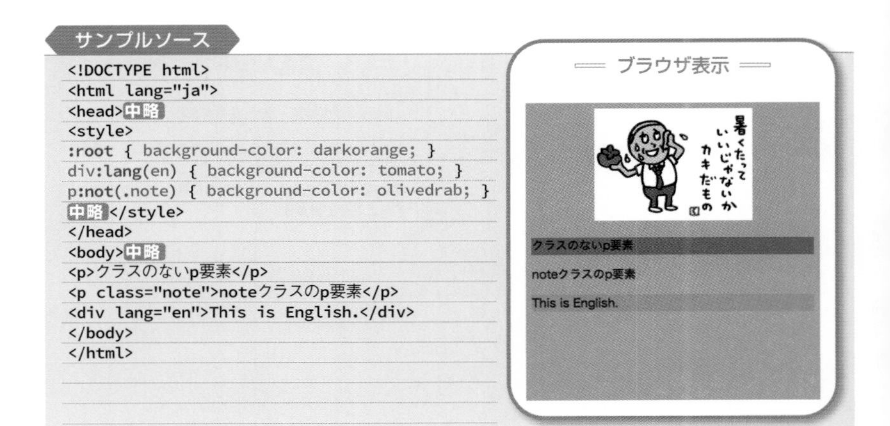

サンプルソース

```
<!DOCTYPE html>
<html lang="ja">
<head>中略
<style>
:root { background-color: darkorange; }
div:lang(en) { background-color: tomato; }
p:not(.note) { background-color: olivedrab; }
中略</style>
</head>
<body>中略
<p>クラスのないp要素</p>
<p class="note">noteクラスのp要素</p>
<div lang="en">This is English.</div>
</body>
</html>
```

ブラウザ表示
暑くたって いいじゃないか カキだもの
クラスのないp要素
noteクラスのp要素
This is English.

関連 属性値のバリエーション（P.28）

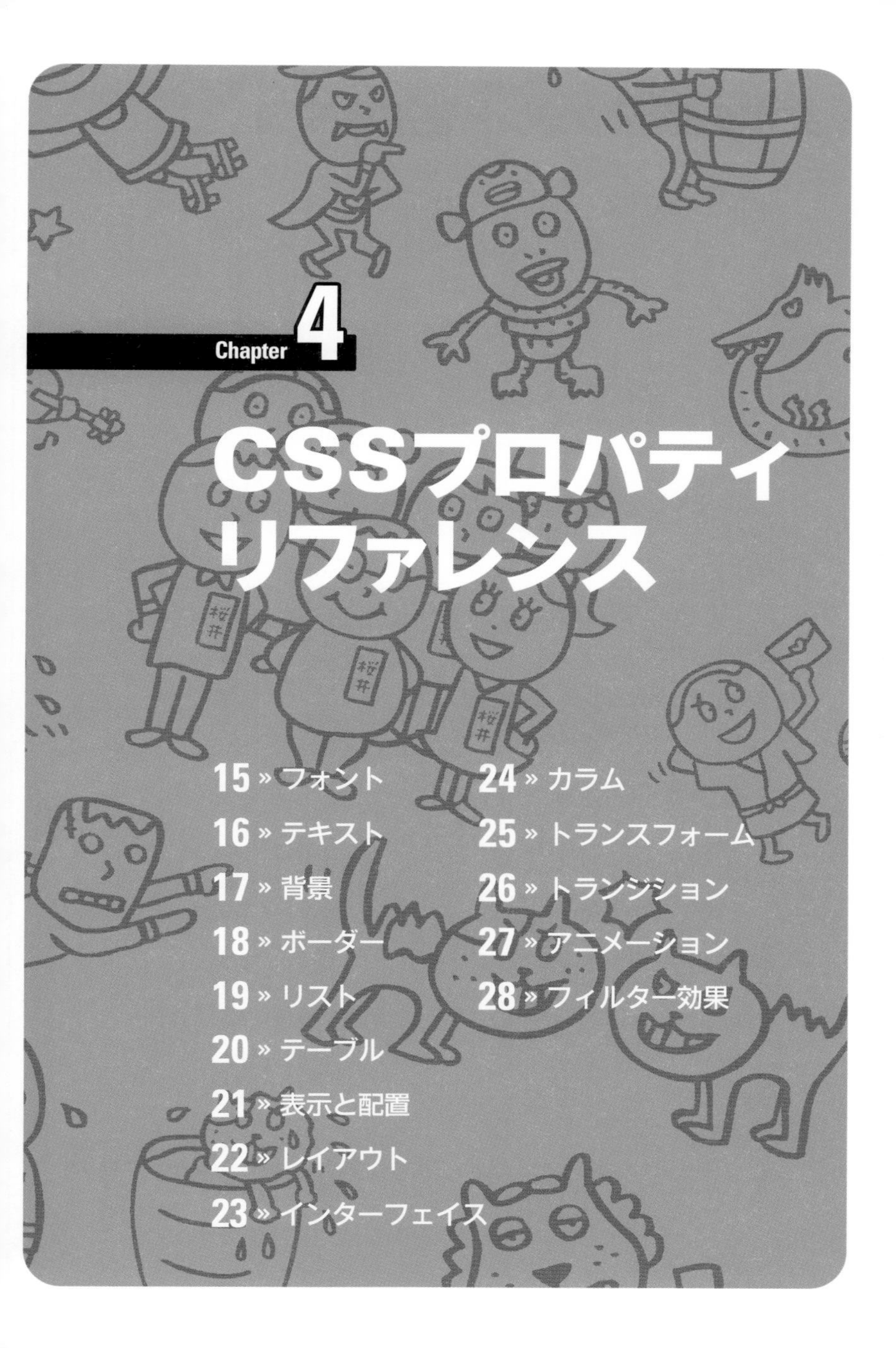

Chapter 4

CSSプロパティリファレンス

文字の表示フォントを指定する

構文

```
font-family: ●;
```

● … フォント名や一般化したフォントファミリー名

適用可能な要素　すべての要素

font-familyプロパティは、文字のフォントを指定するプロパティです。

個別のフォント名か、一般化したフォントファミリー名の値を、コンマで区切って並べます。

一般化したフォントファミリー名として、下記の値が利用できます。

- **serif…飾りつきのフォント（明朝など）**
- **sans-serif…飾りがないフォント（ゴシックなど）**
- **cursive…筆記体のフォント**
- **fantasy…装飾的なフォント**
- **monospace…等幅のフォント**

初期値は、ブラウザごとに指定されているフォントになります。

Webブラウザは、それらのフォントを左から順に調べ、最初にマッチしたフォントで文字を表示します。

なお、フォント名にスペースを含む場合は、フォント名の前後を「"」で囲みます。

サンプルソース

```
<!DOCTYPE html>
<html lang="ja">
<head>中略
<style>
p { font-family: "Hiragino Kaku
Gothic Pro", "ヒラギノ角ゴ Pro W3",
Meiryo, "MS PGothic", sans-serif; }
中略</style>
</head>
<body>
中略
<p>Windowsで見るとメイリオかMS Pゴシックで
表示され、Macで見るとヒラギノ角ゴシックで表
示されます。</p>
</body>
</html>
```

ブラウザ表示

えっ?
今俺の話してるの?
それともフレディの
話してるの?

Windowsで見るとメイリオかMS Pゴシックで表示され、Macで見るとヒラギノ角ゴシックで表示されます。

ココ

文字の大きさを指定する

構文

```
font-size: ●;
```

● … 文字の大きさを示すキーワードや数値

適用可能な要素 すべての要素

font-sizeプロパティは、文字の大きさを指定するプロパティです。
「xx-small」などのキーワードで指定する方法と、数値やパーセントでサイズを指定する方法があります。
指定できるキーワードは下記のとおりです。

【絶対指定】
- xx-small…mediumの0.6倍
- x-small…mediumの0.75倍
- small…mediumの約0.89倍(9分の8)
- medium…通常サイズ：初期値
- large…mediumの1.2倍
- x-large…mediumの1.5倍
- xx-large…mediumの2倍

【相対指定】
- larger…親要素のフォントサイズより1段階大きい
- smaller…親要素のフォントサイズより1段階小さい

パーセントで指定した場合、親要素のフォントサイズに対する割合を指定する形になります。

サンプルソース

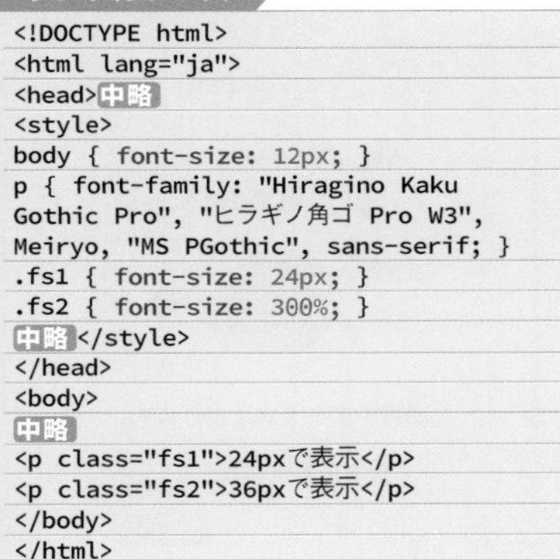

```
<!DOCTYPE html>
<html lang="ja">
<head>中略
<style>
body { font-size: 12px; }
p { font-family: "Hiragino Kaku
Gothic Pro", "ヒラギノ角ゴ Pro W3",
Meiryo, "MS PGothic", sans-serif; }
.fs1 { font-size: 24px; }
.fs2 { font-size: 300%; }
中略</style>
</head>
<body>
中略
<p class="fs1">24pxで表示</p>
<p class="fs2">36pxで表示</p>
</body>
</html>
```

ブラウザ表示
俺だって好んで
明るく輝いてる
わけじゃねーよ
24pxで表示
36pxで表示

文字の太さを指定する

15 » フォント

構文

```
font-weight: ●;
```

● … 文字の太さを示すキーワードや数値

適用可能な要素 すべての要素

font-weightプロパティは、文字の太さを表すプロパティです。

「normal」等のキーワードで指定するか、または100～900の100刻みの数値で指定します。数値の場合、値が大きくなるほど文字が太くなります。

指定できるキーワードは次のとおりです。

- normal…通常（数値で400を指定したときと同じ）：初期値
- bold…太字（数値で700を指定したときと同じ）
- bolder…継承した値より太い
- lighter…継承した値より細い

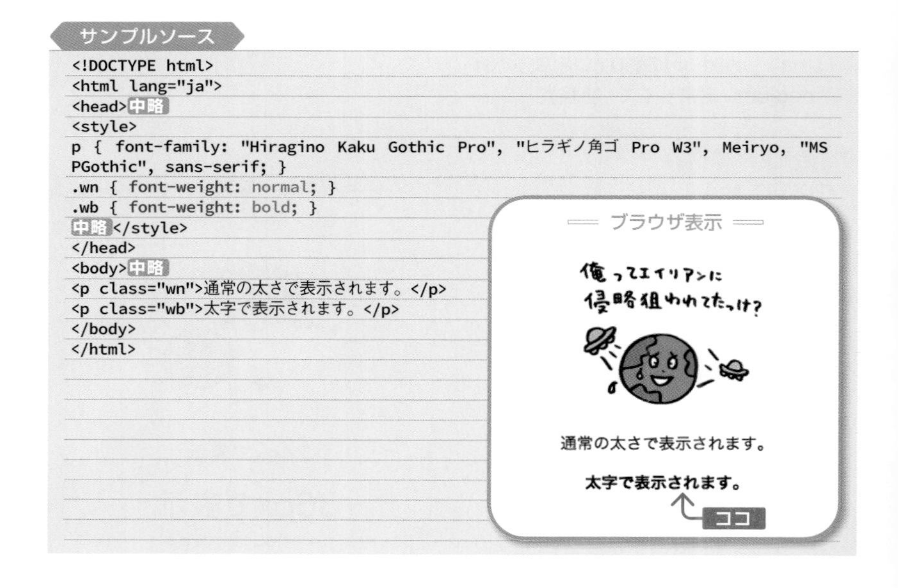

サンプルソース

```
<!DOCTYPE html>
<html lang="ja">
<head>中略
<style>
p { font-family: "Hiragino Kaku Gothic Pro", "ヒラギノ角ゴ Pro W3", Meiryo, "MS PGothic", sans-serif; }
.wn { font-weight: normal; }
.wb { font-weight: bold; }
中略</style>
</head>
<body>中略
<p class="wn">通常の太さで表示されます。</p>
<p class="wb">太字で表示されます。</p>
</body>
</html>
```

ブラウザ表示
俺ってエイリアンに
侵略狙われてたっけ？
通常の太さで表示されます。
太字で表示されます。
ココ

文字の傾きを指定する

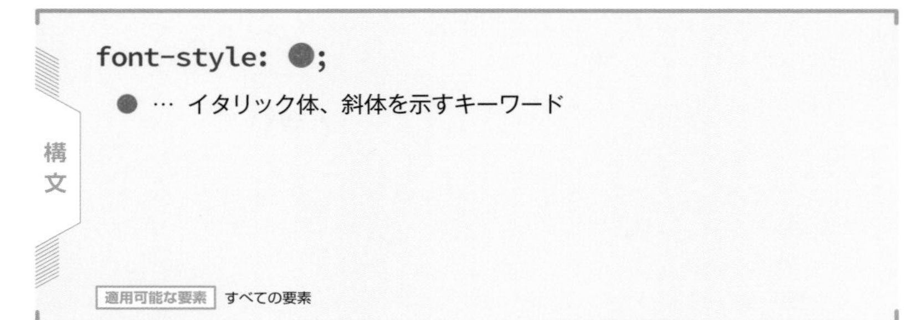

font-styleプロパティは、文字を傾ける（斜体にする）プロパティです。

斜体とイタリック体は表示が似ていますが、斜体は単に文字の形を傾けたデザインです。一方、イタリック体はもともと筆記体であるため、文字が傾いたものではありますが、小文字のaやfの字の形が変わります。

ただ、obliqueやitalicが用意されていないフォントも多く（特に日本語フォント）、その場合は通常のフォントに傾斜をつけた表示になります。

- normal…通常の表示：初期値
- oblique…斜体で表示
- italic…イタリック体で表示

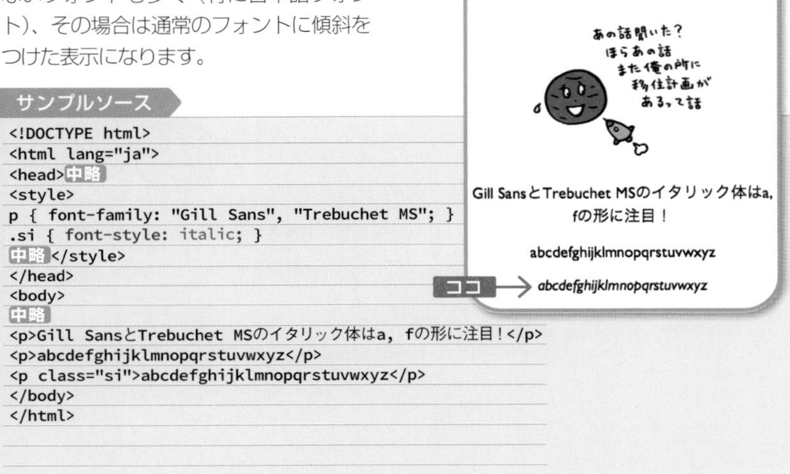

サンプルソース

```
<!DOCTYPE html>
<html lang="ja">
<head>中略
<style>
p { font-family: "Gill Sans", "Trebuchet MS"; }
.si { font-style: italic; }
中略</style>
</head>
<body>
中略
<p>Gill SansとTrebuchet MSのイタリック体はa, fの形に注目！</p>
<p>abcdefghijklmnopqrstuvwxyz</p>
<p class="si">abcdefghijklmnopqrstuvwxyz</p>
</body>
</html>
```

英文字のスモールキャップスを指定する

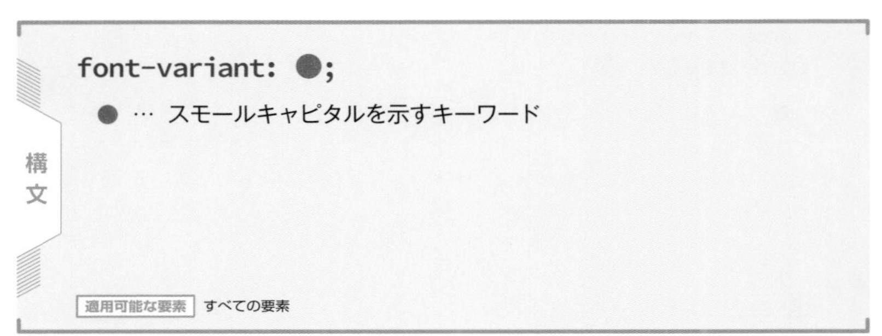

構文

```
font-variant: ●;
```

● … スモールキャピタルを示すキーワード

適用可能な要素　すべての要素

font-variantプロパティは、アルファベットの小文字を、小さな大文字に変換する際に使います。

指定できるキーワードは以下のとおりです。

- normal…スモールキャピタルで表示しない：初期値
- small-caps…スモールキャピタルで表示する

サンプルでは、「Gijutsu」にスモールキャピタルをするように指定しています。そのため、ブラウザで表示したときに、「Gijutsu」の「ijutsu」が小さいサイズの大文字で表示されることがわかります。

ブラウザ表示

大赤飯？
バレンシア風パエージャ、デ・マリスコ
ぐらいなら作れるけど

と技術 評太 (Gijutsu, Hyota) は言った。

と技術 評太 (GIJUTSU, Hyota) は言った。

ココ

サンプルソース

```
<!DOCTYPE html>
<html lang="ja">
<head>中略
<style>
.fv-normal { font-variant: normal; }
.fv-small-caps { font-variant: small-caps; }
中略</style>
</head>
<body>
中略
<p>と技術 評太 (Gijutsu, Hyota) は言った。</p>
<p>と技術 評太 (<span class="fv-small-caps">Gijutsu</span>, Hyota) は言った。</p>
</body>
</html>
```

行の高さを指定する

構文

```
line-height: ●;
```

● … 行間を示す数値もしくはnormal

適用可能な要素　すべての要素

line-heightプロパティは、行の高さを指定するプロパティです。

指定できる値は以下のとおりです。

- **数値／パーセント…対象の要素のフォントサイズに、指定した数値やパーセントを掛け算した高さ**
- **normal…ブラウザごとに指定された行間：初期値**

行間を指定した要素内に複数のフォントサイズが含まれている場合、基準となるフォントサイズに合わせて行間が計算されます。

ただし、行間が「1」や「1.5」などのように単位をつけないで指定した場合、その数値とそれぞれのフォントサイズに掛け算した行間が計算されます。

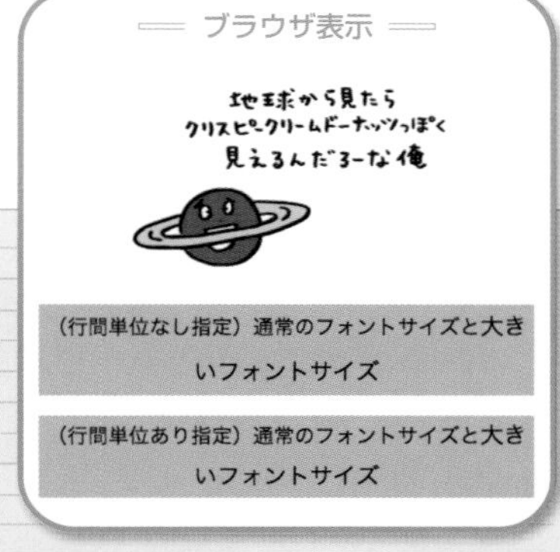

サンプルソース

```
<!DOCTYPE html>
<html lang="ja">
<head>中略
<style>
p { background-color: #cccccc; }
span { font-size: 18px; }
.lh1 { line-height: 2; }
.lh2 { line-height: 2em; }
中略</style>
</head>
<body>中略
<p class="lh1">(行間単位なし指定)通常のフォントサイズと<span>大きいフォントサイズ</span></p>
<p class="lh2">(行間単位あり指定)通常のフォントサイズと<span>大きいフォントサイズ</span></p>
</body>
</html>
```

文字スタイルを一括指定する

構文

font: ● ▲ ■ ★ ◆;

● … font-styleの値
▲ … font-variantの値
■ … font-weightの値
★ … font-sizeの値
◆ … font-familyの値一括指定

適用可能な要素 すべての要素

fontプロパティは、文字に関するスタイルをまとめて指定するプロパティです。font-style／font-variant／font-weight／font-size／font-familyの 各プロパティの値を指定することができます。

font-sizeプロパティ（★）の部分を、「font-sizeプロパティ/line-heightプロパティ」のように書いて、line-heightプロパティを一緒に指定することもできます。

なお、一部のプロパティを省略した場合、それらのプロパティは初期値を指定したことになります。

ブラウザ表示

なぜ俺の自転軸が
傾いているかって？
俺に昔話を
してほしいのか？

イタリック体、太字、フォントサイズ18px、行間2、フォントはヒラギノ角ゴ、メイリオ、MS Pゴシックのいずれかで表示されます。

サンプルソース

```
<!DOCTYPE html>
<html lang="ja">
<head>中略
<style>
.f { font: italic bold 18px/2 "Hiragino Kaku Gothic Pro", "ヒラギノ角ゴ Pro W3",
Meiryo, "MS PGothic", sans-serif; }
中略
</style>
</head>
<body>
中略
<p class="f">イタリック体、太字、フォントサイズ18px、行間2、フォントはヒラギノ角ゴ、メイリオ、
MS Pゴシックのいずれかで表示されます。</p>
</body>
</html>
```

関連 文字の表示フォントを指定する（P.184）、文字の大きさを指定する（P.185）、文字の太さを指定する（P.186）、文字の傾きを指定する（P.187）、英文字のスモールキャップスを指定する（P.188）、行の高さを指定する（P.189）

文字の色を指定する

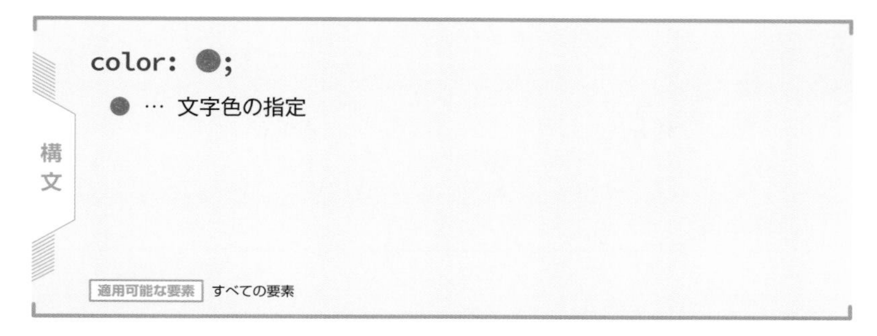

colorプロパティは、要素の内容（テキスト）の色を表します。

初期値はブラウザごとに指定されている文字の色になります。

サンプルでは、「colorプロパティ」「色」というテキストの文字色を指定しています。そのため、ブラウザで表示すると、前者は赤色、後者は青色にで表示されることがわかります。

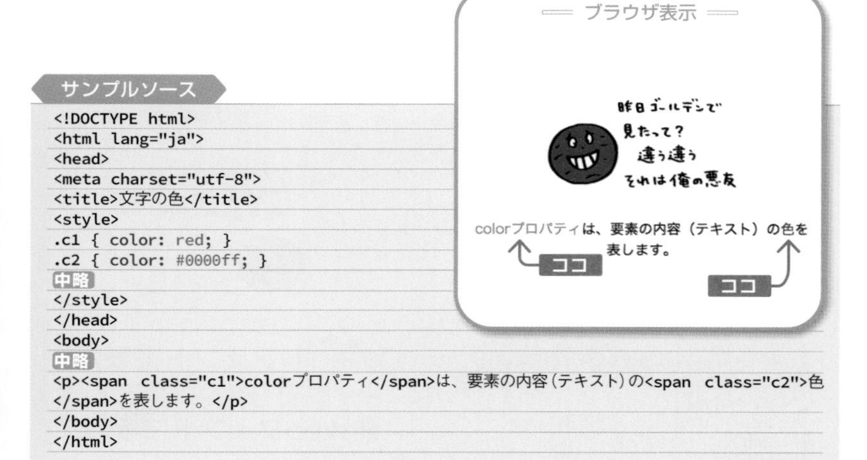

サンプルソース

```
<!DOCTYPE html>
<html lang="ja">
<head>
<meta charset="utf-8">
<title>文字の色</title>
<style>
.c1 { color: red; }
.c2 { color: #0000ff; }
中略
</style>
</head>
<body>
中略
<p><span class="c1">colorプロパティ</span>は、要素の内容（テキスト）の<span class="c2">色
</span>を表します。</p>
</body>
</html>
```


関連 属性値のバリエーション（P.28）

Web上のフォントを指定する

構文

```
@font-face{
  ●: ▲;
  ●: ▲;
  …
}
```

● … ディスクリプタ名
▲ … 値

適用可能な要素　すべての要素

@font-faceルールは、サーバ上にあるフォントをWebサイトで扱えるようにするしくみです。一般に、「Webフォント」と呼ばれています。

@font-faceルールのブロックの中に、font-family／src／font-style／font-weight等のディスクリプタを記述して、フォントを定義します。

• font-familyディスクリプタ

font-familyディスクリプタでは、フォント名を指定します。

• srcディスクリプタ

フォントファイルがある場所を指定します。サーバからダウンロードする場合は、「src: url(ファイルのアドレス)」と書きます。urlの後に「format("フォーマット名")」を付加して、フォントのフォーマットを指定することもできます。

• font-style／font-weightディスクリプタ

読み込むフォントのイタリック体／斜体／太さなどの特徴を指定します。

サンプルソース

```
<!DOCTYPE html>
<html lang="ja"><head>中略
<style>
@font-face {
  font-family: "Butterfly Effect";
  src: url(UnT_efeitoBorboleta.eot);
}
@font-face {
  font-family: "Butterfly Effect";
  src: url(UnT_efeitoBorboleta.ttf) for-
mat("truetype");
}
.f1 {font-family:"Butterfly Effect";}
中略</style>
</head><body>中略
<p class="f1">Webフォントで表示</p>
<p>非Webフォントで表示</p>
</body></html>
```

ブラウザ表示

知ってた？
俺が2006年から
準惑星になったって
知ってた？

WEBフォントで表示

非Webフォントで表示

関連　文字の表示フォントを指定する（P.184）、文字の太さを指定する（P.186）、
文字の傾きを指定する（P.187）

OpenTypeフォントの低レベルな設定を行う

構文

```
font-feature-settings: "●"▲;
```

● … タグ名
▲ … 値

適用可能な要素　すべての要素

font-feature-settingsプロパティは、OpenTypeフォントの低レベルな各種設定を有効化するプロパティです。

「タグ名」で設定の名前を指定し、「値」でその設定値を指定します。値は省略可能で、その場合は「1」を指定したものとみなされます。なお、指定できるタグ名については、以下のページをご参照ください。

https://helpx.adobe.com/jp/typekit/using/open-type-syntax.html

ただし、フォントによって有効化できるプロパティに違いがあります。また、Webブラウザによって、プロパティが有効にならない場合もあります。

サンプルは文字詰めを行う例です。カタカナの間や、読点（、）の前後のスペースが適切に詰められているのがわかります。

ブラウザ表示

設定なし：font-feature-settingsプロパティは、OpenTypeフォントの低レベルな各種設定を有効化するプロパティです。

設定あり：font-feature-settingsプロパティは、OpenTypeフォントの低レベルな各種設定を有効化するプロパティです。

サンプルソース

```
<!DOCTYPE html>
<html lang="ja"><head>中略
<style>
p { font-size: 24px; font-family: "Yu Mincho", "YuMincho", "ヒラギノ明朝 ProN W6", "HiraMinProN-W6"; }
.ffs { font-feature-settings: "palt"; }
中略</style>
</head>
<body>
<p>設定なし：font-feature-settingsプロパティは、OpenTypeフォントの低レベルな各種設定を有効化するプロパティです。</p>
<p class="ffs">設定あり：font-feature-settingsプロパティは、OpenTypeフォントの低レベルな各種設定を有効化するプロパティです。</p>
</body>
</html>
```

英文字の大文字／小文字を指定する

構文

```
text-transform: ●;
```

● … 英文字の大文字／小文字を変換するキーワード

適用可能な要素　すべての要素

text-transformプロパティは、文章中にある英単語の大文字／小文字を変換する処理を行います。

指定できるキーワードは下記のとおりです。

- none…変換しない：初期値
- capitalize…各単語の先頭文字を大文字に変換し、その他の文字を小文字に変換する
- uppercase…すべて大文字に変換する
- lowercase…すべて小文字に変換する
- full-width…すべて全角に変換する（全角がない文字は変換しない）

なお、値の「full-width」はCSSレベル3で追加されました。ただ、本書執筆時点では、full-widthに対応したWebブラウザはFirefoxのみでした。

サンプルソース

```
<!DOCTYPE html>
<html lang="ja"><head>中略
<style>
.tt_caps  {text-transform:capitalize;}
.tt_upper {text-transform:uppercase;}
.tt_lower {text-transform:lowercase;}
中略</style>
</head>
<body>中略
<p>Tyrannosaurus means &ldquo;tyrant lizard&rdquo;.</p>
<p class="tt_caps">Tyrannosaurus means &ldquo;tyrant lizard&rdquo;.</p>
<p class="tt_upper">Tyrannosaurus means &ldquo;tyrant lizard&rdquo;.</p>
<p class="tt_lower">Tyrannosaurus means &ldquo;tyrant lizard&rdquo;.</p>
</body>
</html>
```

ブラウザ表示

Tyrannosaurus means "tyrant lizard".

Tyrannosaurus Means "Tyrant Lizard".

TYRANNOSAURUS MEANS "TYRANT LIZARD".

tyrannosaurus means "tyrant lizard".

スペース・タブ・改行の扱いを指定する

構文

```
white-space: ●;
```

● … スペース、タブ、改行文字の扱いを指定するキーワード

適用可能な要素　すべての要素

white-spaceプロパティは、HTML文書の中でスペース、タブ、改行文字が連続している場合に、ひとつのスペースに置き換えるかどうかや、改行文字がある場合に改行するかどうかを決めます。また、内容がボックスからはみ出したときに、折り返すかどうかを決めます。

指定できるキーワードとその効果は下記のとおりです。

効果	normal	pre	nowrap	pre-wrap	pre-line
連続するスペース、タブ、改行文字をひとつのスペースに置き換える	○	×	○	×	○
改行文字の位置で改行する	×	○	×	○	○
ボックスからはみ出したときに折り返す	○	×	×	○	○

サンプルソース

```
<!DOCTYPE html>
<html lang="ja">
<head>中略
<style>
.ws_nowrap { white-space: nowrap; }
.ws_prewrap { white-space: pre-wrap; }
中略</style>
</head>
<body>中略
<p>プテラノドン=          翼があり
歯がない(もの)</p>
<p class="ws_nowrap">プテラノドン=      翼があり
歯がない(もの)</p>
<p class="ws_prewrap">プテラノドン=      翼があり
歯がない(もの)</p>
</body></html>
```

ブラウザ表示

プテラノドン= 翼があり 歯がない
(もの)

プテラノドン= 翼があり 歯がない (もの)

プテラノドン=　　翼があり
歯がない (もの)

単語内の改行を指定する

構文

```
word-break: ●;
```

● … 単語内の折り返し方の指定

適用可能な要素　すべての要素

word-breakプロパティは、単語の途中でも折り返すかどうかを指定します。

通常は、英単語やURLなどの連続した半角英数字は、半角スペースがない限り折り返しませんが、word-breakプロパティで改行させることができます。

指定できる値は下記のとおりです。

- **normal…一般的な表示（日本語や中国語などは文章の区切り以外の箇所でも折り返し、その他の言語では単語の途中では折り返さない）：初期値**
- **break-all…単語の途中でも折り返す**
- **keep-all…単語の途中では折り返さない（日本語や中国語なども含む）**

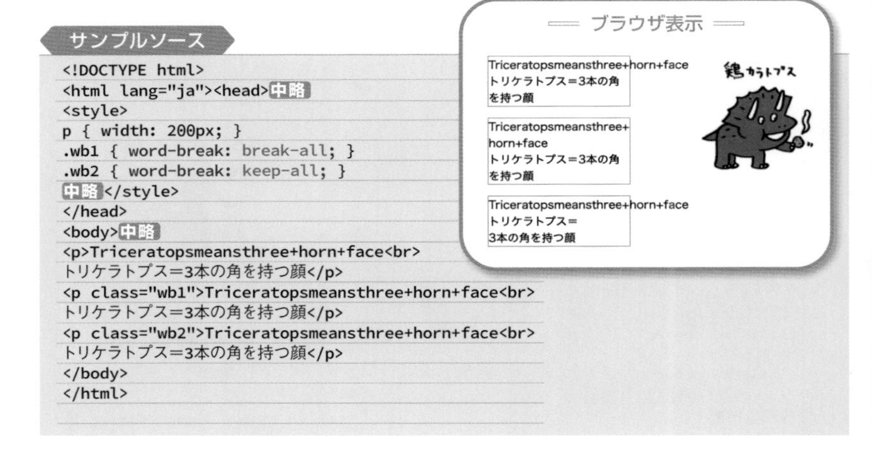

サンプルソース

```
<!DOCTYPE html>
<html lang="ja"><head>中略
<style>
p { width: 200px; }
.wb1 { word-break: break-all; }
.wb2 { word-break: keep-all; }
中略</style>
</head>
<body>中略
<p>Triceratopsmeansthree+horn+face<br>
トリケラトプス=3本の角を持つ顔</p>
<p class="wb1">Triceratopsmeansthree+horn+face<br>
トリケラトプス=3本の角を持つ顔</p>
<p class="wb2">Triceratopsmeansthree+horn+face<br>
トリケラトプス=3本の角を持つ顔</p>
</body>
</html>
```

単語内の改行をハイフンでつなぐ指定をする

構文

hyphens: ●;

● … 単語内の改行をハイフンつなぐか指定するキーワード

適用可能な要素　すべての要素

ページ幅等の関係で英単語が2行にまたがる場合に、その間をハイフンで結ぶことがあります。

hyphensプロパティは、英単語内の改行をハイフンでつなぐか指定するプロパティです。

指定できるキーワードは以下のとおりです。

- none…単語をハイフンで分割しません
- manual…「」で明示的に分割可能と示されている箇所のみ分割します：

初期値

- auto…マニュアルでの分割だけでなく、自動で分割可能な箇所も分割します

ブラウザ表示

PlesiosaurusMeans-
NearToLizard

PlesiosaurusMeansNearToLizard

PlesiosaurusMeans-
NearToLizard

サンプルソース

```
<!DOCTYPE html>
<html lang="ja">
<head>中略
<style>
p { width: 200px; }
.h1 { hyphens: none; -webkit-hyphens: none; }
.h2 { hyphens: auto; -webkit-hyphens: auto; }
中略</style>
</head><body>中略
<p>PlesiosaurusMeans&shy;NearToLizard</p>
<p class="h1">PlesiosaurusMeans&shy;NearToLizard</p>
<p class="h2">PlesiosaurusMeans&shy;NearToLizard</p>
</body>
</html>
```

段落内のテキストの表示位置(揃え)を指定する

構文

```
text-align: ●;
```

● … 段落内のテキストの表示位置を指定するキーワード

適用可能な要素　すべての要素

text-alignプロパティは、段落内のテキストの表示位置を指定するプロパティです。

指定できるキーワードは以下のとおりです。

- left…左寄せにします
- right…右寄せにします
- center…中央揃えにします
- justify…両端揃えにします
- start…ボックスの先頭に寄せます（左から右に読む言語なら左寄せ、右から左に読む言語なら右寄せ）：初期値
- end…ボックスの末尾に寄せます（左から右に読む言語なら右寄せ、右から左に読む言語なら左寄せ）
- match-parent…親要素の値を継承します。ただし、親要素に「start」か「end」が指定されている場合、親のdirectionプロパティの値によって計算され、計算後の値は「left」か「right」になります

サンプルソース

```
<!DOCTYPE html>
<html lang="ja">
<head>中略
<style>
.t1 { text-align: right; }
.t2 { text-align: center; }
中略</style>
</head>
<body>
中略
<div>
<p class="t1">ブラキオサウルス＝腕＋トカゲ</p>
<p class="t2">ブラキオサウルス＝腕＋トカゲ</p>
</div>
</body>
</html>
```

ブラウザ表示

ブラキオサウルス＝brachion（腕）＋sauros（トカゲ）

ブラキオサウルス＝brachion（腕）＋sauros（トカゲ）

関連　文字が並ぶ方向を指定する（P.257）

単語間の幅を指定する

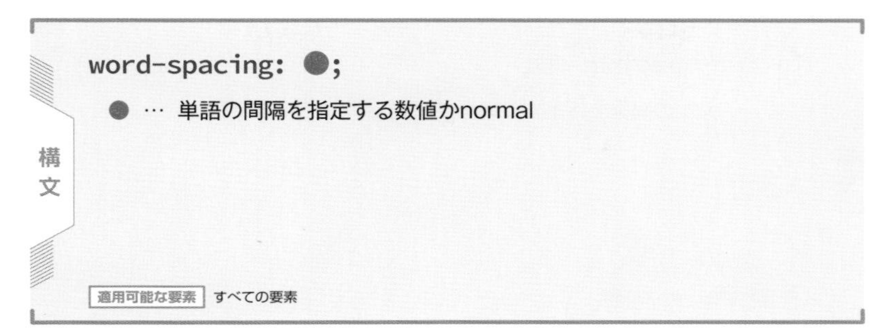
構文

word-spacing: ●;

● … 単語の間隔を指定する数値かnormal

適用可能な要素　すべての要素

word-spacingプロパティは、単語間の幅を指定します。

初期値である「normal」を指定すると通常の幅になります。一方、幅を数字で明示すると、指定した幅になります。

サンプルでは、ふたつの「Parasaurolophus means “near crested lizard”.」という文章に単語間の幅として、それぞれ「30px」「1em」指定しています。そのため、ブラウザで表示すると、単語と単語の間に通常より広めにスペースが表示されることがわかります。

ブラウザ表示

パラサイトロフス

Parasaurolophus means “near crested lizard”.

Parasaurolophus　　means　　“near　　crested　　lizard”.

Parasaurolophus　means　“near　crested　lizard”.

サンプルソース

```
<!DOCTYPE html>
<html lang="ja">
<head>中略
<style>
.ws1 { word-spacing: 30px; }
.ws2 { word-spacing: 1em; }
中略</style>
</head>
<body>
中略
<p>Parasaurolophus means &ldquo;near crested lizard&rdquo;.</p>
<p class="ws1">Parasaurolophus means &ldquo;near crested lizard&rdquo;.</p>
<p class="ws2">Parasaurolophus means &ldquo;near crested lizard&rdquo;.</p>
</body>
</html>
```

文字間の幅を指定する

構文

```
letter-spacing: ●;
```

● … 文字の間隔を指定する数値かnormal

適用可能な要素　すべての要素

letter-spacingプロパティは、文字間の幅を指定します。

初期値である「normal」を指定すると通常の幅になります。一方、幅を数字で明示すると、指定した幅になります。

サンプルでは、ふたつ目の「ステゴサウルス＝屋根に覆われた＋トカゲ」という文章に文字間の幅として、「10px」指定しています。そのため、ブラウザで表示すると、ふたつめの文章の文字と文字の間に通常より広めにスペースが表示されることがわかります。

サンプルソース

```
<!DOCTYPE html>
<html lang="ja">
<head>
<meta charset="utf-8">
<title>文字間の幅</title>
<style>
.ls1 { letter-spacing: normal; }
.ls2 { letter-spacing: 10px; }
中略</style>
</head>
<body>
中略
<p class="ls1">ステゴサウルス＝屋根に覆われた＋トカゲ</p>
<p class="ls2">ステゴサウルス＝屋根に覆われた＋トカゲ</p>
</body>
</html>
```

ブラウザ表示

ステマサウルス

ステゴサウルス＝屋根に覆われた＋トカゲ

ス テ ゴ サ ウ ル ス ＝ 屋 根 に 覆 わ れ た ＋ ト カ ゲ

文章の1行目の字下げを指定する

構文

```
text-indent: ●;
```

● … 文章の1行目を字下げする間隔の数値

適用可能な要素　すべての要素

text-indentプロパティは、文章の1行目を字下げする幅を指定します。初期値は0です。

段落の区切りを示すのに、一般的には段落と段落の間に余白を入れる方法がありますが、text-indentプロパティを利用して字下げで段落の区切りを示す方法も考えられるでしょう。

サンプルでは、「プロトケラトプスは「最初＋角＋顔」を意味する合成語です。」という文章の1行目の字下げ幅として、「5em」指定しています。そのため、ブラウザで表示すると、1行目が5文字分字下げされて表示されることがわかります。

サンプルソース

```
<!DOCTYPE html>
<html lang="ja">
<head>
<meta charset="utf-8">
<title>文章の1行目の字下げ</title>
<style>
.ti1 { text-indent: 5em; }
中略
</style>
</head>
<body>
中略
<p class="ti1">プロトケラトプスは「最初＋角＋顔」<br>
を意味する合成語です。</p>
</body>
</html>
```

　　　　　プロトケラトプスは「最初＋角＋顔」
を意味する合成語です。

文字の上下・中央の線を指定する

構文

```
text-decoration: ●;
```

● … 文字につける線を指定するキーワード

適用可能な要素　すべての要素

text-decorationプロパティは、文字の上や下に線を引くプロパティです。

指定できるキーワードは以下のとおりです。

- **none…線を引かない：初期値**
- **underline…文字の下に線**
- **overline…文字の上に線**
- **line-through…文字の上下中央に線**

サンプルでは、3つの「アンキロサウルスは「融合した+トカゲ」を意味します。」という文章に線を引く位置として、それぞれ「underline」「overline」「line-through」を指定しています。そのため、ブラウザで表示すると、それぞれの文章の文字の下、上、上下真ん中の位置に線が表示されることがわかります。

サンプルソース

```
<!DOCTYPE html>
<html lang="ja">
<head>中略
<style>
.td1 { text-decoration: underline; }
.td2 { text-decoration: overline; }
.td3 { text-decoration: line-through; }
中略</style>
</head>
<body>中略
<p class="td1">アンキロサウルスは「融合した+トカゲ」を意味します。</p>
<p class="td2">アンキロサウルスは「融合した+トカゲ」を意味します。</p>
<p class="td3">アンキロサウルスは「融合した+トカゲ」を意味します。</p>
</body>
</html>
```

ブラウザ表示

傍点の形を指定する

構文

```
text-emphasis-style: ●;
```

● … 傍点の種類を示すキーワードもしくは特定の文字

適用可能な要素　すべての要素

日本語では、文章中の一部を強調するために、文字の上や右に傍点を打つことがあります。

text-emphasis-styleプロパティで、傍点の種類を指定します。

傍点の種類は「塗りつぶし」と「形状」をそれぞれ指定できます。これらの値は、ひとつずつスペースで区切って指定します。

指定できるキーワードは以下のとおりです。

【傍点をつけない】
- none…傍点をつけない：初期値

【塗りつぶし】
- filled…塗りつぶす
- open…塗りつぶさない

【形状】
- dot…点
- circle…丸
- double-circle…二重円
- triangle…三角
- sesame…ゴマ

また、テキストを引用符で囲って特定の文字を指定することもできます。

サンプルソース

```
<!DOCTYPE html>
<html lang="ja">
<head>中略
<style>
.tes1  { text-emphasis-style: filled
sesame; -webkit-text-emphasis-style:
filled sesame; }
.tes2  { text-emphasis-style: '☆';
-webkit-text-emphasis-style: '☆'; }
中略</style>
</head>
<body>中略
<p>アロサウルス=<span class="tes1">異なった
+トカゲ</span></p>
<p>アロサウルス=<span class="tes2">異なった
+トカゲ</span></p>
</body>
</html>
```

ブラウザ表示

アロサウルス＝異なった＋トカゲ

アロサウルス＝異なった＋トカゲ

＊ベンダープレフィックス(-webkit-)が必要

傍点の色を指定する

構文

```
text-emphasis-color: ●;
```

● … 傍点の色指定

適用可能な要素 すべての要素

text-emphasis-colorプロパティでは、傍点の色を指定します。

text-emphasis-colorプロパティだけでは傍点は表示されないため、text-emphasis-styleを一緒に指定する必要があります。

もしくは、text-emphasisプロパティで傍点の種類と色を一括して指定する必要があります。

初期値はcurrentColorです。

ブラウザ表示

マンモスはゾウの類縁ですが、直接の祖先ではありません。

サンプルソース

```
<!DOCTYPE html>
<html lang="ja">
<head>
<meta charset="utf-8">
<title>傍点の色</title>
<style>
.tec1  { text-emphasis-style: open sesame; -webkit-text-emphasis-style: open sesame; text-emphasis-color: red; -webkit-text-emphasis-color: red; }
</style>
</head>
<body>
<p>マンモスはゾウの類縁ですが、<span class="tec1">直接の祖先ではありません</span>。</p>
</body>
</html>
```

傍点の形と色を一括指定する

構文

```
text-emphasis: ●;
```

● … 傍点の種類と色指定

適用可能な要素 すべての要素

text-emphasisプロパティは、傍点の種類と色を一括して指定するプロパティです。

具体的には、傍点の種類をtext-emphasis-styleプロパティの値、傍点の色をtext-emphasis-colorプロパティの値で指定します。

ブラウザ表示

三葉虫の名前は甲羅の中央に中葉、左右に側葉の三つの葉があることが由来。ちなみに彼は100m走で三勝中。

サンプルソース

```
<!DOCTYPE html>
<html lang="ja">
<head>
中略
<style>
.te1  { text-emphasis: filled triangle red; -webkit-text-emphasis: filled
triangle red; }
中略</style>
</head>
<body>
中略
<p><span class="te1">三葉虫 </span>の名前は甲羅の中央に <span class="te1">中葉 </
span>、左右に <span class="te1">側葉 </span>の三つの葉があることが由来。ちなみに彼は
100m走で <span class="te1">三勝中 </span>。</p>
</body>
</html>
```

関連 傍点の形を指定する（P.203）、傍点の色を指定する（P.204）

文字に影を表示する

構文

```
text-shadow: ● ▲ ■ ★;
```

● … 水平方向の長さ
▲ … 垂直方向の長さ
■ … ぼかしの長さ
★ … 色

適用可能な要素　すべての要素

text-shadowプロパティは、文字に影をつける際に使います。

影は、ふたつまたは3つの数値と、色を表す値を組み合わせて指定します。最初のふたつの数値は、文字と影の離れ具合を表します。また、3つ目の数値は、影をぼかす際の幅を指定します。初期値はnoneです。

なお、影を表す文字列をコンマで区切って、複数の影をつけることもできます。

始祖鳥（アーケオプテリクス）＝古代の＋羽毛

始祖鳥（アーケオプテリクス）＝古代の＋羽毛

サンプルソース

```
<!DOCTYPE html>
<html lang="ja">
<head>
<meta charset="utf-8">
<title>文字に影を表示する</title>
<style>
.ts1 { text-shadow: 0 5px 0 #cccccc; }
.ts2 { text-shadow: 3px 5px 2px #870000, 7px 10px 5px #ffa300; }
中略 </style>
</head>
<body>中略
<p class="ts1">始祖鳥(アーケオプテリクス)＝古代の＋羽毛</p>
<p class="ts2">始祖鳥(アーケオプテリクス)＝古代の＋羽毛</p>
</body>
</html>
```


関連　長さ（P.164）、カラーの値（P.165）

ブロックコンテナと中のテキストが流れる方向を指定する

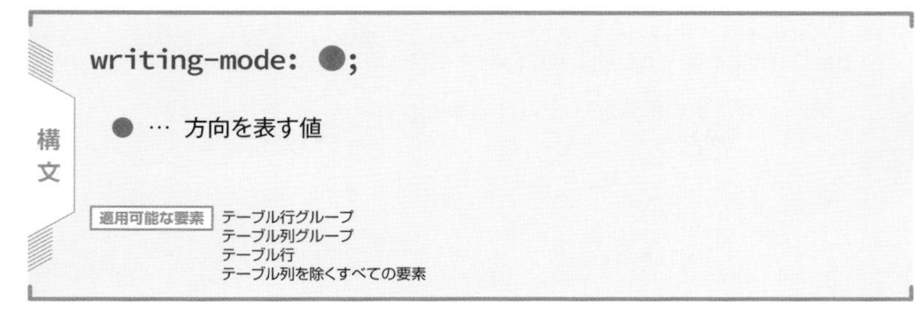

writing-modeプロパティは、ブロックコンテナと、その中のテキストが流れる方向を、下表の値で指定します。

Writing-modeに指定する値	動作
`horizontal-tb`	テキストは横書きになり、ボックスは上から下に流れます。
`vertical-rl`	テキストは縦書きになり、ボックスは右から左に流れます（日本語の縦書き）
`vertical-lr`	テキストは縦書きになり、ボックスは左から右に流れます。

サンプルソース

```
<!DOCTYPE html>
<html lang="ja"><head>中略
<style>
.wm-h { writing-mode: horizontal-tb; }
.wm-v { writing-mode: vertical-rl; height:
150px; }
中略</style>
</head>
<body>
<div class="wm-h">
<p>writing-modeプロパティは、ブロックコンテナと、
その中のテキストが流れる方向を指定します。</p>
</div>
<div class="wm-v">
<p>writing-modeプロパティは、ブロックコンテナと、
その中のテキストが流れる方向を指定します。</p>
<p>テキストは縦書きになり、ボックスは右から左に流れます(日本語の縦書き)</p>
</div>
</body>
</html>
```

ブラウザ表示

冷-める タイガー

writing-modeプロパティは、ブロックコンテナと、その中のテキストが流れる方向を指定します。

writing-modeプロパティは、ブロックコンテナと、その中のテキストが流れる方向を指定します。

テキストは縦書きになり、ボックスは右から左に流れます（日本語の縦書き）

背景の色を指定する

構文

background-color: ●;

● … 背景色の色指定もしくはtransparent

適用可能な要素　すべての要素

　background-colorプロパティは、要素の背景色を指定するプロパティです。
　初期値は、背景を透過する指定であるtransparentです。
　サンプルでは、body要素の背景色に「yellowgreen」を指定しています。そのため、ブラウザで表示すると、画面全体の背景色が黄緑色に表示されることがわかります。

サンプルソース

```
<!DOCTYPE html>
<html lang="ja">
<head>
<meta charset="utf-8">
<title>背景の色</title>
<style>
body {background-color: yellowgreen;}
中略
</style>
</head>
<body>
中略
<p>background-colorプロパティは、要素の
背景色を指定するプロパティです。</p>
</body>
</html>
```

背景画像を指定する

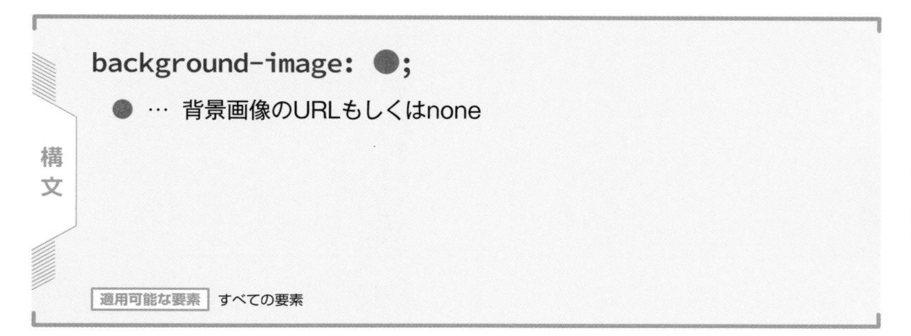

```
background-image: ●;
```

● … 背景画像のURLもしくはnone

構文

適用可能な要素　すべての要素

background-imageプロパティは、要素の背景画像を指定するプロパティです。背景画像を指定するときは、値にurl(背景画像のURL)を指定し、背景画像を指定しないときは、noneを指定します。

初期値はnoneです。

背景画像をコンマで区切って複数指定し、重ね合わせることができます。背景画像を複数指定したときの重なり順は、最初に指定した画像が一番上、最後に指定した画像が一番下になります。

なお、background-colorとbackground-imageの両方が指定されている場合、background-colorで指定した色が下になり、その上にbackground-imageで指定した画像が重ねられます。

サンプルソース

```
<!DOCTYPE html>
<html lang="ja">
<head>
<meta charset="utf-8">
<title>背景画像</title>
<style>
div { background-image: url(bg_S1702.png); }
中略 </style>
</head>
<body>
<div><img src="S1702.png" alt=""></div>
<p>背景用の画像 <img src="bg_S1702.png"></p>
</body>
</html>
```

ブラウザ表示

子どもに嫌われる

背景用の画像

背景画像のくり返し方を指定する

構文

```
background-repeat: ●;
```

● … 背景画像の繰り返し方を指定するキーワード

適用可能な要素　すべての要素

background-repeatプロパティは、背景画像の繰り返し方を指定するプロパティです。

指定できるキーワードは以下のとおりです。

- **repeat…縦方向／横方向ともに繰り返す：初期値**
- **repeat-x…横方向のみ繰り返す**
- **repeat-y…縦方向のみ繰り返す**
- **no-repeat…繰り返さない**
- **round…背景がちょうど埋まるように画像のサイズを調整します**
- **space…背景がちょうど埋まるように画像の間にスペースを入れます**

コンマで区切って複数の繰り返し表示を指定し、重ね合わせることができます。また、repeat／no-repeat／round／spaceをスペースで区切って2回指定すれば、横方向と縦方向を別々に指定することもできます。

ブラウザ表示

木の根っこじゃないよ

この画像を背景にします。

サンプルソース

```
<!DOCTYPE html>
<html lang="ja">
<head>
<meta charset="utf-8">
<title>背景画像のくり返し方</title>
<style>
div { background-image: url(bg_S1703.png); background-repeat: repeat-x; }
中略
</style>
</head>
<body>
<div><img src="S1703.png" alt=""></div>
<p>この画像を背景にします。<img src="bg_S1703.png"></p>
</body>
</html>
```

スクロール時の背景画像を固定表示する

構文

```
background-attachment: ●;
```

● … スクロール時の背景画像の表示を指定するキーワード

適用可能な要素 すべての要素

background-attachmentプロパティは、背景画像をページとともにスクロールさせるかどうかを指定するプロパティです。指定できるキーワードは以下のとおりです。

- fixed…ページの表示領域に対して、背景画像を固定します
- scroll…要素に対して、背景画像を固定します（要素の中身がスクロールしても、背景画像はスクロールしません）：初期値
- local…要素の中身とともに背景画像がスクロールします

なお、iOSのSafariではfixedが効きません。また、Firefoxでは、textarea要素ではlocalの指定が効きません（scrollと同じ動作になります）。

サンプルソース

```
<!DOCTYPE html>
<html lang="ja">
<head>
<meta charset="utf-8">
<title>スクロール時の背景画像の固定表示</title>
<style>
body { background-attachment: fixed;
background-image: url(bg_S1704.png);
background-repeat: repeat-x; background-
color: darkseagreen; }
中略</style>
</head>
<body>中略
<p>background-attachmentプロパティで背景を固定表示させています。</p>
</body>
</html>
```

ブラウザ表示

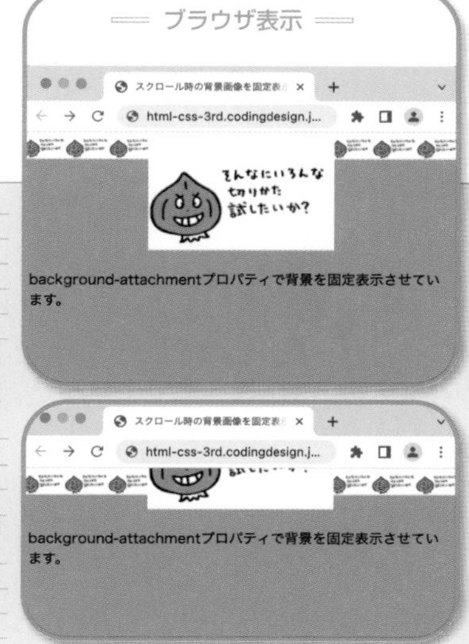
スクロール時の背景画像を固定表示
html-css-3rd.codingdesign.j...
そんなにいろんな
切りかた
試したいか?
background-attachmentプロパティで背景を固定表示させています。
スクロール時の背景画像を固定表示
html-css-3rd.codingdesign.j...
background-attachmentプロパティで背景を固定表示させています。

背景画像の縦・横位置を指定する

構文

```
background-position: ● ▲;
```

● … 背景画像の横の表示位置を指定する数値もしくはキーワード
▲ … 背景画像の縦の表示位置を指定する数値もしくはキーワード

適用可能な要素　すべての要素

background-positionプロパティは、背景が表示される部分の中での横方向／縦方向の位置を指定するプロパティです。指定方法は以下のようになります。

背景が表示される部分の左上が横／縦ともに0になります。プラスの値を指定すると、横方向は右→、縦方向は下↓に移動します。

(1) キーワードで指定

横方向はleft／center／rightのいずれか、縦方向はtop／center／bottomのいずれかから選び、スペースで区切って指定します。

(2) 長さで指定

px等の長さの単位で横方向／縦方向の位置を指定できます。

(3) パーセントで指定

パーセントで指定した場合、0%がleft／top、50%がcenter、100%がright／bottomと同じ位置になります。

(4) キーワードと長さで指定

rightやbottom等のキーワードとpx等の長さを合わせて横方向／縦方向の位置を指定すると、指定したキーワードの位置からの位置を指定できます。

なお、他の背景のプロパティと同様に、コンマで区切って複数の表示位置を指定できます。

サンプルソース

```
<!DOCTYPE html>
<html lang="ja">
<head>
<meta charset="utf-8">
<title>背景画像の縦・横位置</title>
<style>
div { background-position: right top; background-repeat: repeat-y; background-color: olivedrab; background-image: url(bg_S1705.png); }
</style>
</head>
<body>
<div><img src="S1705.png" alt=""></div>
<p>背景用の画像 <img src="bg_S1705.png"></p>
</body>
</html>
```

背景画像が表示されるエリアを指定する

構文

```
background-clip: ●;
```

● … 背景の表示エリアを指定するキーワード

適用可能な要素　すべての要素

background-clipプロパティは、背景をボックスのどの部分に描画するかを指定するプロパティです。

指定できるキーワードは以下のとおりです。

- border-box…ボーダーボックス（ボーダーとその内側）：初期値
- padding-box…パディングボックス（コンテンツ領域とパディング領域）
- content-box…コンテンツ領域

コンマで区切って複数のキーワードを指定することもできます。

ブラウザ表示

成長したら
木になると
思われてる

content box
content box
content box

サンプルソース

```
<!DOCTYPE html>
<html lang="ja"><head>中略<style>
.o { margin: 10px 0; background-color: plum; border: 5px dotted gray; padding: 10px; color: white; }
.i { border: 2px solid yellow;  }
.bc-b { background-clip:border-box; }
.bc-p { background-clip:padding-box; }
.bc-c { background-clip:content-box; }
</style>
</head><body>中略
<div class="o bc-b"><div class="i">content box</div></div>
<div class="o bc-p"><div class="i">content box</div></div>
<div class="o bc-c"><div class="i">content box</div></div>
</body></html>
```

関連　スタイルを適用する「ボックス」のしくみ（P.163）

背景画像が表示される基準位置を指定する

構文

background-origin: ●;

● … 背景画像が表示される基準位置を指定するキーワード

適用可能な要素　すべての要素

17 背景

background-originプロパティは、背景を描画し始める基準点を、ボックスのどこに合わせるかを指定するプロパティです。

指定できるキーワードは以下のとおりです。

- border-box…ボーダーボックス（ボーダーとその内側）
- padding-box…パディングボックス（コンテンツ領域とパディング領域）：初期値
- content-box…コンテンツ領域

background-originプロパティに指定した範囲の中で、background-positionプロパティに指定した位置を基準として、背景が描画されます。ただし、対象要素のbackground-attachmentプロパティの値がfixedの場合、background-originプロパティの設定は無効です。

ブラウザ表示

サンプルソース

```
<!DOCTYPE html>
<html lang="ja"><head>中略<style>
.o { margin: 10px 0; background-image:
url(bg_S1707.png); background-color:
yellowgreen; border: 5px dotted gray;
padding: 10px; color: orangered; }
.i { border: 2px solid yellow; }
.bo-b {background-origin:border-box;}
.bo-p {background-origin:padding-box;}
.bo-c {background-origin:content-box;}
</style></head><body>中略
<div class="o bo-b"><div class="i">content box</div></div>
<div class="o bo-p"><div class="i">content box</div></div>
<div class="o bo-c"><div class="i">content box</div></div>
</body>
</html>
```


関連 スタイルを適用する「ボックス」のしくみ（P.163）

背景画像の表示サイズを指定する

構文

```
background-size: ●;
```

● … 背景画像の表示サイズを指定する数値もしくはキーワード

適用可能な要素　すべての要素

background-sizeプロパティは、背景画像の拡大／縮小方法を指定するプロパティです。

指定できるキーワード及び数値は以下のとおりです。

- **contain…画像の縦横比を保ったまま、背景の表示エリアに合う最小サイズに背景画像が拡大／縮小されます**
- **cover…画像の縦横比を保ったまま、背景の表示エリア全体を覆い尽くすサイズに背景画像が拡大／縮小されます**
- **長さ／パーセント…指定したサイズにまで拡大／縮小されます。パーセントは、背景描画範囲のサイズに対する割合を指定することになります**
- **auto…背景画像の表示サイズは変更しません：初期値**

長さ／パーセントは、順に幅と高さのふたつの値を指定することができます。値をひとつだけ指定した場合は、高さを「auto」にしたのと同じ扱いになります。

なお、背景画像を複数指定している場合は、それぞれの画像に対する値をコンマで区切って指定することもできます。

サンプルソース

```
<!DOCTYPE html>
<html lang="ja">
<head>中略
<style>
div { width: 150px;  height: 30px;
background-image: url(S1708.png); padding:
10px; float: left; }
.bs-contain {background-size:contain;}
.bs-cover { background-size: cover; }
.bs1 { background-size: 10% auto; }
中略</style>
</head>
<body>中略
<div class="bs-contain"></div>
<div class="bs-cover"></div>
<div class="bs1"></div>
</body>
</html>
```

ブラウザ表示

cover

10% auto

背景画像スタイルを一括指定する

構文

background: ●;

● … 背景関係のプロパティの指定

適用可能な要素 すべての要素

backgroundプロパティは、背景関係のプロパティをまとめて指定するプロパティです。基本的には、プロパティの値を指定する順序は問いません。ただし、以下の決まりがあります。

(1)background-sizeプロパティ

background-positionプロパティの後に「/」で区切って指定します。

(2)background-originプロパティとbackground-clipプロパティ

値を1回だけ指定した場合は、ふたつのプロパティに同じ値を指定したことになります。一方、スペースで区切ってふたつの値を指定した場合、ひとつ目の値がbackground-originプロパティに、ふたつ目の値がbackground-clipプロパティに適用されます。

(3)背景画像を複数指定

各プロパティの値を列挙した部分を、コンマで区切って複数回指定します。

(4)背景画像を複数指定&背景色の指定

background-colorプロパティの値を、最後の背景画像の指定箇所に書きます。

(5)値を指定しなかった場合

プロパティの値を指定しなかった場合は、初期値を指定したことになります。

ブラウザ表示

サンプルソース

```
<!DOCTYPE html>
<html lang="ja">
<head>中略
<style>
span { color: yellow; border: 2px solid yellow;display: block; }
div { padding: 25px; border: 5px dotted gray;background: url(bg_S1709.png) left top / 10% auto repeat border-box padding-box skyblue; }
</style>
</head>
<body>
<div><span><img src="S1709.png" alt=""></span></div>
</body>
</html>
```


関連 背景色（P.208）、背景画像（P.209）、背景画像の繰り返し方（P.210）、背景画像の固定表示（P.211）、背景画像の表示位置（P.212）、背景画像が表示されるエリア（P.213）、背景画像が表示される基準位置（P.214）、背景画像の表示サイズ（P.215）

先行実装されているプロパティを利用する

構文

```
-o-●: ▲;
-ms-●: ▲;
-moz-●: ▲;
-webkit-●: ▲;
```

● … 正式なプロパティ名
▲ … プロパティの値

先行実装とは

ブラウザを制作している会社は、W3CからCSSの各プロパティの仕様が正式勧告される前に実装を進めています。このことを先行実装と言います。先行実装しているプロパティはブラウザごとに異なります。

先行実装をしているプロパティは頭にブラウザごとの接頭辞をつけます。この接頭辞をベンダープレフィックスと言います。

ベンダープレフィックスには右記のものがあります。

• -o-	Opera12まで
• -ms-	Edge18まで
• -moz-	Firefox
• -webkit-	Edge79以降, Google Chrome, Safari, Opera15 以降

ベンダープレフィックスなしのプロパティも併記する

W3Cからプロパティが正式に勧告されると、ベンダープレフィックスがなくてもプロパティが利用できるように実装されることになります。

その際に、ベンダープレフィックスのついているプロパティでは、ブラウザは動作しなくなることがあります。勧告されたあとも、表示を正常に保つためには、ベンダープレフィックスなしのプロパティを併記しておく必要があります。

先行実装の状況を確認する

「Can I use...」というWebサイトでは、ブラウザがHTML、CSS、JavaScript APIをサポートしているかどうかを確認することができます。例えば、「mask」というプロパティがどのくらいサポートされているかを確認すると、FirefoxとSafariは対応、ChromeとEdgeではベンダープレフィックスが必要なことがわかります。

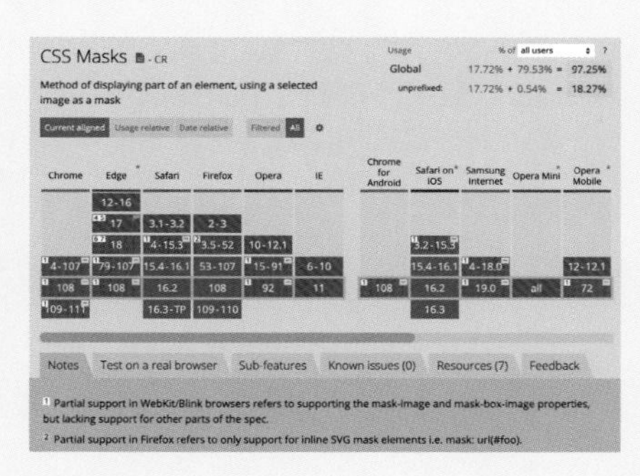

CSS Masks - Can I use... https://caniuse.com/?search=mask

直線的なグラデーションを表示する

構文

```
background-image: linear-gradient(●, ▲, ■…);
border-image: linear-gradient(●, ▲, ■…);
list-style-image: linear-gradient(●, ▲, ■…);
```
など

● … グラデーションの角度もしくは方向を示すキーワード
▲ … グラデーションを開始する色（と幅）
■ … グラデーションを終了する色（と幅）

適用可能な要素　イメージを指定できるプロパティ

画像を指定できるプロパティ（background-imageなど）の値として、グラデーションを指定することができます。直線的なグラデーションを指定するには、「linear-gradient」という関数を使います。

linear-gradient関数は、通常は3つの値が必要になります。グラデーションの方向、開始色、終了色です。それぞれの値はコンマで区切ります。

ひとつ目の値、グラデーションの方向は角度かキーワードで指定します。

角度で指定する場合、単位は「deg」です。「0deg」（0度）が下から上のグラデーションを表し、プラスの角度を指定すると、それに応じて時計回りで方向が決まります。

一方、キーワードで指定する場合は、「to」と「top」「bottom」「right」「left」を半角スペースで区切って組み合わせたものになります。

「to top」であれば下から上へのグラデーション、「to right top」であれば右上へのグラデーションになります。

方向を省略した場合、上から下のグラデーションになります。

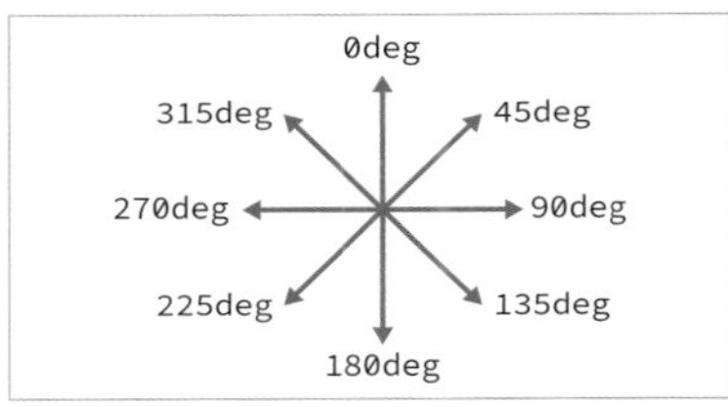

角度で指定する場合

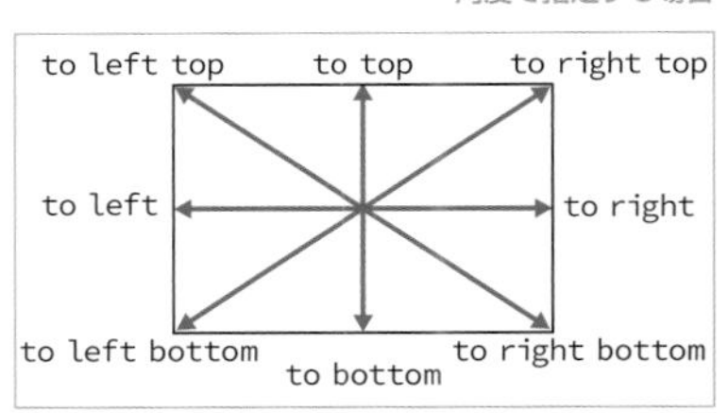

キーワードで指定する場合

ふたつ目以降の値で、グラデーションの開始色と終了色を指定します。例えば、「linear-gradient(0deg, white, black)」とすると、下が白、上が黒のグラデーションになります。

また、さらに色を追加指定して「linear-gradient(0deg, white, green, black)」とすると、下が白、中央が緑、上が黒のグラデーションになります。

色とともに幅も指定すると、その幅だけグラデーションします。幅は色の指定に半角スペースで区切ってpx等の単位で指定するか、パーセントで指定します。例えば、「**linear-gradient(90deg, red 0%, green 25%, blue 100%)**」とすると、左端が赤、左端から右に向かって25%の位置が緑、右端が青で、その間がグラデーションします。

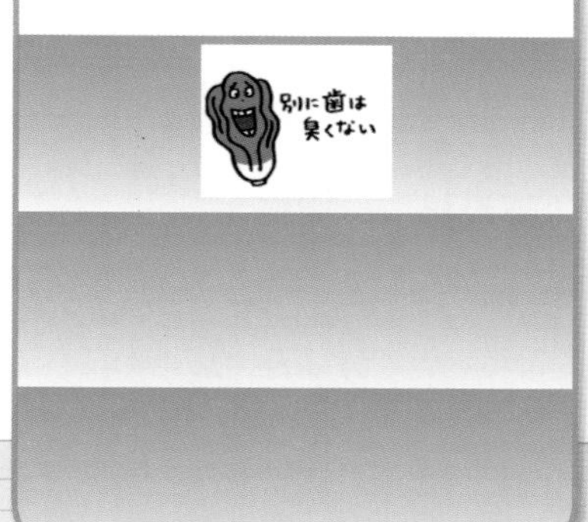

サンプルソース

```
<!DOCTYPE html>
<html lang="ja">
<head>中略
<style>
body {
    background-image: linear-gradient(0deg, snow, yellowgreen);
}
中略</style>
</head>
<body>
<div><img src="S1710.png" alt=""></div>
</body>
</html>
```

円形グラデーションを表示する

構文

```
background-image: radial-gradient(●, ▲, ■, ★, ◆…);
border-image: radial-gradient(●, ▲, ■, ★, ◆…);
list-style-image: radial-gradient(●, ▲, ■, ★, ◆…);
```

など

● … グラデーションの形を示すキーワード
▲ … グラデーションのサイズ／終点を示す数値もしくはキーワード
■ … グラデーションの中心の位置
★ … グラデーションを開始する色と幅
◆ … グラデーションを終了する色と幅

適用可能な要素 イメージを指定できるプロパティ

画像を指定できるプロパティ（background-imageなど）の値として、グラデーションを指定することができます。円形のグラデーションを指定するには、「radial-gradient」という関数を使います。

radial-gradient関数は、通常は5つの値を取ります。グラデーションの形、サイズ／終点、中心の位置、グラデーションの開始色、終了色です。グラデーションの形、サイズ／終点と、中心の位置はスペースで区切って指定します。これらの値以外はコンマで区切ります。

それぞれは以下の書き方で指定します。

(1) 形

指定できるキーワードは以下のとおりです。

- **circle…円：初期値**
- **ellipse…楕円**

(2) サイズ／終点

グラデーションのサイズをpx等の長さで指定、もしくは下記のキーワードで終点を指定します。

また、(1)形にellipseを指定する場合は、サイズをパーセントで指定することもできます。

- **closest-side…ボックスの周囲の辺の中で、グラデーションの中心点からもっとも近い辺**
- **farthest-side…ボックスの周囲の辺の中で、グラデーションの中心点からもっとも遠い辺**
- **closest-corner…ボックスの四隅の中で、グラデーションの中心点からもっとも近い角**
- **farthest-corner…ボックスの四隅の中で、グラデーションの中心点からもっとも遠い角：初期値**

(3) 中心の位置

中心の位置は、「at 横位置 縦位置」という書き方をします。縦横の位置は、background-positionプロパティと同じ書き方です。

関連 背景画像の縦・横位置を指定する（P.212）

(4) 開始色、終了色

4つ目以降の値では、linear-gradient関数と同様の書き方で、グラデーションの色を指定します。

サンプルソース

```
<!DOCTYPE html>
<html lang="ja">
<head>中略
<style>
body {
  background-image: radial-gradient(ellipse at center, seagreen, tomato);
}
</style>
</head>
<body>
<div><img src="S1711.png" alt=""></div>
</body>
</html>
```

直線的なグラデーションを繰り返し表示する

構文

```
background-image: repeating-linear-gradient(●, ▲, ■…);
border-image: repeating-linear-gradient(●, ▲, ■…);
list-style-image: repeating-linear-gradient(●, ▲, ■…);
```

など

- ● … グラデーションの角度もしくは方向を示すキーワード
- ▲ … グラデーションを開始する色と幅
- ■ … グラデーションを終了する色と幅

適用可能な要素　イメージを指定できるプロパティ

repeating-linear-gradient関数は、線形グラデーションを繰り返して、縞模様を作ることができます。

関数のパラメータの指定方法は、linear-gradient関数と同じです。

ブラウザ表示

サンプルソース

```
<!DOCTYPE html>
<html lang="ja">
<head>中略
<style>
.rlg {
   background-image: repeating-linear-gradient(270deg, forestgreen, yellowgreen
40px, forestgreen 80px);
}
</style>
</head>
<body>
<div><img src="S1712.png" alt=""></div>
</body>
</html>
```

円形グラデーションを繰り返し表示する

構文

```
background-image: repeating-radial-gradient(● ▲ ■, ★, ◆…);
border-image: repeating-radial-gradient(● ▲ ■, ★, ◆…);
list-style-image: repeating-radial-gradient(● ▲ ■, ★, ◆…);
```

など

- ● … グラデーションの形を示すキーワード
- ▲ … グラデーションのサイズ／終点を示す数値もしくはキーワード
- ■ … グラデーションの中心の位置
- ★ … グラデーションを開始する色と幅
- ◆ … グラデーションを終了する色と幅

適用可能な要素　イメージを指定できるプロパティ

repeating-radial-gradient関数は、円形グラデーションを繰り返して、縞模様を作ることができます。

関数のパラメータの指定方法は、radial-gradient関数と同じです。

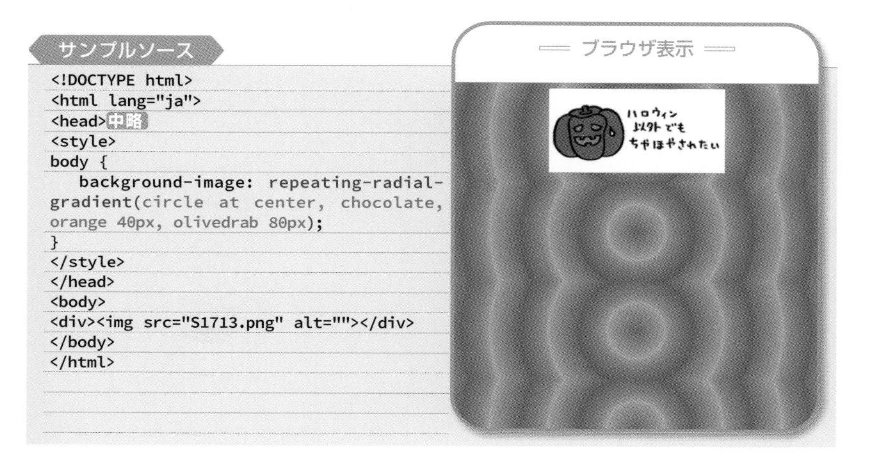


```
<!DOCTYPE html>
<html lang="ja">
<head>中略
<style>
body {
   background-image: repeating-radial-gradient(circle at center, chocolate, orange 40px, olivedrab 80px);
}
</style>
</head>
<body>
<div><img src="S1713.png" alt=""></div>
</body>
</html>
```

枠線の太さを指定する

構文

```
border-width: ●;
border-top-width: ●;
border-left-width: ●;
border-right-width: ●;
border-bottom-width: ●;
```

● … 枠線の太さを示す数値

適用可能な要素 すべての要素

border-left-widthなど、枠線の太さを指定できるborder-width系のプロパティは、太さを数値で指定するか、thin／medium／thickのキーワードで指定します。初期値はmediumです。

ただし、thin／medium／thickは、thin≦medium≦thickの順に太くなりますが、明確な太さは決められていません。「-top」「-bottom」「-left」「-right」がないborder-widthプロパティは、4方向の枠線の太さをまとめて指定する一括指定です。

値はひとつから4つ指定することができ、指定する値の個数と、適用される方向の関係は、下記のとおりです。

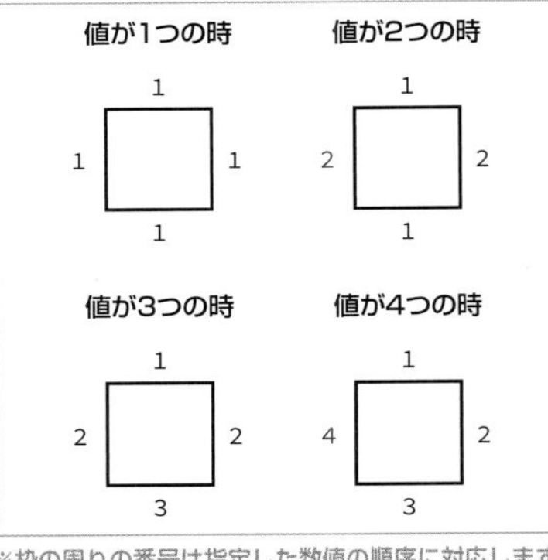

※枠の周りの番号は指定した数値の順序に対応します。

サンプルソース

```
<!DOCTYPE html>
<html lang="ja">
<head>
<meta charset="utf-8">
<title>枠線の太さ</title>
<style>
div { border-width: 1px 5px; border-color: orange; border-style: solid; padding: 10px; text-align: center; }
</style>
</head>
<body>
<div><img src="S1801.png" alt=""></div>
</body>
</html>
```

ブラウザ表示

枠線の種類を指定する

構文

```
border-style: ●;
border-top-style: ●;
border-left-style: ●;
border-right-style: ●;
border-bottom-style: ●;
```

● … 枠線のスタイルを指定するキーワード

適用可能な要素 すべての要素

border-left-styleなど、枠線のスタイル（形状）を指定できるborder-style系のプロパティは、下記のキーワードでボーダーの種類を指定します。

- none…ボーダーなし。ただし、他のボーダーと重なるときは、重なった方が優先：初期値
- hidden…ボーダーなし。ただし、他のボーダーと重なるときは、hiddenが優先
- dotted…点線
- dashed…破線
- solid…実線
- double…二重線
- groove…刻まれているように見える線
- ridge…飛び出すようにみえる線
- inset…線の内側が沈み込んでみえる線
- outset…線の内側が飛び出すようにみえる線

「-top」「-bottom」「-left」「-right」がないborder-styleプロパティは、4方向の枠線のスタイルをまとめて指定する一括指定です。値はひとつから4つを指定することができます。指定する値の個数と、適用される方向の関係は、border-widthプロパティと同じです。

サンプルソース

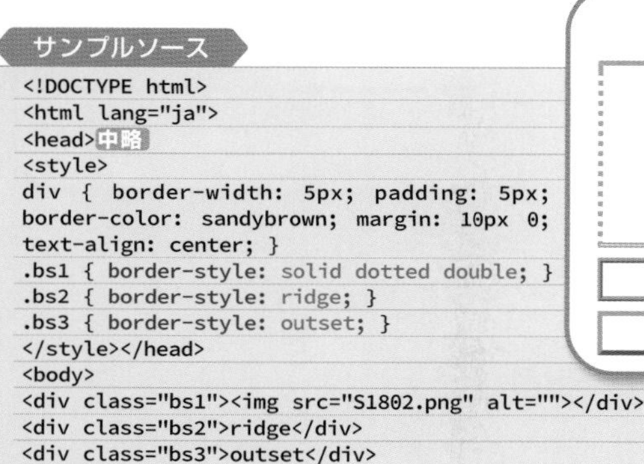

```
<!DOCTYPE html>
<html lang="ja">
<head>中略
<style>
div { border-width: 5px; padding: 5px;
border-color: sandybrown; margin: 10px 0;
text-align: center; }
.bs1 { border-style: solid dotted double; }
.bs2 { border-style: ridge; }
.bs3 { border-style: outset; }
</style></head>
<body>
<div class="bs1"><img src="S1802.png" alt=""></div>
<div class="bs2">ridge</div>
<div class="bs3">outset</div>
</body>
</html>
```

枠線の色を指定する

構文

```
border-color: ●;
border-top-color: ●;
border-left-color: ●;
border-right-color: ●;
border-bottom-color: ●;
```

● … 枠線の色を指定する数値もしくはカラーネーム

適用可能な要素 すべての要素

border-left-colorなど、枠線の色を指定できるborder-color系のプロパティでは、色を指定する数値かカラーネームを指定します。

初期値はこのプロパティを指定した要素の文字色です。

「-top」「-bottom」「-left」「-right」がないborder-colorプロパティは、4方向の枠線の色をまとめて指定する一括指定です。値はひとつから4つを指定することができます。指定する値の個数と、適用される方向の関係は、border-widthプロパティと同じです。

ブラウザ表示

カメラに餡

サンプルソース

```
<!DOCTYPE html>
<html lang="ja">
<head>
<meta charset="utf-8">
<title>枠線の色</title>
<style>
div { border-color: #FFE4E1 #FA8072 crimson; border-style: solid; border-width: 5px; text-align: center; padding: 10px; }
</style>
</head>
<body>
<div><img src="S1803.png" alt=""></div>
</body>
</html>
```

 関連 カラーネーム一覧（P.334）

枠線スタイルを一括指定する

構文

```
border: ● ▲ ■;
border-top: ● ▲ ■;
border-left: ● ▲ ■;
border-right: ● ▲ ■;
border-bottom: ● ▲ ■;
```

● … 枠線の太さを示す数値
▲ … 枠線のスタイルを指定するキーワード
■ … 枠線の色を指定する数値もしくはカラーネーム

適用可能な要素 すべての要素

border-leftプロパティなどの枠線の方向が決まっているプロパティや、すべての方向の枠線を示すborderプロパティは、太さ（border-width）／スタイル（border-style）／色（border-color）を一括して指定します。

値は、太さ／スタイル／色の各プロパティの値をスペースで区切って指定します。それぞれの値を指定する順序は自由です。

一部のプロパティの値を省略した場合は、初期値を指定したのと同じになります。例えば、「**border-left: solid 1px;**」と指定した場合、色は文字と同じ色になります。

サンプルソース

```
<!DOCTYPE html>
<html lang="ja">
<head>
<meta charset="utf-8">
<title>枠線スタイルの一括指定</title>
<style>
div { border: 5px groove tomato; text-align: center; padding: 10px; }
</style>
</head>
<body>
<div><img src="S1804.png" alt=""></div>
</body>
</html>
```

関連 枠線の太さを指定する（P.224）、枠線の種類を指定する（P.225）、枠線の色を指定する（P.226）

枠線の角丸を指定する

構文

```
border-radius: ●;
border-top-left-radius: ●;
border-top-right-radius: ●;
border-bottom-left-radius: ●;
border-bottom-right-radius: ●;
```

● … 角丸の半径を示す数値

適用可能な要素　すべての要素

18 ボーダー

border-radius系のプロパティは、ボーダーの角を丸くする際に使います。

border-top-left-radiusなど、角の位置を指定するプロパティでは、値をひとつかふたつ指定します。初期値は0です。ひとつ指定した場合は縦横とも同じ半径、スペースで区切ってふたつの値を指定した場合はひとつ目が横の半径、ふたつ目が縦の半径になります。

値をパーセントで指定した場合は、枠の横線／縦線の長さに対する割合で半径が決まります。

border-radiusプロパティは、すべての角を丸くする一括指定です。位置ごとにひとつ～4つの値をスペースで区切って、角丸の半径を指定します。指定する値の個数と、適用される角丸の位置の関係は、下記のとおりです。

また、角丸の半径を縦と横で別々に指定する場合は、「角丸の横の半径（ひとつ～4つの値）/ 角丸の縦の半径（ひとつ～4つの値）」と指定することもできます。

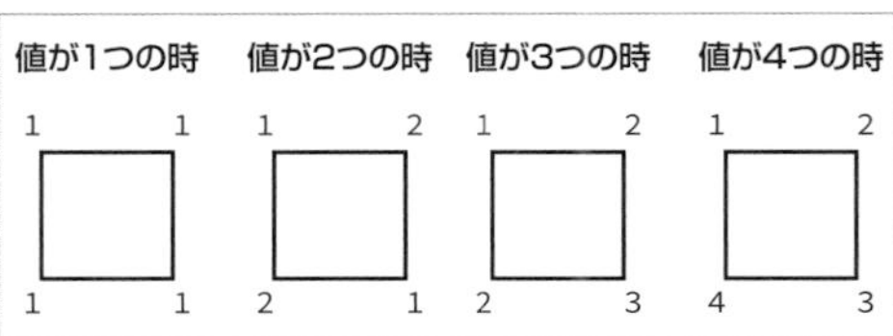

※枠の周りの番号は指定した数値の順序に対応します。

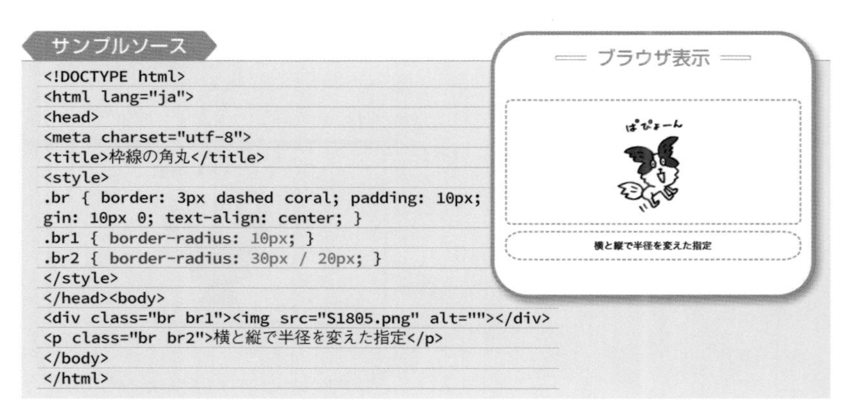


```
<!DOCTYPE html>
<html lang="ja">
<head>
<meta charset="utf-8">
<title>枠線の角丸</title>
<style>
.br { border: 3px dashed coral; padding: 10px;
gin: 10px 0; text-align: center; }
.br1 { border-radius: 10px; }
.br2 { border-radius: 30px / 20px; }
</style>
</head><body>
<div class="br br1"><img src="S1805.png" alt=""></div>
<p class="br br2">横と縦で半径を変えた指定</p>
</body>
</html>
```

画像ボーダーのイメージを指定する

構文

```
border-image-source: ●;
```

● … 画像のURL

適用可能な要素　すべての要素

border-image-sourceプロパティは、ボーダーに使う画像のアドレスを指定します。

画像ボーダーを指定するときは、値にurl(画像ボーダーのURL)を指定し、画像ボーダーを指定しないときは、noneを指定します。

初期値はnoneです。

サンプルでは、div要素の画像ボーダーの画像に「border.png」を指定しています。そのため、ブラウザで表示すると、画像ボーダーとして赤紫の花が表示されることがわかります。

サンプルソース

```
<!DOCTYPE html>
<html lang="ja">
<head>中略
<style>
div { text-align: center;
border-style: solid;
border-width: 20px;
border-image-source: url(border.png);
border-image-slice: 20;
border-image-width: 20px;
border-image-repeat: repeat; }
</style>
</head><body>
<div><img src="S1806.png" alt=""></div>
<p>ボーダー画像 <img src="border_S1806.png"></p>
</body>
</html>
```

ブラウザ表示

画像ボーダーの表示位置を指定する

構文

```
border-image-slice: ●;
```

● … 画像ボーダーに使う領域を区切る
数値・パーセントもしくはfill

適用可能な要素 すべての要素

border-image-sliceプロパティは、画像ボーダーとして使う画像の領域を指定するプロパティです。領域の指定のため、上下左右4辺からのサイズを数値かパーセントで指定します。

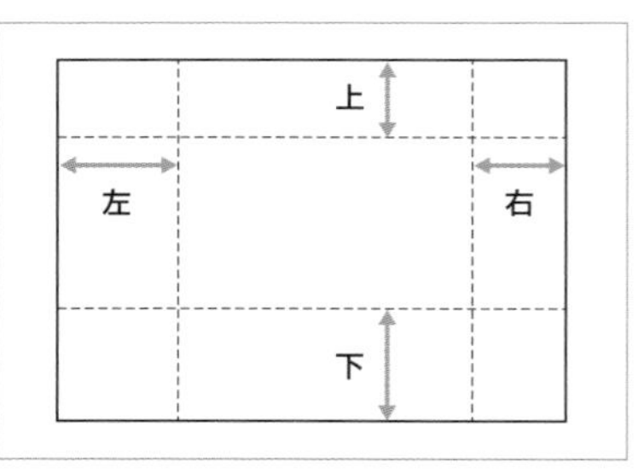

数値の場合はピクセル数、パーセンテージの場合は画像の幅・高さに対するパーセンテージを指定したことになります。

値は、ひとつから4つを指定することができます。指定する値の個数と、適用される方向の関係はborder-widthプロパティと同じです。

上記の値の後にスペースで区切って「fill」という値を指定すると、画像のボーダーに使わない部分（左の図の中央の部分）を、画像ボーダーの内側の領域の背景画像として使います。

サンプルソース

```
<!DOCTYPE html>
<html lang="ja">
<head>中略
<style>
div { text-align: center;
border-style: solid;
border-width: 20px;
border-image-source: url(border.png);
border-image-slice: 20;
border-image-width: 20px;
border-image-repeat: repeat; }
</style>
</head><body>
<div><img src="S1807.png" alt=""></div>
<p>ボーダー画像 <img src="border.png"></p>
</body>
</html>
```

画像ボーダーの太さを指定する

構文

```
border-image-width: ●;
```

● … 画像ボーダーを表示する幅／高さを示す数値もしくはauto

適用可能な要素　すべての要素

border-image-widthプロパティは、画像ボーダーを表示する際の、ボックス側の領域を指定するプロパティです。領域の指定のため、上下左右4辺からのサイズを指定します。

指定できる値は下記のとおりです。

- 長さを表す値（5pxなど）…指定した幅／高さ
- パーセント…ボーダーイメージ領域の幅／高さに対する割合
- 数値…border-widthプロパティの値に対する倍率
- auto…border-image-sliceプロパティで指定した幅／高さ

値は、ひとつから4つ指定することができます。指定する値の個数と、適用される方向の関係はborder-widthプロパティと同じです。

サンプルソース

```
<!DOCTYPE html>
<html lang="ja">
<head>中略
<style>
div { text-align: center;
border-style: solid;
border-width: 40px 20px;
border-image-source: url(border.png);
border-image-slice: 20;
border-image-width: 40px 20px;
border-image-repeat: repeat; }
</style>
</head><body>
<div><img src="S1808.png" alt=""></div>
<p>ボーダー画像 <img src="border.png"></p>
</body>
</html>
```

画像ボーダーの拡張を指定する

構文

border-image-outset: ●;

● … 画像ボーダーの拡張領域を指定する数値

適用可能な要素 すべての要素

border-image-outsetプロパティを指定すると、画像ボーダーを表示する領域を、ボーダーボックスの外に広げることができます。

値は、長さまたは数値で指定します。数値で指定した場合は、border-widthプロパティの値に対する倍率を表します。

また、値はひとつ～4つをスペースで区切って指定することができます。指定する値の個数と適用される方向の関係は、border-widthプロパティと同じです。

サンプルソース

```
<!DOCTYPE html>
<html lang="ja">
<head>中略
<style>
div { text-align: center;
border-style: solid;
border-width: 20px;
border-image-outset: 1 0;
border-image-source: url(border.png);
border-image-slice: 20;
border-image-width: 20px;
border-image-repeat: repeat; }
</style>
</head><body>
<div><img src="S1809.png" alt=""></div>
<p>ボーダー画像 <img src="border.png">
</body>
</html>
```

画像ボーダーの繰り返しを指定する

構文

```
border-image-repeat: ●;
```

● … 画像ボーダーの繰り返し方を指定するキーワード

適用可能な要素　すべての要素

border-image-repeatプロパティは、ボーダーの画像の繰り返し方法を指定するプロパティです。指定できるキーワードは以下のとおりです。

- **stretch…領域全体を覆うようにサイズ変更して描画**
- **repeat…領域全体に繰り返して描画**
- **round…繰り返す画像が切れないようにサイズ変更して描画**
- **space…繰り返す画像が切れないように間にスペースを入れて描画**

値は、ひとつまたはふたつ指定できます。

ふたつ指定した場合は、ひとつ目が横方向、ふたつ目が縦方向の繰り返し方法の指定になります。

サンプルソース

```
<!DOCTYPE html>
<html lang="ja">
<head>中略
<style>
div { text-align: center;
border-style: solid;
border-width: 20px;
border-image-source: url(border.png);
border-image-slice: 20;
border-image-width: 20px;
border-image-repeat: stretch; }
</style>
</head>
<body>
<div><img src="S1810.png" alt=""></div>
<p>ボーダー画像 <img src="border.png">
</body>
</html>
```

画像ボーダーのスタイルを一括指定する

構文

```
border-image: ● ▲ / ■ / ★ ◆;
```

- ● … 画像ボーダーの画像URL（border-image-sourceの値）
- ▲ … 画像ボーダーに使う領域を区切る数値・パーセントもしくはfill
- ■ … 画像ボーダーを表示する幅／高さを示す数値もしくはauto
- ★ … 画像ボーダーの拡張領域を指定する数値
- ◆ … 画像ボーダーの繰り返し方を指定するキーワード

適用可能な要素　すべての要素

border-imageプロパティは、border-image系のプロパティをまとめて指定する一括指定です。

各プロパティの値をスペースで区切って並べます。ただし、border-image-slice／boder-image-width／border-image-outsetプロパティの値の間は、「/」で区切ります。

サンプルソース

```
<!DOCTYPE html>
<html lang="ja">
<head>中略
<style>
div { text-align: center;
border-style: solid;
border-width: 20px;
border-image:  url(border.png) 20 / 20px
repeat;
}
</style>
</head>
<body>
<div><img src="S1811.png" alt=""></div>
<p>ボーダー画像 <img src="border.png">
</body>
</html>
```

関連　画像ボーダーのイメージを指定する（P.229）、画像ボーダーの表示位置を指定する（P.230）、画像ボーダーの太さを指定する（P.231）、画像ボーダーの拡張を指定する（P.232）、画像ボーダーの繰り返しを指定する（P.233）

ボックスの影を表示する

構文

box-shadow: ● ▲ ■ ★ ◆ ◎;

● … 水平方向の長さ
▲ … 垂直方向の長さ
■ … ぼかしの長さ
★ … ひろがりの長さ
◆ … 色
◎ … inset

適用可能な要素 すべての要素

box-shadowプロパティは、要素のボックスに影をつけます。

値として、2〜4つの長さを表す値と、色を表す値、「inset」のキーワードを、スペースで区切って指定します。

最初のふたつの値は、ボックスと影との水平／垂直方向の幅を表します。3つ目の値は、影をぼかす際の幅を表します。この値を0にすると、ぼけずにくっきりとした影になります。そして、4つ目の値は、影の広がり幅を表します。

色を省略した場合、colorプロパティで指定されている色で影がつきます。

「inset」のキーワードを指定すると、影がボックスの中にできます。指定しない場合はボックスの外にできます。

また、ここまでの値の組み合わせをコンマで区切って複数指定し、複数の影をつけることもできます。

初期値は、ボックスの影を表示させないキーワードnoneです。

サンプルソース

```
<!DOCTYPE html>
<html lang="ja">
<head>中略
<style>
.bs1 { box-shadow: 7px 10px 5px #FF9900;
text-align: center; }
.bs2 { box-shadow: 5px 5px 5px #FF9900,
10px 10px 10px 2px #FFCCFF; }
</style>
</head>
<body>
<div class="bs1"><img src="S1812.png"
alt=""></div>
<p class="bs2">こっちは影が2つあるのさー</p>
</body>
</html>
```

ブラウザ表示
僕さー
こっちは影がふたつあるのさー

関連 長さ（P.164）、カラーの値（P.165）

リストマーカーの種類を指定する

構文

list-style-type: ●;

● … リストマーカーを指定するキーワード

適用可能な要素　display プロパティの値が「list-item」になっている要素

list-style-type プロパティは、リスト項目の先頭に表示するマーカーの種類を指定するプロパティです。以下は、指定できるキーワードの抜粋です。

- disc…中黒：初期値
- circle…円
- square…四角
- decimal…連番（1、2、3、…）
- decimal-leading-zero…頭に0がつく1から始まる連番（01、02、03、…）
- lower-roman…小文字のローマ数字(i、ii、iii、…)
- upper-roman…大文字のローマ数字（I、II、III、…）
- lower-latin／lower-alpha…小文字のアルファベット（a、b、c、…、z）
- upper-latin／upper-alpha…大文字のアルファベット（A、B、C、…、Z）
- none…なし

仕様には多くのマーカーが定義されています。

https://www.w3.org/TR/css-counter-styles-3/#predefined-counters

サンプルソース

```
<!DOCTYPE html>
<html lang="ja">
<head>
<meta charset="utf-8">
<title>リストマーカーの種類</title>
<style>
ol li { list-style-type:lower-roman; }
中略 </style>
</head>
<body>
中略
<ol>
   <li>縄文杉</li>
   <li>宮之浦岳</li>
   <li>千尋の滝</li>
</ol>
</body>
</html>
```

ブラウザ表示
はやくしまって
i. 縄文杉
ii. 宮之浦岳
iii. 千尋の滝
ココ

リストマーカーの画像を指定する

構文

```
list-style-image: ●;
```

● … リストマーカーの画像URLもしくはnone

適用可能な要素 displayプロパティの値が「list-item」になっている要素

list-style-imageプロパティは、リストマーカーを画像で表示する際に使います。値にurl(画像のURL)を指定し、画像を指定しないときは、noneを指定します。初期値はnoneです。

サンプルでは、li要素のリストマーカーの画像に「list.png」を指定しています。そのため、ブラウザで表示すると、リストマーカーの画像として赤紫の花が表示されることがわかります。

サンプルソース

```
<!DOCTYPE html>
<html lang="ja">
<head>
<meta charset="utf-8">
<title>リストマーカーの画像</title>
<style>
ul li { list-style-image: url(list.png); }
中略</style>
</head>
<body>中略
<ul>
  <li>ブナの原生林</li>
  <li>白神岳</li>
  <li>鳴門滝</li>
</ul>
</body>
</html>
```

リストマーカーの位置を指定する

構文

```
list-style-position: ●;
```

● … リストマーカーの位置を指定するキーワード

適用可能な要素 displayプロパティの値が「list-item」になっている要素

list-style-positionプロパティは、リストマーカーの位置を指定するプロパティです。

指定できるキーワードは、以下のとおりです。

- **inside…リストマーカーを枠の中に表示**
- **outside…リストマーカーを枠の外に表示：初期値**

サンプルでは、「知床五湖」というテキストが入っているli要素のリストマーカーの位置を「inside」に指定しています。

そのため、ブラウザで表示すると、リストマーカーの位置が枠線の内側に表示されることがわかります。

サンプルソース

```
<!DOCTYPE html>
<html lang="ja">
<head>
<meta charset="utf-8">
<title>リストマーカーの位置</title>
<style>
ul li { border: 1px solid royalblue; } .lp-i { list-style-position: inside; }
中略</style>
</head>
<body>中略
<ul>
  <li class="lp-i">知床五湖 </li>
  <li>羅臼岳</li>
  <li>カムイワッカ湯の滝</li>
</ul>
</body>
</html>
```

リストスタイルを一括指定する

構文

```
list-style: ● ▲ ■;
```

● … リストマーカーを指定するキーワード
▲ … リストマーカーの画像URLもしくはnone
■ … リストマーカーの位置を指定するキーワード

適用可能な要素 displayプロパティの値が「list-item」になっている要素

list-styleプロパティは、list-style-type／list-style-image／list-style-positionの3つのプロパティをまとめて指定します。

それぞれのプロパティの値を指定する順序は、自由です。

なお、list-style-typeプロパティとlist-style-imageプロパティの値をどちらも指定した場合は、list-style-imageプロパティの指定が優先されます。

サンプルでは、li要素のリストマーカーの画像に「list.png」、リストマーカーの位置に「inside」を指定しています。そのため、ブラウザで表示すると、リストマーカーの画像が枠線の内側に表示されることがわかります。

サンプルソース

```
<!DOCTYPE html>
<html lang="ja">
<head>
<meta charset="utf-8">
<title>リストスタイルの一括指定</title>
<style>
ul li { list-style: url(list.png) inside;
border: 1px solid royalblue;}
中略</style>
</head>
<body>中略
<ul>
  <li>父島</li>
  <li>母島</li>
  <li>硫黄島</li>
</ul>
</body>
</html>
```

関連 リストマーカーの種類を指定する（P.236）、リストマーカーの画像を指定する（P.237）、
リストマーカーの位置を指定する（P.238）

表組の縦列の幅を固定する

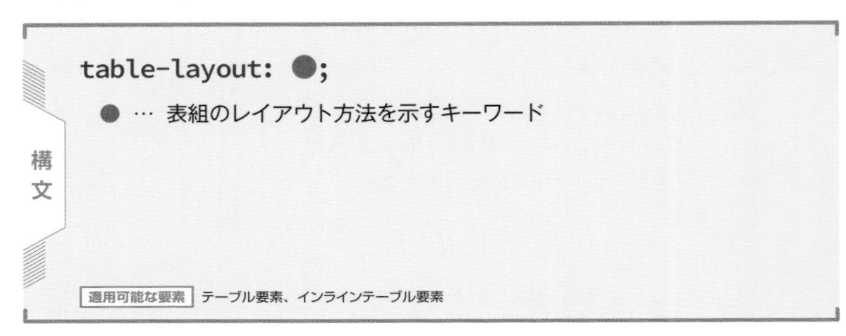

構文

```
table-layout: ●;
```

● … 表組のレイアウト方法を示すキーワード

適用可能な要素 テーブル要素、インラインテーブル要素

table-layoutプロパティは、テーブルの列幅を固定するかどうかを指定するプロパティです。

指定できるキーワードは次のとおりです。

- **fixed…widthプロパティが指定されている列はその幅。それ以外の列の幅はテーブルの残りの横幅を均等に分割。**
- **auto…widthプロパティが指定されている列はそれが最大幅。それ以外の列の幅はセルの中身の幅に応じて分配：初期値**

サンプルソース

```
<!DOCTYPE html>
<html lang="ja"><head>中略
<style>
table { table-layout: fixed; width: 300px; }
td { border: 1px solid royalblue; }
.c1 { width: 100px; }
中略</style>
</head><body>中略
<table>
<caption>練習メニュー</caption>
<tr><th class="c1">項目</th><th>回数</th></tr>
<tr><td>腕立て伏せ</td><td>123456789012345678901234567890</td></tr>
<tr><td>乱取り</td><td>1</td></tr>
</table>
</body>
</html>
```

ブラウザ表示

練習メニュー

項目	回数
腕立て伏せ	123456789012345678901234567890
乱取り	1

表組の枠線をセルごとに分離する

構文

```
border-collapse: ●;
```

● … 表組のボーダーの表示方法を指定するキーワード

適用可能な要素 テーブル要素

border-collapseプロパティは、表組のボーダーの表示方法を指定するプロパティです。

指定できるキーワードは以下のとおりです。

- separate…個々のセルにボーダーを表示：初期値
- collapse…隣り合うボーダーは1本にまとめて表示

サンプルでは、表組のセルごとの枠線を分離するかまとめるかの設定として「collapse」を指定しています。そのため、ブラウザで表示したときに、表組内で隣り合うセルの枠線がまとめて1本になっていることがわかります。

サンプルソース

```
<!DOCTYPE html>
<html lang="ja"><head>中略
<style>
table { border-collapse: collapse; }
th,td { border: 1px solid orchid; }
中略</style>
</head><body>中略
<table>
<caption>練習メニュー</caption>
<tr><th>項目</th><th>回数</th></tr>
<tr><td>四股</td><td>12345678901234567890</td></tr>
<tr><td>ぶつかり稽古</td><td>1</td></tr>
</table>
</body>
</html>
```

となり合うセルとの枠線の間隔を指定する

border-spacingプロパティは、border-collapseプロパティにseparateを指定している際に、隣接するセルのボーダーとの幅を指定するプロパティです。

値として、長さを表す値を指定します。

値はひとつもしくはふたつ指定でき、それぞれ下記のように指定されます。

- **値をひとつ指定…縦横に同じ値を指定**
- **値をふたつ指定…ひとつ目が横方向（左右に隣接するセルの間）の幅で、ふたつ目が縦方向の幅を表します**

初期値は仕様では0となっていますが、モダンブラウザの実装では2pxとなっているようです。

サンプルソース

```
<!DOCTYPE html>
<html lang="ja">
<head>中略
<style>
table { border: 1px solid green; border-spacing: 10px 20px; }
td { border: 1px solid sienna; }
中略</style>
</head>
<body>中略
<table>
<caption>練習メニュー</caption>
<tr><th>項目</th><th>回数</th></tr>
<tr><td>突き</td><td>12345678901234567890</td></tr>
<tr><td>組手</td><td>1</td></tr>
</table>
</body>
</html>
```

値が入っていないセルの表示方法を指定する

構文

```
empty-cells: ●;
```

● … 空のセルの表示方法を示すキーワード

適用可能な要素　テーブルのセルの要素

empty-cellsプロパティは、border-collapseプロパティにseparateを指定している際に、中身が空のセルに対して、ボーダーと背景を表示するかどうかを指定するプロパティです。

指定できるキーワードは以下のとおりです。

- show…中身が空のセルもボーダーと背景を表示：初期値
- hide…中身が空のセルはボーダーと背景を非表示

ブラウザ表示

サンプルソース

```
<!DOCTYPE html>
<html lang="ja">
<head>中略
<style>
table { border-collapse: separate; border: 1px solid navy; }
td { border: 1px solid red; background-color: linen; empty-cells: hide; }
中略</style>
</head><body>中略
<table>
<caption>練習メニュー</caption>
<tr><th>項目</th><th>回数</th></tr>
<tr><td>素振り</td><td>12345678901234567890</td></tr>
<tr><td>打込み稽古</td><td></td></tr>
</table>
</body>
</html>
```

表組のタイトルの表示位置を指定する

構文

```
caption-side: ●;
```

● … タイトルの表示位置を示すキーワード

適用可能な要素　テーブルのキャプションの要素

caption-sideプロパティは、テーブルのタイトルをテーブルの上下どちらに表示するかを指定するプロパティです。

指定できるキーワードは以下のとおりです。

- top…タイトルを上に表示：初期値
- bottom…タイトルを下に表示

サンプルでは、表組のタイトルの表示位置として「bottom」を指定しています。そのため、ブラウザで表示したときに、表組のタイトルが表組の下に表示されていることがわかります。

ブラウザ表示

項目	回数
素引き	12345678901234567890
巻藁	1

練習メニュー

サンプルソース

```
<!DOCTYPE html>
<html lang="ja">
<head>中略
<style>
table { border: 1px solid blue; }
td { border: 1px solid red; background-color: gold; empty-cells: hide; }
caption { caption-side: bottom; }
中略</style>
</head><body>中略
<table>
<caption>練習メニュー</caption>
<tr><th>項目</th><th>回数</th></tr>
<tr><td>素引き</td><td>12345678901234567890</td></tr>
<tr><td>巻藁</td><td>1</td></tr>
</table>
</body>
</html>
```

ボックスの幅と高さを指定する

構文

```
width: ●;
height: ▲;
```

● … 幅を示す数値またはauto
▲ … 高さを示す数値またはauto

適用可能な要素　すべての要素
※ width: 非置換インライン要素／テーブルの行／テーブルの行グループを除く
※ height: 非置換インライン要素／テーブルの列／テーブルの列グループを除く

widthプロパティとheightプロパティは、通常は内容の幅と高さを指定するプロパティです。ただし、非置換インライン要素では、width／heightともに指定することができません。

幅／高さともに、長さを表す値（10pxなど）か、パーセントで指定します。

パーセントで指定した場合、親要素の幅／高さに対する割合を指定したことになります。ただし、置換インライン要素では、その要素自身の幅／高さに対する割合になります。

また、値としてautoを指定することもできます。この場合は、状況に応じて自動的に幅／高さが計算されます。

サンプルソース

```
<!DOCTYPE html>
<html lang="ja">
<head>
<meta charset="utf-8">
<title>ボックスの幅と高さ</title>
<style>
p { width: 300px; height: 60px;
background-color: coral; }
中略
</style>
</head>
<body>
中略
<p>お前の流した涙を受けるボックス</p>
</body>
</html>
```

ブラウザ表示
愚か者よ～
お前の流した涙を受けるボックス

ボックスの内側の余白を指定する

構文

```
padding: ●;
padding-top: ●;
padding-left: ●;
padding-right: ●;
padding-bottom: ●;
```

● … 余白の数値

適用可能な要素 すべての要素

padding-topなどのpadding系のプロパティは、div要素などで作られるボックスの内側の余白を指定するプロパティです。

「-top」「-bottom」「-left」「-right」がないpaddingプロパティは、4方向の余白をまとめて指定します。

値はひとつから4つ指定することができ、値の数と余白の方向の関係は、右のとおりです。

指定する値は、長さを表す値（10pxなど）や、パーセントです。パーセントを指定した場合は、そのボックスを含むボックスの幅や高さに対する割合を表します。

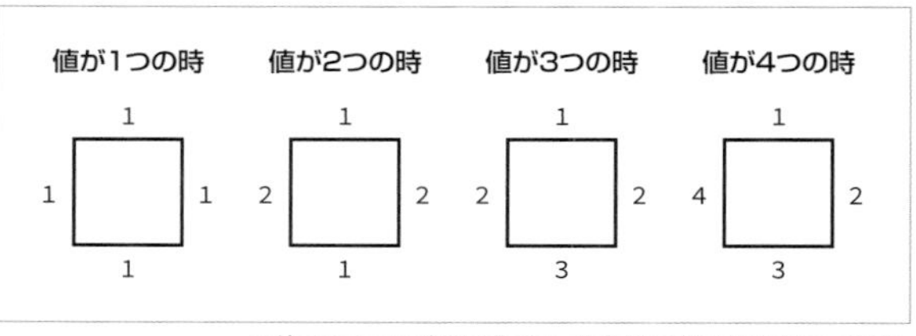

※枠の周りの番号は指定した数値の順序に対応します。

サンプルソース

```
<!DOCTYPE html>
<html lang="ja">
<head>
<meta charset="utf-8">
<title>ボックスの内側の余白</title>
<style>
p { border: 3px dotted crimson;
background-color: bisque; display: inline-
block; }
.p1 { padding: 10px; }
.p2 { padding: 20px 10px 30px; }
中略</style>
</head>
<body>中略
<p class="p1">小さくなったり</p>
<p class="p2">大きくなったり</p>
</body>
</html>
```

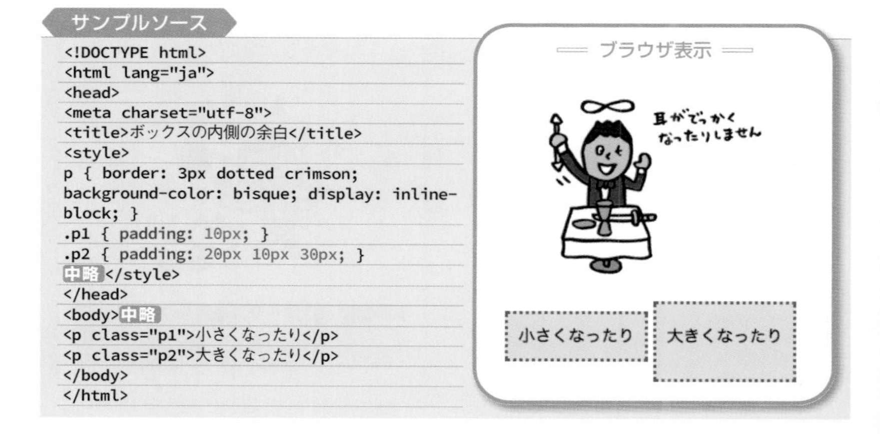

ボックスの外側の余白を指定する

構文

```
margin: ●;
margin-top: ●;
margin-left: ●;
margin-right: ●;
margin-bottom: ●;
```

● … 余白の数値

適用可能な要素　すべての要素

margin-topなどのmargin系のプロパティは、div要素などで作られる枠の周辺の余白を指定するプロパティです。

「-top」「-bottom」「-left」「-right」がないmarginプロパティは、4方向の余白をまとめて指定します。値はひとつから4つ指定することができ、値の数と余白の方向の関係は、paddingプロパティと同じです。

指定する値は、長さを表す値（10pxなど）や、パーセントです。パーセントを指定した場合は、そのボックスを含むボックスの幅や高さに対する割合を表します。

また、margin系のプロパティでは、値としてautoを指定することができます。ブロックコンテナ要素に対して幅を指定すると同時に、margin-left・margin-rightプロパティにautoを指定すると、センタリングされます。

一方、margin-top／margin-bottomプロパティにautoを指定すると、0を指定したのと同じになります。

サンプルソース

```
<!DOCTYPE html>
<html lang="ja">
<head>中略
<style>
body{ margin: 0; padding: 0; }
p { border: 3px dotted black; width: 200px; background-color: #ccffff; }
.m1 { margin: 20px 40px; }
.m2 { margin: 0 auto; }
中略</style>
</head>
<body>
中略
<p class="m1">野暮なこと言わずに</p>
<p class="m2">スマートに飲みみたいね</p>
</body>
</html>
```

ブラウザ表示

野暮なこと言わずに

スマートに飲みみたいね

ボックスの配置方法を指定する

構文

```
position: ●;
```

● … 配置方法を指定するキーワード

適用可能な要素　すべての要素

positionプロパティは、div要素などで作られるボックスの配置方法を指定するプロパティです。positionプロパティに指定する値によって、以下のように配置方法が決まります。

- **static**

通常のレイアウトの流れに沿ってボックスが配置されます。left／right／top／bottomの各プロパティの値は適用されません。

- **relative**

通常の流れに沿ってレイアウトしたときのボックスの左上を基準に、相対的な位置にボックスが配置されます。

- **absolute**

絶対的な位置にボックスが配置されます。対象の枠を含む親の枠のpositionプロパティの値によって、以下のように配置されます。

親の枠がstatic以外の場合 → 親の枠の左上が基準
親の枠がstaticの場合 → ブラウザの左上が基準

- **fixed**

ブラウザの左上を基準に、絶対的な位置にボックスが配置されます。画面をスクロールしても、その要素はスクロールせずに位置が固定されたままになります。

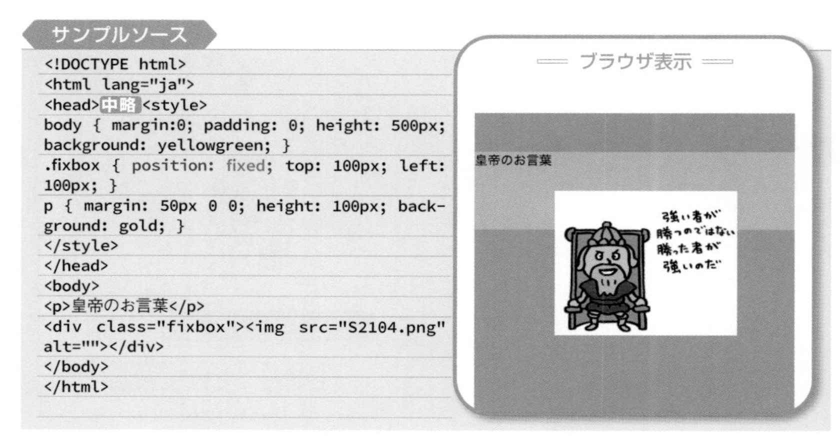

サンプルソース

```
<!DOCTYPE html>
<html lang="ja">
<head>中略<style>
body { margin:0; padding: 0; height: 500px;
background: yellowgreen; }
.fixbox { position: fixed; top: 100px; left:
100px; }
p { margin: 50px 0 0; height: 100px; back-
ground: gold; }
</style>
</head>
<body>
<p>皇帝のお言葉</p>
<div class="fixbox"><img src="S2104.png"
alt=""></div>
</body>
</html>
```

ボックスの配置位置を指定する

構文

```
top: ●;
left: ●;
right: ●;
bottom: ●;
```

● … 位置を指定する数値もしくはauto

適用可能な要素　すべての要素

left／right／top／bottomプロパティは、対象ボックスの位置を、基準の位置からの長さで指定するプロパティです。値の初期値は、位置を指定していないことを示すautoです。

これらのプロパティは、positionプロパティがstatic以外のときに利用できます。

left／topプロパティで、対象ボックスの左上の位置を、基準となるボックスの左上からの長さで指定します。また、right／bottomプロパティで、ボックスの右下の位置を、基準のボックスの右下からの長さで指定します。

これらのプロパティにパーセントを指定した場合は、親ボックスの幅や高さに対する割合を指定したことになります。

サンプルソース

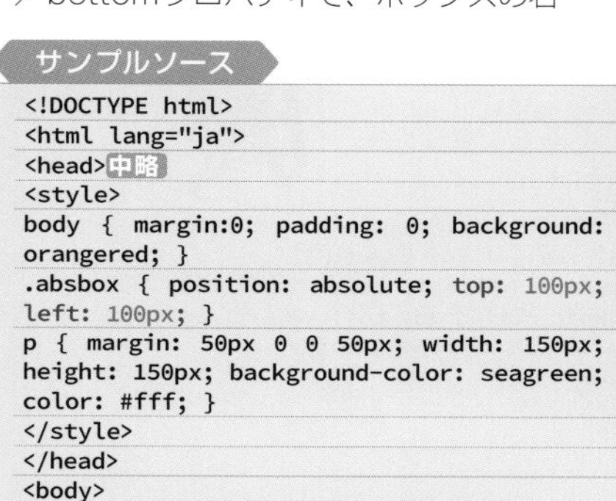

```
<!DOCTYPE html>
<html lang="ja">
<head>中略
<style>
body { margin:0; padding: 0; background: orangered; }
.absbox { position: absolute; top: 100px; left: 100px; }
p { margin: 50px 0 0 50px; width: 150px; height: 150px; background-color: seagreen; color: #fff; }
</style>
</head>
<body>
<div class="absbox"><img src="S2105.png" alt=""></div>
<p>プレゼントをくれっ</p>
</body>
</html>
```

ブラウザ表示

ボックスの重ね順を指定する

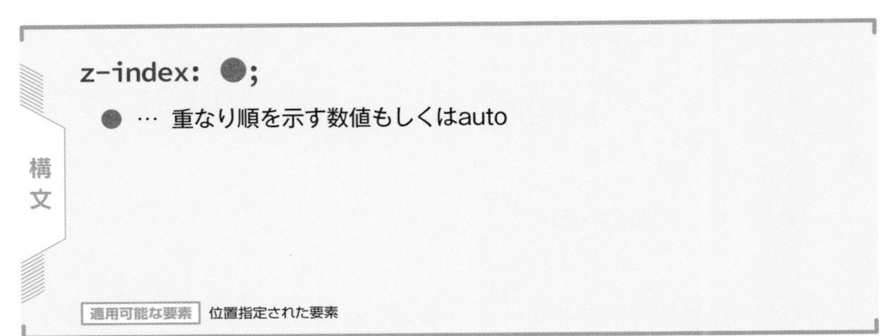

構文
z-index: ●;
● … 重なり順を示す数値もしくはauto
適用可能な要素 位置指定された要素

複数の要素を位置指定すると、要素同士が重なり合うこともあります。

その場合には、z-indexプロパティで要素の重なる順序を指定することができます。値として整数を指定します。初期値はautoです。

値が大きいほど、他の要素より上に重なります。

サンプルでは、「でーるぞっ」のdiv要素、「のめりこめっ」のdiv要素、イラストが入っているdiv要素のそれぞれの重なり順を「2」「1」「3」に指定しています。そのため、ブラウザで表示したときに、イラストが一番上、次に「でーるぞっ」、一番下に「のめりこめっ」が表示されていることがわかります。

サンプルソース

```
<!DOCTYPE html>
<html lang="ja"><head>中略<style>
div { height: 100px; position: absolute; text-align: right; }
.d1 { z-index: 2; width: 100px; background: darkkhaki; left: 50px; top: 50px; }
.d2 { z-index: 1; width: 200px; background: olivedrab; left: 80px; top: 80px; }
.d3 { z-index: 3; background: khaki; left: 120px; top: 130px; }
</style></head><body>
<div class="d1">でーるぞっ</div>
<div class="d2">のめりこめっ</div>
<div class="d3"><img src="S2106.png" alt=""></div>
</body>
</html>
```

ボックスの回り込みを指定する

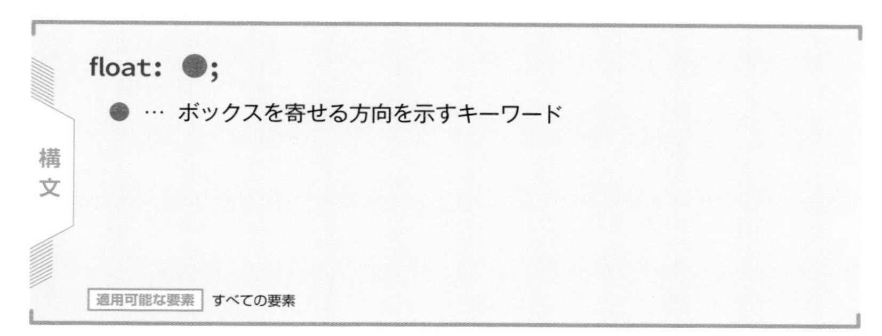

floatプロパティは、ボックスを現在の行の左端または右端に寄せる際に使います。

float: ●;
● … ボックスを寄せる方向を示すキーワード
構文
適用可能な要素 すべての要素

指定できるキーワードは以下のとおりです。

- **left…ボックスを左に寄せる**
- **right…ボックスを右に寄せる**
- **none…ボックスを左右に寄せない：初期値**

また、floatプロパティのnone以外の値が指定されている要素が出現すると、その後の要素は影響を受けてレイアウトされます。通常のコンテンツは、フロートしているコンテンツをよけるように配置されます。

ただし、絶対配置指定されている要素には、floatプロパティを適用することはできません。

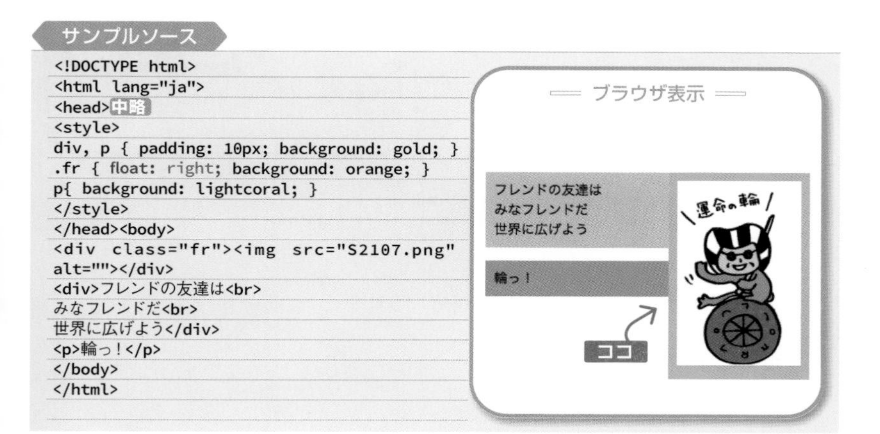


```
<!DOCTYPE html>
<html lang="ja">
<head>中略
<style>
div, p { padding: 10px; background: gold; }
.fr { float: right; background: orange; }
p{ background: lightcoral; }
</style>
</head><body>
<div class="fr"><img src="S2107.png"
alt=""></div>
<div>フレンドの友達は<br>
みなフレンドだ<br>
世界に広げよう</div>
<p>輪っ！</p>
</body>
</html>
```

ボックスの回り込み解除を指定する

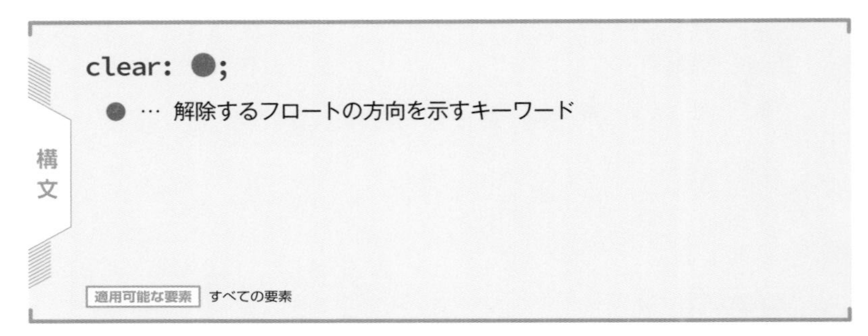

構文

```
clear: ●;
```

● … 解除するフロートの方向を示すキーワード

適用可能な要素　すべての要素

clearプロパティは、floatプロパティで作られるフロートの状態を解除して、通常の流れに戻します。

指定できる値は下記のとおりです。

- **left…「float: left」のフロートを解除**
- **right…「float: right」のフロートを解除**
- **both…「float: left」と「float: right」の両方のフロートを解除**
- **none…フロートを解除しない：初期値**

サンプルでは、「できました」というテキストが入っているp要素に回りこみ解除の指定をしています。そのため、ブラウザで表示したときに、「できました」の枠が、画像の入っている枠の下に表示されます。

ブラウザ表示
やりましょう
孫さんの
話をしよう
ココ
できました

サンプルソース

```
<!DOCTYPE html>
<html lang="ja">
<head>中略
<style>
div { padding: 10px; background-color: lightgrey; }
.fr { float: right; background-color: slateblue; }
p { clear: both; padding: 10px; background-color: lightpink; }
</style>
</head>
<body>
<div class="fr"><img src="S2108.png" alt=""></div>
<div>やりましょう</div>
<p>できました</p>
</body>
</html>
```

ボックスからはみ出た内容の表示方法を指定する

構文

```
overflow: ●;
overflow-x: ●;
overflow-y: ●;
```

● … フローした内容の表示方法を示すキーワード

適用可能な要素　非置換ブロック要素／非置換インラインブロック要素
（エンベデッド・コンテンツ、type 属性値が image の input 要素、area 要素などには適用できません）

overflowプロパティは、幅や高さを指定しているボックスの内容が、ボックスからはみ出してしまうときに、その表示方法を指定するプロパティです。

指定できるキーワードは以下のとおりです。

- visible…はみ出した部分もそのまま表示する：初期値
- hidden…はみ出した部分は表示しない
- scroll…スクロールバーでスクロールして見られるように表示する
- auto…ユーザーエージェントに依存

overflowプロパティは、縦と横のそれぞれの表示方法を別々に指定することはできませんが、overflow-x／overflow-yを利用すれば別々に指定できます。

overflow-xプロパティは上記のキーワードを、横にはみ出す場合の表示方法として指定します。

また、overflow-yプロパティは上記のキーワードを、縦にはみ出す場合の表示方法として指定します。

サンプルソース

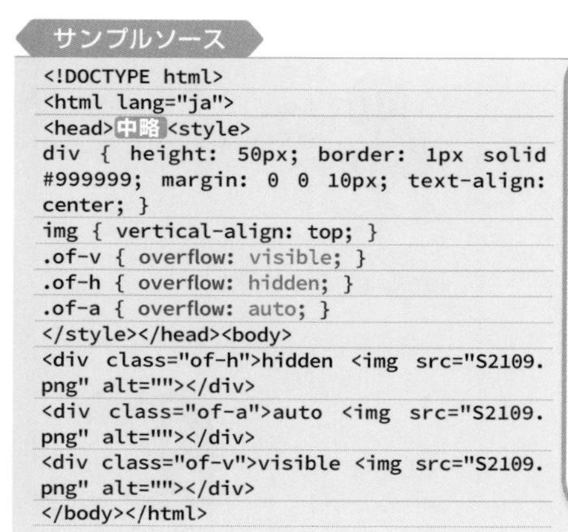

```
<!DOCTYPE html>
<html lang="ja">
<head>中略<style>
div { height: 50px; border: 1px solid #999999; margin: 0 0 10px; text-align: center; }
img { vertical-align: top; }
.of-v { overflow: visible; }
.of-h { overflow: hidden; }
.of-a { overflow: auto; }
</style></head><body>
<div class="of-h">hidden <img src="S2109.png" alt=""></div>
<div class="of-a">auto <img src="S2109.png" alt=""></div>
<div class="of-v">visible <img src="S2109.png" alt=""></div>
</body></html>
```

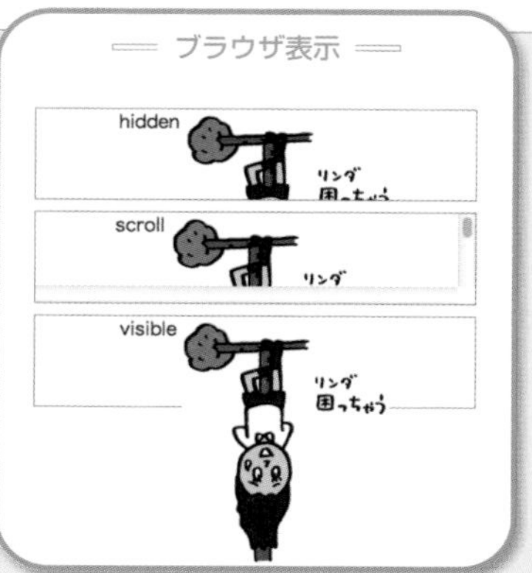

21 表示と配置

ボックスの切り抜きを指定する

構文

```
clip: ●;
```

● … rect(切り抜く範囲の数値指定)もしくはnone

適用可能な要素 絶対位置指定（position: absolute;）された要素

clipプロパティは、絶対位置指定された要素のボックスを、部分的に切り抜く働きをします。

指定できるキーワードは以下のとおりです。

- auto…切り抜かない：初期値
- rect()…四角く切り抜く

rectの括弧の中には、上→右→下→左の順に、4つの値をコンマで区切って指定します。rectでは、切り抜く範囲の左上と右下の位置を、ボックスの左上を基準として指定する形になります。

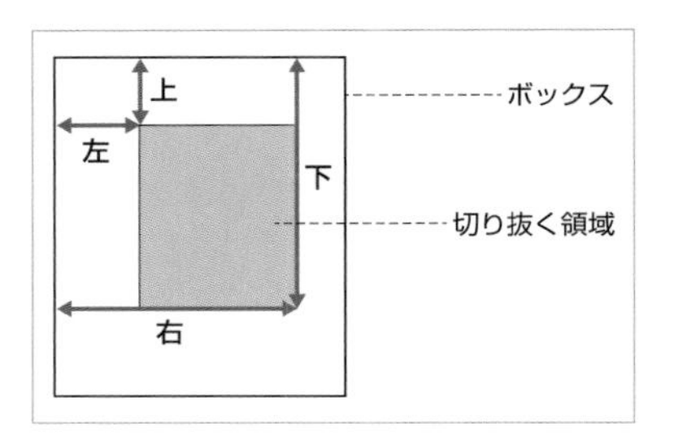

4つの幅は、長さを表す値かパーセントで指定します。パーセントの場合は、ボックスの幅や高さに対する割合を指定したことになります。

21 » 表示と配置

サンプルソース

```
<!DOCTYPE html>
<html lang="ja">
<head>中略
<style>
.c { position: absolute; clip: rect(40px,
130px, 150px, 0); right: 0; bottom: 0; }
</style>
</head>
<body>
<div><img src="S2110.png" alt=""></div>
<div class="c"><img src="S2110.png"
alt=""></div>
<p>右がclipプロパティ適用状態。</p>
</body>
</html>
```

ブラウザ表示

ボックスの種類を指定する

構文

```
display: ●;
```

● … 要素の表示方法を示すキーワード

適用可能な要素 すべての要素

displayプロパティは、要素によって生成されるボックスの種類を指定するプロパティです。

指定できるキーワードは以下のとおりです。

- **none…ボックスを生成しない**
- **inline…インライン**
- **block…ブロックコンテナ**
- **list-item…リストの項目（li要素）**
- **inline-block…インラインブロック（対象の要素自身はインライン要素のように振る舞うものの、要素の中身のレイアウトはブロック要素と同じ方法で行われる）**
- **table…テーブル**
- **inline-table…インラインテーブル（対象の要素自身はインライン要素のように振る舞うものの、要素の中身のレイアウトはテーブルと同じ方法で行われる）**
- **table-caption…テーブルのキャプション**
- **table-header-group…テーブルのヘッダーグループ**
- **table-footer-group…テーブルのフッターグループ**
- **table-row-group…テーブルの行グループ**
- **table-column-group…テーブルの列グループ**
- **table-row…テーブルの行**
- **table-column…テーブルの列**
- **table-cell…テーブルのセル**
- **flex…フレキシブルボックス**（263ページ参照）
- **inline-flex…インラインのフレキシブルボックス**（263ページ参照）
- **grid…グリッドコンテナ**（269ページ参照）
- **inline-grid…インラインのグリッドコンテナ**（269ページ参照）

初期値は要素によって異なります。

- **table系の値**

displayプロパティにtable系の値を指定することで、テーブル系以外の要素をテーブルのように表示することもできます。

サンプルでは、「エルメスが好き」というテキストのdiv要素とイラストの入っているdiv要素のボックスの種類として

「inline」を指定しています。そのため、ブラウザで表示したときに、ふたつのdiv要素が隣り合っていることがわかります。

また、「ヴィトンも」「ディオールも」というテキストを含むdiv要素のボックスの種類として「inline-block」を指定しています。そのため、ブラウザで表示したときに、その部分が「あと」「好きよ」というテキストの横に並び、「ヴィトンも」「ディオールも」は縦に並ぶことがわかります。

サンプルソース

```
<!DOCTYPE html>
<html lang="ja"><head>中略<style>
.d-i { display: inline; color: orange; }
.d-ib { display: inline-block; color: darkgoldenrod; }
img { vertical-align: middle; }
中略
</style></head><body>
<div>
<div class="d-i">エルメスも好きよ </div>
<div class="d-i"><img src="S2111.png" alt=""></div>
</div>
<div>あと
<div class="d-ib">
<div>ヴィトンも</div>
<div>ディオールも</div>
</div>
好きよ</div>
</body>
</html>
```

ブラウザ表示

文字が並ぶ方向を指定する

構文

```
direction: ●;
unicode-bidi: ▲;
```

● … テキストとインライン要素が並ぶ方向を示すキーワード
▲ … 文字が並ぶ方向を変更するかどうか示すキーワード

適用可能な要素 すべての要素

directionプロパティは、要素内のテキストとインライン要素が並ぶ方向を指定します。

指定できるキーワードは以下のとおりです。

- ltr…左から右の方向を指定：初期値
- rtl…右から左の方向を指定

unicode-bidiプロパティは、文字の方向を指定したり、本来の方向を上書きしたりする際に使います。

指定できるキーワードは以下のとおりです。

- normal…通常通りの表示：初期値
- embed…対象の要素がインライン要素のときのみ、文字方向の指定を追加します。方向はdirectionプロパティで指定します。
- bidi-override…対象の要素がインライン要素である場合は、文字方向の指定を上書きします。また、対象の要素がブロックコンテナであれば、その要素内にあるインライン要素の文字方向を上書きします。方向はdirectionプロパティで指定します。

サンプルソース

```
<!DOCTYPE html>
<html lang="ja">
<head>
<meta charset="utf-8">
<title>文字が並ぶ方向</title>
<style>
.d1 { direction: ltr; background: seagreen; }
.d2 { direction: rtl; unicode-bidi: bidi-override; background: red; }
中略 </style>
</head>
<body>
中略
<p class="d1">ライダーキック</p>
<p class="d2">ライダーキック</p>
</body>
</html>
```

ボックスの表示・非表示を指定する

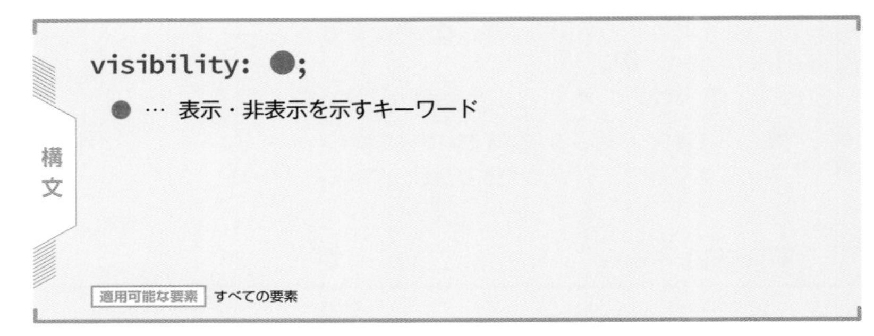

構文

```
visibility: ●;
```

● … 表示・非表示を示すキーワード

適用可能な要素　すべての要素

visibilityプロパティは、ボックスの表示・非表示を指定するプロパティです。

指定できるキーワードは以下のとおりです。

- visible…表示する：初期値
- hidden…非表示にする

visibilityプロパティで非表示にしても、ボックスは配置されているため、その部分にはスペースができます。

サンプルでは、「ル」というテキストを非表示に指定しています。そのため、ブラウザで表示したときに、その部分が1文字分空白になっていることがわかります。

サンプルソース

```
<!DOCTYPE html>
<html lang="ja">
<head>中略
<style>
span { visibility: hidden; }
中略</style>
</head>
<body>中略
<p>下の文章の空白に共通するカタカナを答えなさい。<br>
すべてはオー<span>ル</span>で、手紙はメー<span>ル</span>、<br>
指パッチンはポー<span>ル</span>だ。<br>
そして、おれがルー<span>ル</span>だ。</p>
</body>
</html>
```

ブラウザ表示

下の文章の空白に共通するカタカナを答えなさい。
すべてはオー　で、手紙はメー　、
指パッチンはポー　だ。
そして、おれがルー　だ。

行内のテキストや要素の縦の揃えを指定する

構文

```
vertical-align: ●;
```

● … 上下の表示位置を示すキーワード

適用可能な要素 インライン要素およびテーブルセル要素

vertical-alignプロパティは、インライン要素およびテーブルセル要素（th／td要素）の、縦方向の配置を指定します。指定できるキーワードは以下のとおりです。

- baseline…親要素のベースライン：初期値
- middle…親要素のミドルライン
- top…行ボックスの上端
- bottom…行ボックスの下端
- sub…親要素の下付き文字のベースライン
- super…親要素の上付き文字のベースライン
- text-top…親要素のフォントの上端
- text-bottom…親要素のフォントの下端
- パーセント…親要素のベースラインを基準に、line-heightプロパティの高さにパーセントを掛けた値だけ上下する（プラスの値を指定すると上に移動）
- 長さ…親要素のベースラインを基準に、指定した長さだけ上下する

テーブルセル要素では、baseline、middle、top、bottom、パーセント、長さのみ指定できます。

ブラウザ表示

サンプルソース

```
<!DOCTYPE html>
<html lang="ja"><head>中略<style>
p { font-size: 48px; background: orangered; line-height: 1; }
p>span { font-size: 36px; background: gold;}
p>span>span { font-size: 12px; background: black; color: white; }
.v-t { vertical-align: top; }
.v-b { vertical-align: bottom; }
中略</style></head><body>中略
<p>辛<span>い！<span>baseline</span></span></p>
<p>うま<span>い！<span class="v-t">top</span></span></p>
<p>もう<span>一本！<span class="v-b">bottom</span></span></p>
</body>
</html>
```

画像等をボックスにフィットさせる

構文

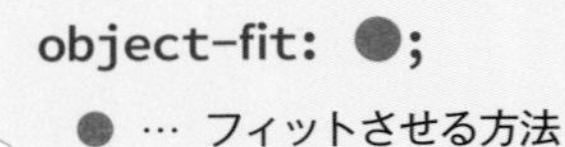

● … フィットさせる方法

適用可能な要素 置換インライン要素

object-fitプロパティは、高さと幅が指定された置換インライン要素で、その中のコンテンツ（画像等）を拡大／縮小して、ボックスにフィットさせる方法を指定します。下表の値で拡大／縮小方法を指定します。

サンプルは、200×200ピクセルの画像を、160×120ピクセルのimg要素に表示する際に、object-fitプロパティで拡大／縮小を行う例です。それぞれの値の動作を、表と見比べてみてください。

値	拡大／縮小方法
fill	要素のボックスいっぱいに表示されるように拡大／縮小します。
contain	縦横比を保ったまま、ボックス内に表示できる最大の大きさになるように拡大／縮小します。
cover	縦横比を保ったまま、ボックスの全領域を使って表示するように拡大／縮小します。ボックスからはみ出す部分は表示されません。
none	拡大／縮小を行いません。
scale-down	中身がボックスより小さければ、そのままの大きさで表示します（noneと同じ）。
	ボックスより大きければ、縮小してボックス内に表示できる最大のサイズにします（containと同じ）。

サンプルソース

```
<!DOCTYPE html>
<html lang="ja"><head>中略
<style>
td img { width: 160px; height: 120px;
overflow: hidden; }
.of-fill { object-fit: fill; }
.of-contain { object-fit: contain; }
.of-cover { object-fit: cover; }
.of-none { object-fit: none; }
</style>
</head>
<body>
<p>元の画像 <img src="S2115.png"></p>
<table border="1">
<tr><th>fill</th><th>contain</th><th>cover</th><th>none</th></tr>
<tr><td><img src="S2115.png" class="of-fill" /></td><td><img src="S2115.png"
class="of-contain" /></td><td><img src="S2115.png" class="of-cover" /></td><t-
d><img src="S2115.png" class="of-none" /></td></tr>
</table>
</body>
</html>
```

ブラウザ表示

元の画像 

画像等のボックス内での位置を指定する

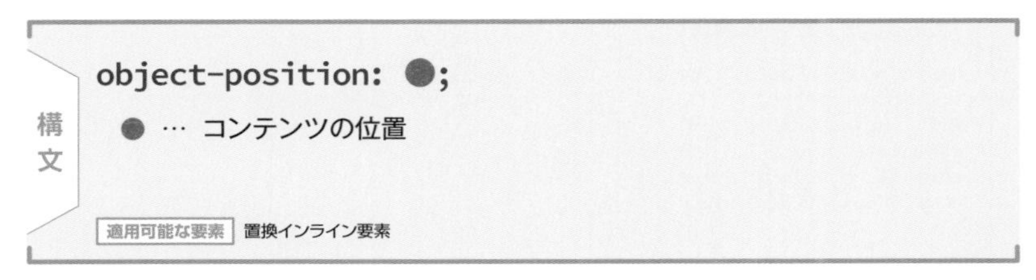

object-positionプロパティは、置換インライン要素のボックス内での、コンテンツ(画像等)の位置を指定するプロパティです。

background-positionプロパティと同様の方法で指定します(212ページ参照)。

構文
object-position: ●;
● … コンテンツの位置
適用可能な要素 置換インライン要素

サンプルはobject-positionプロパティの動作を確認する例です。

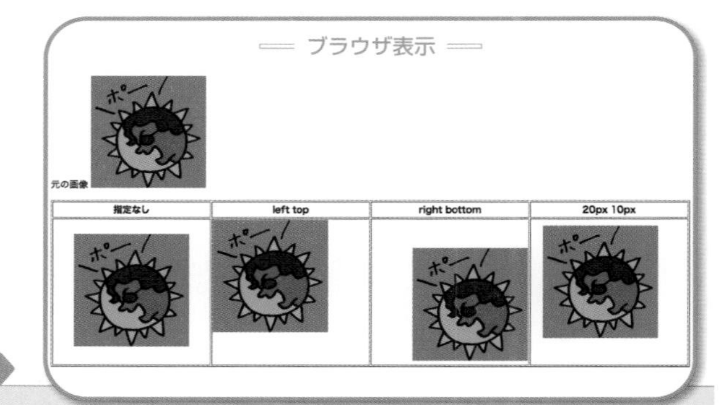

サンプルソース

```
<!DOCTYPE html>
<html lang="ja"><head>中略
<style>
td img { width: 270px; height: 250px; object-fit: none; }
.op-left-top { object-position: left top;}
.op-right-bottom { object-position: right bottom; }
.op-20px-10px { object-position: 20px 10px; }
</style>
</head>
<body>中略
<table border="1">
<tr><th>指定なし</th><th>left top</th><th>right bottom</th><th>20px 10px</th></tr>
<tr><td><img src="S2116.png" /></td><td><img src="S2116.png" class="op-left-top" /></td><td><img src="S2116.png" class="op-right-bottom" /></td><td><img src="S2116.png" class="op-20px-10px" /></td></tr>
</table></body></html>
```

フレックスレイアウトの基本

構文

```
display: ●;
```

● … flexまたはinline-flex

適用可能な要素 すべての要素

フレックスレイアウト（flex layout）を使うと、要素を複数カラムにレイアウトしたり、HTMLの順序と表示の順序を分離したりなど、柔軟なレイアウトを行うことができます。

フレックスレイアウトでは、そのための入れ物となる要素をまず生成し、その中にレイアウトしたい子要素を入れていきます。入れ物となる要素のことを、「フレックスコンテナ」（flex container）と呼びます。また、子要素を「フレックスアイテム」（flex items）と呼びます。

フレックスコンテナ（親要素）

フレックスアイテム（子要素）	フレックスアイテム（子要素）	フレックスアイテム（子要素）

フレックスコンテナを生成するには、対象の要素でdisplayプロパティに「flex」または「inline-flex」を指定します。

「flex」を指定すると、その要素自体はブロックコンテナのようにレイアウトされます。

一方、「inline-flex」を指定すると、その要素自体はインライン要素のようにレイアウトされます。

サンプルはこの後の各節を参照してください。

フレックスアイテムの並べ方を指定する

構文

```
flex-direction: ●;
flex-wrap: ▲;
flex-flow: ● ▲;
```

● … フレックスアイテムの並び方を指定するキーワード
▲ … フレックスアイテムの折り返し方法を指定するキーワード

適用可能な要素 フレックスコンテナ

フレックスコンテナ内のフレックスアイテムの並べ方を指定するプロパティとして、flex-direction／flex-wrap／flex-flowの各プロパティがあります。

• flex-directionプロパティ

flex-directionプロパティは、フレックスコンテナの中に、フレックスアイテムを並べる方向や順序を指定するプロパティです。下表の値で並べ方を指定します。

値	フレックスアイテムの並び方	一般的な並び順
row	文字が並ぶ方向と同じ方向	左→右の横並び
row-reverse	文字が並ぶ方向と逆の方向	右→左の横並び
column	ブロックが並ぶ方向と同じ方向	上→下の縦並び
column-reverse	ブロックが並ぶ方向と逆の方向	下→上の縦並び

• flex-wrapプロパティ

flex-wrapプロパティは、フレックスコンテナの中に多数のフレックスアイテムを入れる場合に、複数行に折り返して表示するかどうかを指定するプロパティです。下表の値で折り返し方法を指定します。

値	フレックスアイテムの折り返し方法
nowrap	折り返さない
wrap	折り返す （横並びなら、折り返した次のフレックスアイテムは下の行にレイアウトされる）
wrap-reverse	折り返した行を wrap とは逆の順に並べる （横並びなら、折り返した次のフレックスアイテムは上の行にレイアウトされる）

• flex-flowプロパティ

flex-flowプロパティは、flex-directionプロパティとflex-wrapプロパティをまとめて指定するショートハンドです。両プロパティの値をスペースで区切って指定します。

サンプルは、1～6の数字が入った100×100ピクセルのボックス6個を、300×200ピクセルのフレックスコンテナの中に並べる例です。

サンプルソース

```
<!DOCTYPE html>
<html lang="ja"><head>中略
<style>
.fc { display: flex; flex-flow: row wrap; width: 300px; height: 200px; margin: 0 auto;}
.fi { width: 98px; height: 98px; border: 1px solid #999999; font-size: 36px; }
.even { background-color: #cccccc; }
.odd { background-color: #ffffff; }
中略</style>
</head>
<body>中略
<div class="fc">
   <div class="fi odd">1</div><div class="fi even">2</div><div class="fi odd">3</div><div class="fi even">4</div><div class="fi odd">5</div><div class="fi even">6</div>
</div>
</body>
</html>
```

ブラウザ表示

1	2	3
4	5	6

フレックスアイテムの伸縮方法を指定する

構文

```
flex-basis: ●;
flex-grow: ▲;
flex-shrink: ▲;
flex: ▲ ▲ ●;
```

● … 基準の幅を表す数値またはauto

▲ … 幅の分配度合いを表す数値

適用可能な要素 フレックスアイテム

フレックスアイテムは、フレックスコンテナのサイズに応じて伸縮させることができます。flex-basis／flex-grow／flex-shrink／プロパティで、伸縮のパラメータを指定します。

また、これら3つのプロパティをまとめて指定するショートハンドとして、flexプロパティがあります。

• flex-basisプロパティ

flex-basisプロパティは、フレックスアイテムの基準の幅を指定するプロパティです。長さを表す値か、パーセントを指定します。パーセントの場合、フレックスコンテナの幅に対する割合を指定したことになります。

また、値として「auto」を指定すると、フレックスアイテムのwidthプロパティの値が使われます。

• flex-growプロパティ

フレックスコンテナの幅が十分に広くて、各フレックスアイテムのflex-basisプロパティの合計を上回っている場合、余った余白を個々のフレックスアイテムに分配します。その際の分配の度合いを数値で指定します。

flex-growプロパティの値がx（xは0以上の数値）のフレックスアイテムは、値が1のフレックスアイテムに比べて、x倍の余白が分配されます。値を0にすると、そのフレックスアイテムには余白は分配されません（＝幅が固定になります）。

例えば、3つのフレックスアイテムがあって、それぞれのflex-growプロパティの値が0／1／2の場合、余白は0：1：2の比で分配されます。ひとつ目のフレックスアイテムは幅が固定になります。

• flex-shrinkプロパティ

フレックスコンテナの幅が狭くて、各フレックスアイテムのflex-basisプロパティの合計値を下回っている場合は、個々のフレックスアイテムの幅を縮めて、フレックスコンテナに収まるように表示されます。その際の、幅を縮める度合いを数値で指定します。

flex-shrinkプロパティの値がx（xは0以上の数値）のフレックスアイテムは、値が1のフレックスアイテムに比べて、x倍の幅が縮められます。値を0にすると、そのフレックスアイテムは幅が固定になります。

例えば、3つのフレックスアイテムがあって、それぞれのflex-shrinkプロパティの値が0／1／2の場合、0：1：2の比で幅が縮められます。ひとつ目のフレックスアイテムは幅が固定になります。

• **flexプロパティ**

flexプロパティは、ここまでの3つのプロパティをまとめて指定するショートハンドです。flex-grow→flex-shrink→flex-basicの順に指定します。flex-grow／flex-shrinkプロパティの値を省略すると、1を指定したのと同じ動作になります。また、flex-basisプロパティの値を省略すると、0を指定したのと同じ動作になります。

サンプルは左右のサイドバーとコンテンツ部分がある3カラムレイアウトで、コンテンツ部分の幅を可変にする例です。サイドバーではflex-grow／flex-shrinkプロパティの値を0にして、幅を固定にします。一方、コンテンツ部分ではflex-grow／flex-shrinkプロパティの値を1にして、余った余白をすべて分配する（＝コンテンツ部分だけ幅が伸縮する）ようにします。

また、フレックスコンテナでは、min-widthプロパティに600pxを指定して、最大幅を600ピクセルにしています。

サンプルソース

```
<!DOCTYPE html>
<html lang="ja"><head>中略
<style>中略
#container { display: flex; min-width: 600px; height: 100px; }
#left-sidebar, #right-sidebar { width: 150px; flex: 0 0 auto; background-color:
#ffff66; }
#content { width: 300px; flex: 1 1 auto; background-color: #66ffff; }
中略</style>
</head>
<body>中略
<div id="container">
  <div id="left-sidebar">左サイドバー</div>
  <div id="content">コンテンツ</div>
  <div id="right-sidebar">右サイドバー</div>
</div>
</body>
</html>
```

ブラウザ表示

ビューポートの幅：800 px。コンテンツ部分の幅が伸びている。

ブラウザ表示

ビューポートの幅：500 px。フレックスコンテナの幅の最小値は600 pxなので、右サイドバーが途中まで表示される。

フレックスアイテムの順序を指定する

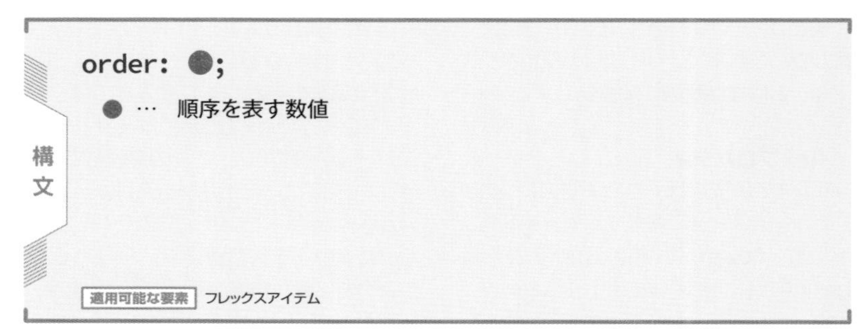

構文

```
order: ●;
```

● … 順序を表す数値

適用可能な要素　フレックスアイテム

フレックスアイテムは、通常はHTMLで出現した順にレイアウトされます。しかし、orderプロパティを指定することで、レイアウトの順序を変えることもできます。初期値は0です。

orderプロパティの値が小さなフレックスアイテムから、順にレイアウトされます。また、orderプロパティの値が同じフレックスコンテナが複数ある場合は、それらはHTMLで出現した順にレイアウトされます。

サンプルは前節のサンプルを元に、サイドバーを左、コンテンツ部分を右にレイアウトする例です。サイドバーではorderプロパティの値を1にし、コンテンツ部分ではorderプロパティの値を2にします。

サンプルソース

```
<!DOCTYPE html>
<html lang="ja"><head>中略
<style>中略
#container { display: flex; min-width: 600px; height: 100px; }
#left-sidebar, #right-sidebar { order: 1; width: 150px; flex: 0 0 auto; back-ground-color: #ffff66; }
#content { order: 2; width: 300px; flex: 1 1 auto; background-color: #66ffff; }
中略</style>
</head>
<body>中略
<div id="container">
  <div id="left-sidebar">左サイドバー</div>
  <div id="content">コンテンツ</div>
  <div id="right-sidebar">右サイドバー</div>
</div>
</body>
</html>
```

ブラウザ表示

ジャム！

左サイドバー　右サイドバー　コンテンツ

22 レイアウト

グリッドの基本

グリッドレイアウトは、グリッド（表のマス目のようなもの）を使って、要素をレイアウトする仕組みです。グリッドレイアウトを使うには、基本的には以下の手順を取ります。

①グリッドのコンテナにする要素に対して、displayプロパティの値を「grid」（ブロックコンテナとしてレイアウト）か、「inline-grid」（インライン要素としてレイアウト）にします。
②grid-template-rows／grid-template-columnsプロパティでグリッドの各行／列の幅と高さを指定します。
③grid-row-start／grid-column-start／grid-row-end／grid-column-endプロパティで、レイアウトを指定します。複数の行／列にまたがってひとつの範囲を配置することもできます。
④align-itemsなどのプロパティで、グリッド内の各範囲の配置を指定します。

グリッドレイアウトでは、下表の用語を使います。また、グリッドラインには、左／上から順に番号がつきます（図 グリッドのイメージ）。

用語	意味
グリッドコンテナ (grid container)	グリッドの外枠にする要素 （displayプロパティの値を「grid」か「inline-grid」にする要素）
グリッドライン（grid line）	行／列を区切る線
グリッドトラック（grid track）	グリッドの個々の行／列
グリッドセル（grid cell）	行／列で区切られた個々のマス目
グリッドエリア（grid area）	ひとつ以上のセルから構成される範囲
グリッドアイテム（grid item）	グリッドエリアに配置する要素

図◉グリッドのイメージ

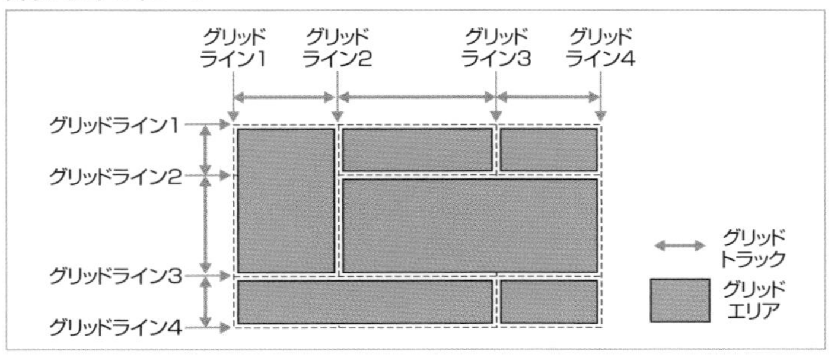

サンプルはこの後の各節を参照してください。

グリッドを定義する

構文

```
grid-template-rows: ●;
grid-template-columns: ▲;
grid-template: ● / ▲;
```

● … 行の幅／グリッドライン名を定義する記述
▲ … 列の幅／グリッドライン名を定義する記述

適用可能な要素　グリッドコンテナ

グリッドの各行／列の高さと幅を定義するには、grid-template-rows／grid-template-columnsプロパティを使います。

また、これらをまとめて指定するショートハンドとして、grid-templateプロパティがあります。

各プロパティとも、下表の値で高さと幅を指定します。各行／列の高さ／幅はスペースで区切ります。

グリッド独自の高さ／幅の単位として、「fr」があります（fractionの略）。frを指定した行／列では、他の行／列に高さ／幅を配分した後の余りを、指定した数に応じて分配します。

例えば、グリッドを5つの列に分け、それぞれの幅を「100px 1fr 2fr 3fr 200px」と指定したとします。この場合、幅をfrで指定した列では、値の合計は6（＝1＋2＋3）です。これらの列には、余った幅の6分の1／6分の2／6分の3が分配されます。

また、グリッドでは同じパターンを繰り返すこともあります。そのような場合は、「repeat(繰り返し回数, パターン)」のような書き方をすることもできます。例えば、「repeat(3, 100px 50px)」は、「100px 50px 100px 50px 100px 50px」と指定したのと同じになります。

長さを表す値	指定した通りの高さ／幅
パーセント	グリッドコンテナの高さ／幅に対する割合
`max-content`	同じグリッドトラックにあるグリッドアイテムの高さ／幅の中での最大値
`min-content`	同じグリッドトラックにあるグリッドアイテムの高さ／幅の中での最小値
`minmax(○, △)`	最小値が○、最大値が△の範囲
`○fr`	本文参照
`auto`	最大値は`max-content`と同じ 最小値は、そのグリッドトラックにある個々のグリッドアイテムの中で、`min-width`／`min-height`プロパティどちらか大きい方の最小値
`fit-content(○)`	以下のどちらか小さい方 ① `max-content` ② `auto`と○のどちらか大きい方

グリッドラインに名前を付ける

グリッドを定義する際に、個々のグリッドラインに名前を付けることができます。そうすれば、その名前を使って要素をレイアウトすることができます（272ページ参照）。

グリッドラインの名前を定義するには、各列／行の幅の前後に、角括弧で囲んで名前を記述します。例えば、以下のように書くと、図のようなグリッドを定義することができます。

```
grid-template-columns: [side-start] 200px [main-start] 1fr [last];
grid-template-rows: [header-start] 100px [main-start] 1fr [footer-start] 100px [last];
```

図◉定義されるグリッド

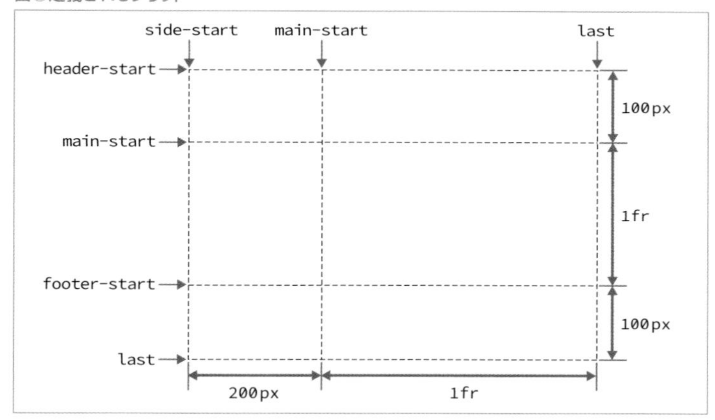

サンプルは次の節で取り上げます。

グリッドアイテムが占める範囲を指定する

構文

```
grid-column-start: ●;
grid-column-end: ▲;
grid-row-start: ●;
grid-row-end: ▲;
```

● … 開始位置を定義する記述
▲ … 終了位置を定義する記述

適用可能な要素 グリッドアイテム

grid-row-start／grid-column-end／grid-row-start／grid-row-endの 各プロパティは、個々のグリッドアイテムがグリッドの中で占める範囲を指定する際に使います。

grid-row-start／grid-column-startプロパティでは、グリッドアイテムの開始位置を指定します。また、grid-row-end／grid-column-endプロパティで、グリッドアイテムの終了位置を指定します。

開始位置／終了位置とも、グリッドラインの番号か名前を指定することができます。また、番号の代わりに「span 数」のように書いて、行／列の数を指定することもできます。例えば、「grid-column-start 1; grid-column-end: span 3」と書くと、そのグリッドアイテムは1番目のグリッドラインから3列にわたって配置されます。

終了位置を省略した場合は、値として「auto」を指定したのと同じになり、対象の要素は開始位置から1列（または1行）分の幅（または高さ）で配置されます。

サンプルは画面のように、ヘッダー／フッター／サイドバー／コンテンツがあるレイアウトを行う例です。

また、サンプルの中の「grid-column-start: 1; grid-column-end: 3;」の部分は、「grid-column-start: 1; grid-column-end: span 2;」と書き換えることもできます。

サンプルソース

```
<!DOCTYPE html>
<html lang="ja"><head>中略
<style>
#grid {
  display: -ms-grid;
  display: grid;
  -ms-grid-columns: 200px 1fr;
  grid-template-columns: 200px 1fr;
  -ms-grid-rows: 100px minmax(300px,max-content) 100px;
  grid-template-rows: 100px minmax(300px,max-content) 100px;
}
#header { 中略
  -ms-grid-column: 1; -ms-grid-row: 1; -ms-grid-column-span: 2;
  grid-column-start: 1; grid-column-end: 3; grid-row-start: 1; }
#sidebar { 中略
  -ms-grid-column: 1; -ms-grid-row: 2;
  grid-column-start: 1; grid-row-start: 2; }
#content { 中略
  -ms-grid-column: 2; -ms-grid-row: 2;
  grid-column-start: 2; grid-row-start: 2; }
#footer { 中略
  -ms-grid-column: 1; -ms-grid-row: 3; -ms-grid-column-span: 2;
  grid-column-start: 1; grid-column-end: 3; grid-row-start: 3; }
中略</style>
</head>
<body>
<div id="grid">
  <div id="header">ヘッダー</div>
  <div id="sidebar">サイドバー</div>
  <div id="content">コンテンツ中略</div>
  <div id="footer">フッター</div>
</div>
</body>
</html>
```

ブラウザ表示

ヘッダー

サイドバー

コンテンツ

湯布院・革化

フッター

グリッドアイテムが占める範囲をまとめて指定する

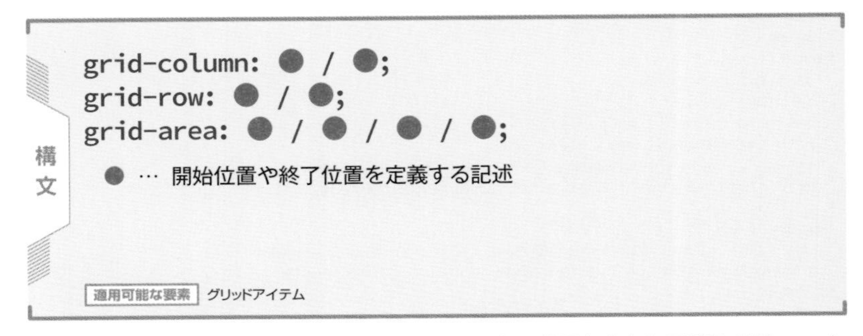

構文

```
grid-column: ● / ●;
grid-row: ● / ●;
grid-area: ● / ● / ● / ●;
```

● … 開始位置や終了位置を定義する記述

適用可能な要素　グリッドアイテム

grid-clumn-startとgrid-column-endをまとめて指定するショートハンドとして、grid-columnプロパティがあります。また、grid-row-startとgrid-row-endをまとめたショートハンドとして、grid-rowプロパティがあります。

いずれも、開始位置と終了位置を「/」で区切って指定します。「/」とその後を省略した場合は、「/ auto」を指定した場合と同じになります。

また、範囲をまとめて指定するショートハンドとして、grid-areaプロパティがあります。grid-row-start／grid-column-start／grid-row-end／grid-column-endの順に、4つの値を「/」で区切って指定します。

4つの値のうち、ふたつ目以降は省略することができ、その場合は「auto」を指定した場合と同じ動作になります。

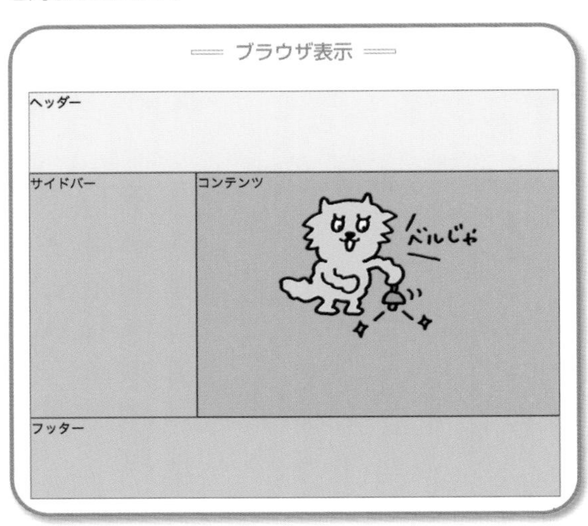

サンプルソース

```
<!DOCTYPE html>
<html lang="ja"><head>中略
<style>
#grid {
  display: -ms-grid;
  display: grid;
  -ms-grid-columns: 200px 1fr;
  grid-template-columns: 200px 1fr;
  -ms-grid-rows: 100px minmax(300px,max-content) 100px;
  grid-template-rows: 100px minmax(300px,max-content) 100px;
}
#header { 中略
  -ms-grid-column: 1; -ms-grid-row: 1; -ms-grid-column-span: 3;
  grid-column: 1 / 3; grid-row: 1; }
#sidebar { 中略
  -ms-grid-column: 1; -ms-grid-row: 2;
  grid-column: 1; grid-row: 2; }
#content { 中略
  -ms-grid-column: 2; -ms-grid-row: 2;
  grid-column: 2; grid-row: 2; }
#footer { 中略
  -ms-grid-column: 1; -ms-grid-row: 3; -ms-grid-column-span: 2;
  grid-area: 3 / 1 / 4 / 3; }
中略
</style>
</head>
<body>
<div id="grid">
  <div id="header">ヘッダー</div>
  <div id="sidebar">サイドバー</div>
  <div id="content">コンテンツ中略</div>
  <div id="footer">フッター</div>
</div>
</body>
</html>
```

フレックスアイテム／グリッドアイテムの間隔を指定する

構文

```
column-gap: ●;
row-gap: ●;
gap: ● ●;
```

● … 行間／列間を表す値

適用可能な要素　フレックスコンテナ／グリッドコンテナ

　フレックスアイテム／グリッドアイテムどうしの間隔を指定する際には、column-gap／row-gapプロパティを使います。それぞれ、列間／行間を表す数値を指定します。

　また、column-gapとrow-gapをまとめて指定するショートハンドとして、gapプロパティがあります。row-gap／column-gapの順に、スペースで区切って値を指定します。

　サンプルは、275ページのサンプルをもとに、画面のような表示を得る例です。275ページのCSSで、#gridの部分を以下のように書き換えます。

サンプルソース

```
<!DOCTYPE html>
<html lang="ja"><head>中略
<style>
#grid { 中略
  row-gap: 10px;
  column-gap: 20px;
}
中略 </style>
</head>
<body>
<div id="grid">
  <div id="header">ヘッダー</div>
  <div id="sidebar">サイドバー</div>
  <div id="content">コンテンツ中略</div>
  <div id="footer">フッター</div>
</div>
</body>
</html>
```

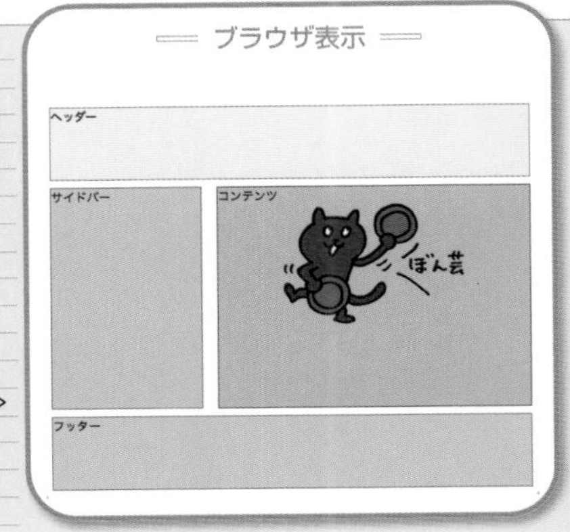

フレックスアイテム／グリッドアイテムのスペースの分配方法の指定

構文

```
justify-content: ●;
align-content: ●;
```

● … 配置方法を表すキーワード

適用可能な要素　フレックスコンテナ／グリッドコンテナ

コンテナにアイテムを配置しても、スペースが余る場合があります（例：すべてのボックスで幅が固定されているとき）。このような場合に、justify-content／align-contentプロパティを使うと、余ったスペースの分配方法を指定することができます。

justify-contentプロパティは、主軸方向（フレックスコンテナならflex-directionプロパティで指定した方向、グリッドコンテナなら行方向）のスペース配分方法を指定します。一方、align-contentプロパティは、主軸と直角の方向のスペース配分方法を指定します。

これらのプロパティには、下表の値を指定します。ただし、「flex-start」と「flex-end」はフレックスコンテナのみ指定することができます。また、「left」と「right」は左右方向の分配方法を指定する場合のみ使うことができます。

サンプルはjustify-contentプロパティのそれぞれの値で、表示がどのようになるかを見比べる例です。

値	配置方法
flex-start	アイテムをフレックスコンテナの主軸（または主軸と直角方向）の先頭側に寄せる
flex-end	アイテムをフレックスコンテナの主軸（または主軸と直角方向）の最後側に寄せる
start	アイテムをコンテナの先頭に寄せる
end	アイテムをコンテナの最後に寄せる
left	アイテムをコンテナの左に寄せる
center	アイテムをコンテナの中央に寄せる
right	アイテムをコンテナの右に寄せる
space-between	先頭と最後のアイテムはコンテナの端に揃え、アイテムどうしのスペースを均等にする
space-around	各アイテムの両側に同じ幅のスペースを取る
space-evenly	先頭のアイテムの前／最後のアイテムの後／各アイテムの間に同じ幅のスペースを取る
stretch	アイテムを伸ばしてコンテナを埋める

サンプルソース

```
<!DOCTYPE html>
<html lang="ja"><head>中略
<style>
.fb { display: flex; width: 500px; height:
30px; }
.jc-s { justify-content: flex-start; }
.jc-e { justify-content: flex-end; }
.jc-c { justify-content: center; }
.jc-sb { justify-content: space-between; }
.jc-sa { justify-content: space-around; }
中略</style>
</head>
<body>
<table border="1">
   <tr><th>flex-start</th><td class="fb jc-s"><div>A</div><div>B</div><div>C</
div></td></tr>
   <tr><th>flex-end</th><td class="fb jc-e"><div>A</div><div>B</div><div>C</div></
td></tr>
   <tr><th>center</th><td class="fb jc-c"><div>A</div><div>B</div><div>C</div></
td></tr>
  <tr><th>space-between</th><td class="fb jc-sb"><div>A</div><div>B</div><div>C</
div></td></tr>
   <tr><th>space-around</th><td class="fb jc-sa"><div>A</div><div>B</div><div>C</
div></td></tr>
</table>
</body>
</html>
```


ブラウザ表示

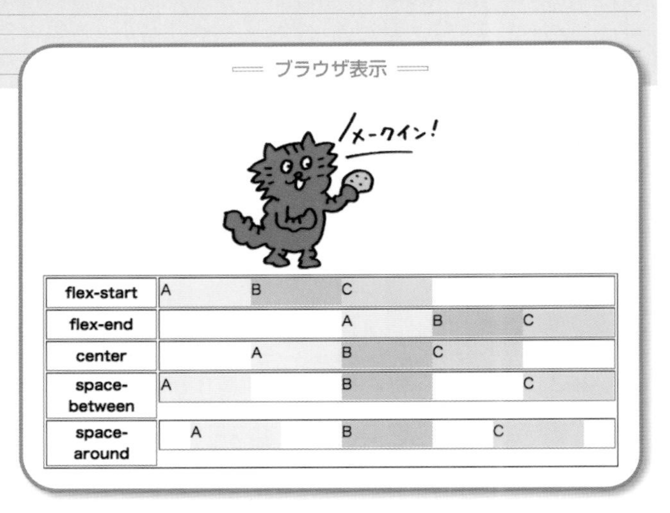

フレックスアイテム／グリッドアイテムの揃え方の指定

構文

```
align-items: ●;
align-self: ●;
justify-items: ●;
justify-self: ●;
```

● … 揃え方を表すキーワード

適用可能な要素 align-items：フレックスコンテナ／グリッドコンテナ
align-self：フレックスアイテム／グリッドアイテム
justify-items：グリッドコンテナ
justity-self：グリッドアイテム

align-items／align-self／justify-items／justify-selfの各プロパティは、フレックスアイテム／グリッドアイテムを、フレックスコンテナやグリッドラインの上や下（縦並びなら左や右）に揃える方法を指定するプロパティです。

align-items／justify-itemsプロパティはコンテナに指定します。一方、align-self／justify-selfプロパティはアイテムに指定します。各プロパティとも、下表の値を指定することができます。ただし、flex-start／flex-endはフレックスレイアウトの場合のみ使います。

フレックスレイアウトでは、align-items／align-selfプロパティのみ指定します。一方、グリッドレイアウトでは、align-XXX／jusitfy-XXXのプロパティで、それぞれ縦／横横方向の揃え方を指定することができます。

サンプルはフレックスレイアウトにalign-itemsプロパティを指定して、表示がどのようになるかを見比べる例です。

値	揃え方
flex-start	アイテムをコンテナの主軸と直角方向の先頭側に寄せる
flex-end	アイテムをコンテナの主軸と直角方向の最後側に寄せる
start	アイテムをコンテナの開始方向に揃える
end	アイテムをコンテナの終了方向に揃える
center	アイテムをコンテナの中央に揃える
baseline	個々のアイテムのベースラインを揃える
stretch	個々のアイテムの高さ（または幅）を、高さ（または幅）が最大のアイテムに合わせる
auto	コンテナの align-items ／ justify-items プロパティの値に従う

サンプルソース

```
<!DOCTYPE html>
<html lang="ja"><head>中略
<style>
.fb { display: flex; width: 120px; height:
80px; }
.ai-s { align-items: flex-start; }
.ai-e { align-items: flex-end; }
.ai-c { align-items: center; }
.ai-b { align-items: baseline; }
.ai-st { align-items: stretch; }
中略</style>
</head>
<body>
<table border="1">
  <tr>
      <th>flex-start</th><th>flex-end</th><th>center</th><th>baseline</
th><th>stretch</th>
  </tr>
  <tr>
    <td><div class="fb ai-s"><div>A</div><div>B</div><div>C</div></div></td>
    <td><div class="fb ai-e"><div>A</div><div>B</div><div>C</div></div></td>
    <td><div class="fb ai-c"><div>A</div><div>B</div><div>C</div></div></td>
    <td><div class="fb ai-b"><div>A</div><div>B</div><div>C</div></div></td>
    <td><div class="fb ai-st"><div>A</div><div>B</div><div>C</div></div></td>
  </tr>
</table>
</body>
</html>
```


ブラウザ表示

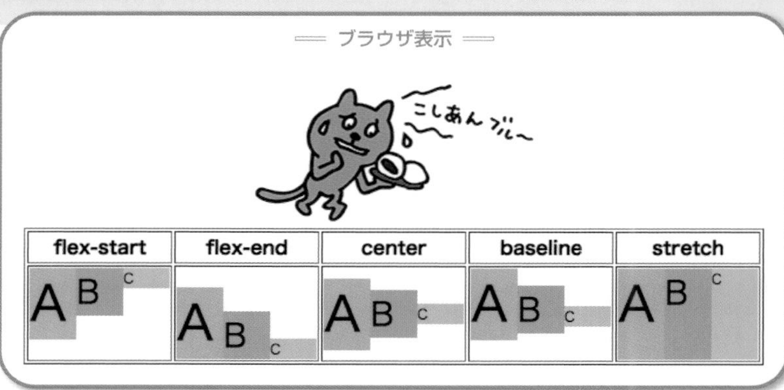

輪郭線(アウトライン)の太さを指定する

構文

```
outline-width: ●;
```

● … 輪郭線の太さを示す数値

適用可能な要素　すべての要素

outline-widthプロパティは、輪郭線の幅を指定するプロパティです。border-widthプロパティと同じ値を指定することができます。

outline系のプロパティは、要素の周囲に線を引くプロパティです。borderプロパティと似ていますが、基本的には入力系要素（input要素など）で、フォーカス等の状態をわかりやすく表示する際に使います。

borderプロパティは線の太さの分、要素が大きくなりレイアウトに影響しますが、outlineプロパティは線を引いても要素の大きさが変化せず、レイアウトも変わらないという違いがあります。

サンプルソース

```
<!DOCTYPE html>
<html lang="ja">
<head>
<meta charset="utf-8">
<title>輪郭線(アウトライン)の内側の余白</title>
<style>
input:focus { outline-width: 5px; outline-style: solid; outline-color: green; }
中略
</style>
</head>
<body>
中略
<p><input type="text" name="txt1" value=""></p>
</body>
</html>
```


関連　枠線の太さを指定する（P.224）

輪郭線（アウトライン）の種類を指定する

構文

```
outline-style: ●;
```

● … 輪郭線の種類を指定するキーワード

適用可能な要素　すべての要素

outline-styleプロパティは、輪郭線の種類を指定するプロパティです。

border-styleプロパティと同じ値を指定することができます。

サンプルでは、イラストの下のテキストボックスにフォーカスがあたったときアウトラインの種類が「double」となる指定をしています。そのため、ブラウザで表示したときに、テキストボックスをクリックすると二重線が表示されることがわかります。

ブラウザ表示

サルと呼ばれている

ココ

サンプルソース

```
<!DOCTYPE html>
<html lang="ja">
<head>
<meta charset="utf-8">
<title>輪郭線(アウトライン)の種類</title>
<style>
input:focus { outline-style: double; outline-width: 5px; outline-color: green; }
中略 </style>
</head>
<body>
中略
<p><input type="text" name="txt1" value=""></p>
</body>
</html>
```


関連 枠線の種類を指定する（P.225）

輪郭線(アウトライン)の色を指定する

構文

```
outline-color: ●;
```

● … 輪郭線の色を指定する数値もしくはカラーネームもしくはinvert

適用可能な要素　すべての要素

outline-colorプロパティは、輪郭線の色を指定するプロパティです。border-colorプロパティと同じ値を指定することができます。

初期値はinvertです。このinvertという値を指定することで、背景を反転した色を表示することができます。

ただし、本書執筆時において、invertは最新ブラウザに対応していません。

サンプルでは、イラストの下のテキストボックスにフォーカスがあたったときアウトラインの色が「steelblue」となる指定をしています。そのため、ブラウザで表示したときに、テキストボックスをクリックするとはがね色の線が表示されることがわかります。

ブラウザ表示
陰ではタヌキと
呼ばれている
ココ

サンプルソース

```
<!DOCTYPE html>
<html lang="ja">
<head>
<meta charset="utf-8">
<title>輪郭線(アウトライン)の色</title>
<style>
input:focus { outline-color: steelblue; outline-width: 5px; outline-style: dotted; }
中略</style>
</head>
<body>
中略
<p><input type="text" name="txt1" value=""></p>
</body>
</html>
```

23 インターフェイス

関連　枠線の色を指定する（P.226）

輪郭線(アウトライン)の内側の余白を指定する

構文

```
outline-offset: ●;
```

● … 輪郭線と要素の間の長さを示す数値

適用可能な要素 すべての要素

outline-offsetプロパティは、輪郭線と要素の間の長さを指定するプロパティです。

値は長さを表す値を指定します。初期値は0です。

値が0の場合、輪郭線が枠線のすぐ外側に表示されます。

また、値が0以上であれば輪郭線が枠線から外側に離れて表示され、0以下であれば枠線の上もしくは内側に輪郭線が表示されます。

サンプルでは、イラストの下のテキストボックスにフォーカスがあたったときアウトラインの内側の余白が「5px」となる指定をしています。そのため、ブラウザで表示したときに、テキストボックスをクリックするとアウトラインの内側に余白が表示されることがわかります。

サンプルソース

```
<!DOCTYPE html>
<html lang="ja">
<head>
<meta charset="utf-8">
<title>アウトラインのオフセット</title>
<style>
input:focus { outline-offset: 5px; outline-width: 5px; outline-style: groove;
outline-color: bisque; }
中略 </style>
</head>
<body>
中略
<p><input type="text" name="txt1" value=""></p>
</body>
</html>
```

輪郭線(アウトライン)スタイルを一括指定する

構文

```
outline: ● ▲ ■;
```

● … 輪郭線の太さを示す数値
▲ … 輪郭線のスタイルを指定するキーワード
■ … 輪郭線の色を指定する数値もしくはカラーネームもしくはinvert

適用可能な要素　すべての要素

outlineプロパティは、outline-width／outline-style／outline-colorプロパティをまとめて指定します。

各プロパティの値をスペースで区切って指定します。値を指定する順序は自由です。

サンプルでは、イラストの下のテキストボックスにフォーカスがあたったとき、幅が5px、色が「gold」、線の種類は実線のアウトラインが表示される指定をしています。そのため、ブラウザで表示したときに、テキストボックスをクリックすると指定したアウトラインが表示されることがわかります。

サンプルソース

```
<!DOCTYPE html>
<html lang="ja">
<head>
<meta charset="utf-8">
<title>輪郭線(アウトライン)スタイルの一括指定</title>
<style>
input:focus { outline: 5px solid gold; }
中略
</style>
</head>
<body>
中略
<p><input type="text" name="txt1" value=""></p>
</body>
</html>
```

23 インターフェイス

輪郭線（アウトライン）の太さを指定する（P.281）、輪郭線（アウトライン）の種類を指定する（P.282）、輪郭線（アウトライン）の色を指定する（P.283）

追加するコンテンツを指定する

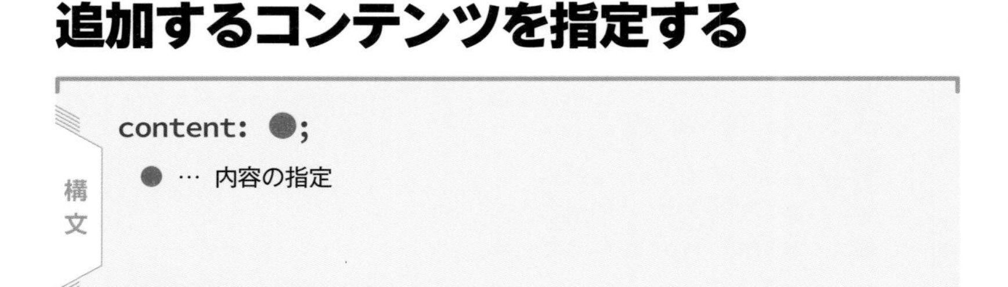

contentプロパティは、::after/::before疑似要素の内容を指定するプロパティです。

content: ●;
● … 内容の指定
構文
適用可能な要素 すべての要素

指定できる値は以下のとおりです。

- normal…対象の要素/擬似要素での一般的な内容を出力：初期値
- none…要素であれば、その要素が空であるかのように、子要素の描画を禁止する。疑似要素であれば、その中身が空であるようにする
- 文字列…指定された文字列をそのまま出力
- url(画像のアドレス)…画像を出力
- attr(属性名)…対象要素の属性の値を出力（例：attr(href)とすると、href属性の値を出力）

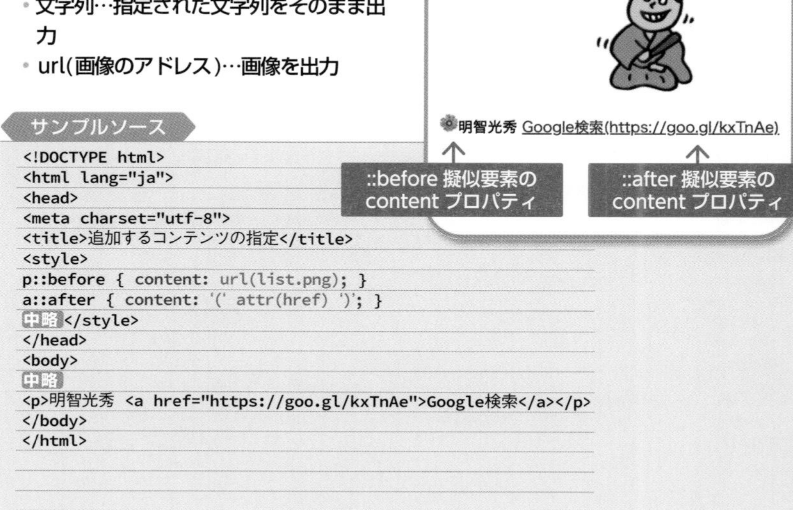

サンプルソース

```
<!DOCTYPE html>
<html lang="ja">
<head>
<meta charset="utf-8">
<title>追加するコンテンツの指定</title>
<style>
p::before { content: url(list.png); }
a::after { content: '(' attr(href) ')'; }
中略</style>
</head>
<body>
中略
<p>明智光秀 <a href="https://goo.gl/kxTnAe">Google検索</a></p>
</body>
</html>
```

23 インターフェイス

 関連 要素の前後を指定する（P.181）

カーソルの種類を指定する

cursor: ●;

構文

● … カーソルの形状を示す
キーワードもしくは画像URL

適用可能な要素 すべての要素

cursorプロパティは、要素をマウスで指し示したときの、マウスポインタの形を指定するプロパティです。指定できるキーワードは以下のとおりです。

キーワード	カーソル形状	
auto	自動的に決定：初期値	−
crosshair	十字型	＋
default	通常の形	
pointer	リンク	
move	移動中	
○-resize	サイズ変更中 ○にはe/ne/n/nw/w/sw/s/sw/ew/ns（e/w/s/nはそれぞれ東西南北を示す）	
text	テキスト入力中	

キーワード	カーソル形状	
wait	ビジー状態	
progress	進行中	
help	ヘルプ	?
context-menu	コンテキストメニュー	
vertical-text	縦書きテキスト入力中	
alias	エイリアス・ショートカット作成可能	
copy	コピー	
no-drop	ドロップ禁止	
not-allowed	禁止	
col-resize	列幅を変更中	
row-resize	行の高さを変更中	
all-scroll	全方向スクロール可能	

サンプルソース

```
<!DOCTYPE html>
<html lang="ja">
<head>
<meta charset="utf-8">
<title>カーソルの種類</title>
<style>
p { cursor: pointer; padding: 10px 5px;
background: gold; }
中略
</style>
</head>
<body>
中略
<p>常にマウスポインタの形を変える機会をうかがっている</p>
</body>
</html>
```

ブラウザ表示
常に出世の機会をうかがっている
常にマウスポインタの形を変える機会をうかがっている

枠の幅／高さのエリアを指定する

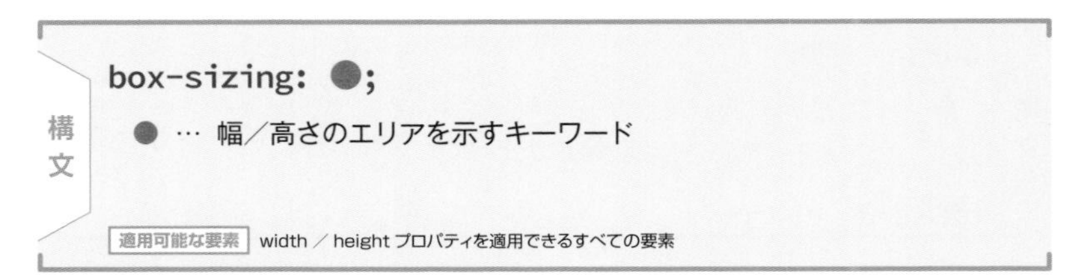

構文

```
box-sizing: ●;
```

● … 幅／高さのエリアを示すキーワード

適用可能な要素　width ／ height プロパティを適用できるすべての要素

　box-sizingプロパティは、ボックスの幅／高さを算出する方法を変えることができるプロパティです。

　指定できるキーワードは以下のとおりです。

- border-box…ボーダーボックス（ボーダー＋パディング＋コンテンツ部分）で幅／高さを指定
- content-box…コンテンツ部分で幅／高さを指定：初期値

ボーダー
パディング
コンテンツ
border-box
content-box

サンプルソース

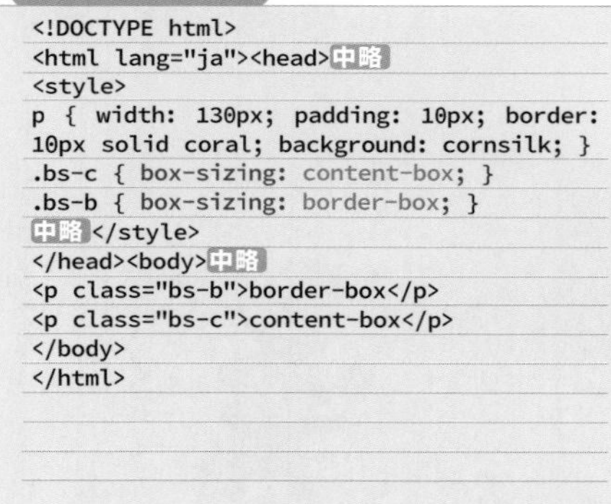

```
<!DOCTYPE html>
<html lang="ja"><head>中略
<style>
p { width: 130px; padding: 10px; border:
10px solid coral; background: cornsilk; }
.bs-c { box-sizing: content-box; }
.bs-b { box-sizing: border-box; }
中略</style>
</head><body>中略
<p class="bs-b">border-box</p>
<p class="bs-c">content-box</p>
</body>
</html>
```

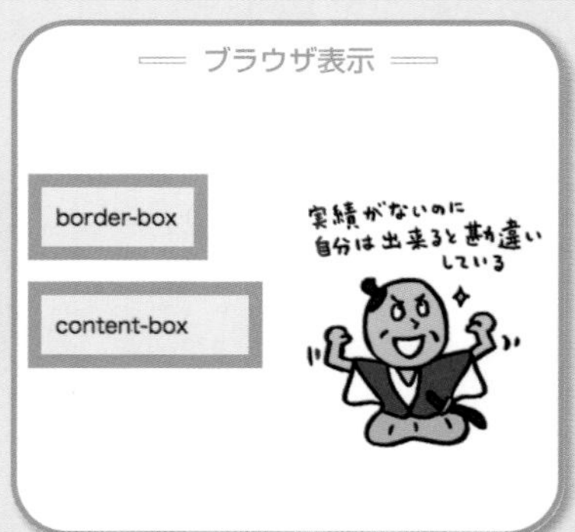

要素の大きさを変更できるようにする

構文

```
resize: ●;
```

● … 要素のサイズが変更可能かを示すキーワード

適用可能な要素　overflow プロパティの値が「visible」以外になっている要素

resizeプロパティは、要素のサイズを変更可能にするかどうかを、指定するプロパティです。

指定できるキーワードは以下のとおりです。

- none…サイズ変更不可：初期値
- both…幅／高さの両方をサイズ変更可能
- horizontal…幅をサイズ変更可能
- vertical…高さをサイズ変更可能

ブラウザ表示

常に策略を巡らせている
要素の内容が多くて、要素のボックスからはみ出す場合、要素のサイズをユーザーが変更できるようにしておくと、ユーザーにとって読みやすいです。
ココ

サンプルソース

```
<!DOCTYPE html>
<html lang="ja">
<head>中略
<style>
p { resize: vertical; width : 300px; height: 100px; border: 1px solid #999999;
overflow-y: scroll; margin: 10px auto; }
中略 </style>
</head>
<body>
中略
<p>
要素の内容が多くて、要素のボックスからはみ出す場合、要素のサイズをユーザーが変更できるようにしておくと、ユーザーにとって読みやすいです。中略 </p>
</body>
</html>
```

領域を超えたテキストの処理を指定する

構文

```
text-overflow: ●;
```

● … 領域を超えたテキストの表示方法を示すキーワード

適用可能な要素　ブロックコンテナ

text-overflowプロパティは、対象の要素から1行のテキスト等がはみ出す場合に、はみ出した部分の表示方法を指定するプロパティです。

- clip…ボックスの端で切り取る（従来通りの表示）：初期値
- ellipsis…はみ出した部分の代わりに、「...」等の文字を表示する（表示される文字は、言語等に応じて変わる場合もある）
- 文字列…はみ出した部分の代わりに、指定した文字列を表示する

なお、文字列の指定に対応しているのはFirefoxのみです。

ブラウザ表示

逆境にめげず
実績をあげる

ABCDEFGHIJKLMNOPQRSTUVWXY…

ココ

サンプルソース

```
<!DOCTYPE html>
<html lang="ja">
<head>
<meta charset="utf-8">
<title>領域を超えたテキストの処理</title>
<style>
p { text-overflow: ellipsis; width: 300px; height: 20px; border: 1px solid
#999999; overflow: hidden; }
中略
</style>
</head>
<body>
中略
<p>ABCDEFGHIJKLMNOPQRSTUVWXYZABCDEFGHIJKLMNOPQRSTUVWXYZ</p>
</body>
</html>
```

カラムの数を指定する

構文

```
column-count: ●;
```

● … カラムの数を指定する数値もしくはauto

適用可能な要素　ブロックコンテナ、テーブルのセル、インラインブロック

column-countプロパティは、カラムの数を指定します。

値にautoを指定すると、他のプロパティ（column-widthプロパティなど）に応じて幅が調節されます。

初期値はautoです。

このcolumn系のプロパティを利用すると、ひと続きの文章や文書を区切ってレイアウトすることなく、横に並べることができます。

サンプルでは、カラム数を「3」に指定しています。そのため、ブラウザで表示したときに、「浮風にさそわれて」から始まるテキストが3つのカラムに分かれて表示されることがわかります。

ブラウザ表示

お嬢さんはジャズがお好き 浮風にさそわれて隅田川のボート・レースを	ながめていたら、 「アラ、小野の旦那、いいところでお会いしましたわ」	お隣りの奥さんが一人娘のポッポちゃんをつれて、途方に暮れた顔。

サンプルソース

```
<!DOCTYPE html>
<html lang="ja"><head>中略
<style>
#container { column-count: 3; }
中略</style>
</head><body>中略
<div id="container">
<blockquote中略>
<p><b>お嬢さんはジャズがお好き</b></p>
<p>　浮風にさそわれて隅田川のボート・レースをながめていたら、中略</p>
</blockquote>
</div>
</body>
</html>
```

カラムの幅を指定する

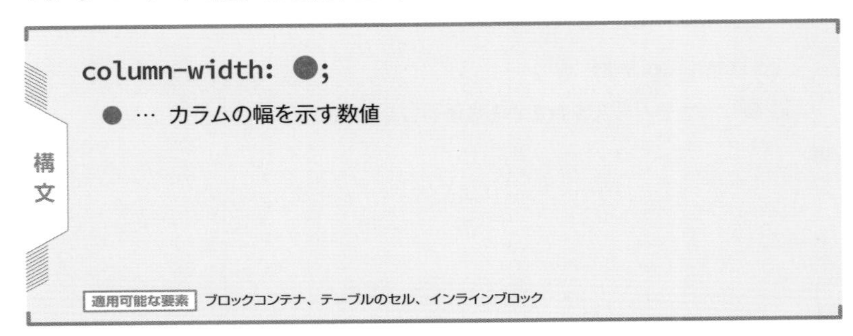

column-width: ●;
● … カラムの幅を示す数値
構文
適用可能な要素 ブロックコンテナ、テーブルのセル、インラインブロック

column-widthプロパティで、カラムの幅を指定します。

また、値にautoを指定すると、他のプロパティ（column-countなど）に応じて幅が調節されます。

初期値はautoです。

サンプルでは、カラムの幅を「120px」に指定をしています。そのため、ブラウザで表示したときに、「アメリカのテクノクラシー」から始まるテキストが複数の段に分かれて表示されることがわかります。

サンプルソース

```
<!DOCTYPE html>
<html lang="ja"><head>中略
<style>
#container { column-width: 120px; }
中略</style>
</head><body>中略
<div id="container">
<blockquote中略>
<p>アメリカのテクノクラシー(日本では最初の一カ月
は極度に問題にされ中略</p>
</blockquote>
</div>
</body>
</html>
```

ブラウザ表示

アメリカのテクノクラシー（日本では最初の一カ月は極度に問題にされ次の一カ月には全く忘れられた）は、生産技術家の社会管理を提唱する。――こうした歴史理論や社会政策論が、圧倒的に盛りあふれる今日の現実問題を、てんでマスター出来ないことは、今更説明を俟つまでもない。

カラムのスタイルを一括指定する

構文

```
columns: ● ▲;
```

● … カラムの数を指定する数値もしくはauto
▲ … カラムの幅を示す数値

適用可能な要素　すべての要素

columnsプロパティは、column-countプロパティとcolumn-widthプロパティをまとめて指定します。

段の数は、レイアウトに応じて少なくなることもあります。

また、段の幅は、レイアウトに応じて指定した幅より広く（狭く）なることもあります。

サンプルでは、カラム数を「2」、カラム幅を「120px」に指定しています。そのため、ブラウザで表示したときに、「途中で、自動車がパンクした。」から始まるテキストが複数のカラムに分かれて表示されることがわかります。

サンプルソース

```
<!DOCTYPE html>
<html lang="ja"><head>中略
<style>
#container { columns: 2 120px; }
中略]</style>
</head><body>中略
<div id="container">
<blockquote中略>
<p>途中で、自動車がパンクした。路易は自分の毛髪をもじやもじやにさせながら中略</p>
</blockquote>
</div>
</body>
</html>
```

途中で、自動車がパンクした。路易は自分の毛髪をもじやもじやにさせながら熱心に運轉手の手つだひをしてやつた。詩人やお嬢さんやそのお母さんたちが向うで寫眞機をいぢくつてゐるのをときどき振り向きながら。

カラムの間隔を指定する

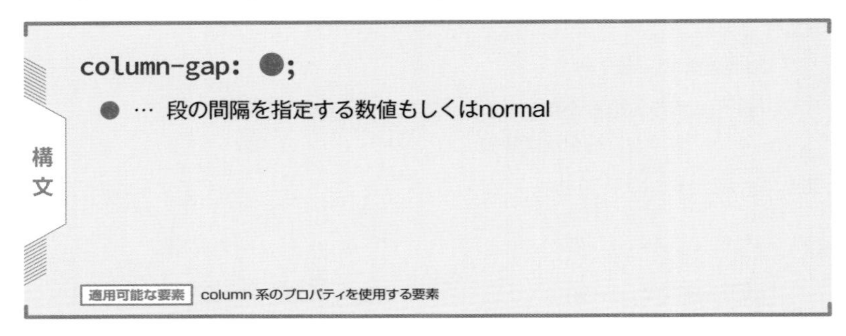

構文

```
column-gap: ●;
```

● … 段の間隔を指定する数値もしくはnormal

適用可能な要素　column 系のプロパティを使用する要素

column-gapプロパティは、段の間隔を指定するプロパティです。長さを表す値を指定します。初期値はautoです。

また、「normal」を指定すると、1em程度の幅になることが期待されます（実際はWebブラウザに依存します）。

サンプルでは、カラムの間隔を「30px」に指定をしています。そのため、ブラウザで表示したときに、カラムの間隔が前節のサンプルよりも広がっていることがわかります。

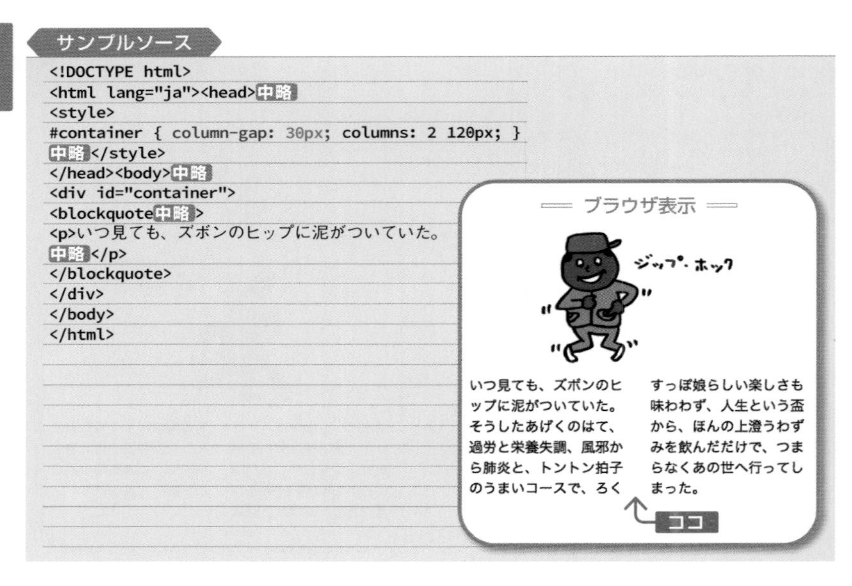

サンプルソース

```
<!DOCTYPE html>
<html lang="ja"><head>中略
<style>
#container { column-gap: 30px; columns: 2 120px; }
中略</style>
</head><body>中略
<div id="container">
<blockquote中略>
<p>いつ見ても、ズボンのヒップに泥がついていた。
中略</p>
</blockquote>
</div>
</body>
</html>
```

ブラウザ表示
ジップ・ホップ
いつ見ても、ズボンのヒップに泥がついていた。そうしたあげくのはて、過労と栄養失調、風邪から肺炎と、トントン拍子のうまいコースで、ろく
すっぽ娘らしい楽しさも味わわず、人生という盃から、ほんの上澄うわずみを飲んだだけで、つまらなくあの世へ行ってしまった。
ココ

カラムの区切り線の色を指定する

構文

```
column-rule-color: ●;
```

● … 区切り線の色を指定する数値もしくはカラーネーム

適用可能な要素　column 系のプロパティを使用する要素

column-rule-colorプロパティは、段の間に区切り線を表示する際に、線の色を指定するプロパティです。

border-colorプロパティと同じ値を指定することができます。

サンプルでは、カラムの区切り線の色を「tomato」に指定をしています。そのため、ブラウザで表示したときに、カラムとカラムの間に赤い線が表示されていることがわかります。

サンプルソース

```
<!DOCTYPE html>
<html lang="ja"><head>中略<style>
#container {
column-rule-color: tomato;中略
column-rule-width: 5px;中略
column-rule-style: solid;中略
columns: 2 300px;中略}
中略</style>
</head><body>中略
<div id="container">
<blockquote中略>
<p>十何年か前にドイツのファンク博士というカメラマン兼映画カントク中略</p>
</blockquote>
</div>
</body>
</html>
```

ブラウザ表示

ファンクラブ
十何年か前にドイツのファンク博士というカメラマン兼映画カントクが来朝して、日本側では早川
雪洲、原節子主演の「新しき土」とやらいう日独テイケイ映画をつくった。

関連 枠線の色を指定する（P.226）

カラムの区切り線の種類を指定する

構文

```
column-rule-style: ●;
```

● … 区切り線のスタイルを指定するキーワード

適用可能な要素　column 系のプロパティを使用する要素

column-rule-styleプロパティは、段の間に区切り線を表示する際に、線の種類を指定するプロパティです。

border-styleプロパティと同じ値を指定することができます。

サンプルでは、カラムの区切り線の種類を「double」に指定をしています。そのため、ブラウザで表示したときに、カラムとカラムの間に二重線が表示されていることがわかります。

ブラウザ表示

「こんどはメタルのうんといゝやつを出すぞ。早く出ろ。」と云ひましたら、柏の木どもははじめてざわつとしました。
　そのとき林の奥の方で、さらさらさらさら音がして、それから、
「のろづきおほん、のろづきおほん、
　おほん、おほん、
　ごぎのごぎのおほん、
　おほん、おほん、」

サンプルソース

```
<!DOCTYPE html>
<html lang="ja"><head>中略
<style>
#container {
column-rule-style: double;中略
column-rule-color: tomato;中略
column-rule-width: 5px;中略
columns: 2 120px;中略 }
中略</style>
</head><body>中略
<div id="container">
<blockquote 中略>
<p>「こんどはメタルのうんといゝやつを出すぞ。早く出ろ。」中略</p>
</div>
</body>
</html>
```

24 カラム

関連 枠線の種類を指定する（P.225）

カラムの区切り線の幅を指定する

構文

```
column-rule-width: ●;
```

● … 区切り線の太さを示す数値

適用可能な要素 column 系のプロパティを使用する要素

column-rule-widthプロパティは、段の間に区切り線を表示する際に、幅を指定するプロパティです。

border-widthプロパティと同じ値を指定することができます。

サンプルでは、カラムの区切り線の幅を「10px」に指定をしています。そのため、ブラウザで表示したときに、カラムとカラムの間に10pxの線が表示されていることがわかります。

ブラウザ表示

窓の硝子に箒のようにぼさぼさした頭を凭せかけて昏睡していたりした。
　勇吉の妻は段々賑やかな町や村や停車場の多くなって来るのを見た。人が沢山に路を通っていた。

サンプルソース

```
<!DOCTYPE html>
<html lang="ja"><head>中略<style>
#container {
column-rule-width: 10px;中略
column-rule-color: tomato;中略
column-rule-style: solid;中略
columns: 2 120px;中略}
中略</style></head><body>中略
<div id="container">
<blockquote中略>
<p>窓の硝子に箒のようにぼさぼさした頭を凭せかけて昏睡していたりした。中略</p>
</blockquote>
</div>
</body>
</html>
```


関連 枠線の太さを指定する（P.224）

カラムの区切り線のスタイルを一括指定する

構文

```
column-rule: ● ▲ ■;
```

● … 区切り線の色を指定する数値もしくはカラーネーム
▲ … 区切り線のスタイルを指定するキーワード
■ … 区切り線の太さを示す数値

適用可能な要素　column 系のプロパティを使用する要素

column-ruleプロパティは、column-rule-color／column-rule-style／column-rule-widthの3つのプロパティをまとめて指定します。値を指定する順序は自由です。

サンプルでは、色が「tomato」、幅が「5px」、線の種類が「solid」のカラムの区切り線を指定しています。そのため、ブラウザで表示したときに、カラムとカラムの間に指定した区切り線が表示されていることがわかります。

ブラウザ表示

「拾うもんけえ。そんなでけえ蛙を呑んだ財布を拾や、鈴など鳴らしてまごまごしちゃいねえやな、おいらも知らねえぜ」

「そうでござりまするか。仕方がござんせぬ。お騒がせ致しまして恐れ入ります る。念のため宿までいって探して参ります」

サンプルソース

```
<!DOCTYPE html>
<html lang="ja">
<head>中略
<style>
#container {
column-rule: 5px tomato solid;中略
columns: 2 300px;中略}
中略</style>
</head><body>中略
<div id="container">
<blockquote中略>
<p>「拾うもんけえ。そんなでけえ蛙を呑んだ財布を拾や中略</p>
</blockquote>
</div>
</body>
</html>
```

関連　カラムの区切り線の色を指定する（P.295）、カラムの区切り線の種類を指定する（P.296）、カラムの区切り線の幅を指定する（P.297）

平面のトランスフォームの種類を指定する

構文

```
transform: ●;
```

● … 変形方法を示す関数もしくはnone

適用可能な要素　変形可能な要素（ブロックレベル要素や原子インラインレベル要素など）

transformプロパティは、要素を様々な形で変形させるプロパティです。

拡大（縮小）／回転／移動などの変形を行うことができます。また、二次元の変形と、三次元の変形を行うことができます。

変形方法は関数で指定します。複数の関数をスペースで区切って指定することで、複雑な変形を行うこともできます。その場合、後に指定した関数から順に処理される動作になります。

指定できる関数は以下のとおりです。

- **translate(x,y)**

x／yで指定した分だけ、要素を移動します。x／yには、長さを表す値を指定します。x／yにプラスの値を指定すると、右／下に移動します（マイナスの値だと左／上に移動）。また、yを省略すると、yに0を指定したことになります。

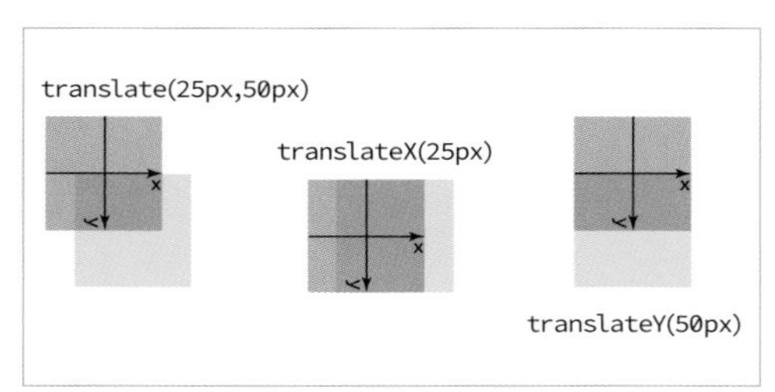

図1 ◉ translate関数、translateX関数、translateY関数を利用した例

- **translateX(x)**

xで指定した分だけ、要素を右（または左）に移動します。

- **translateY(y)**

yで指定した分だけ、要素を下（または上）に移動します。

- **scale(x,y)**

x／yで指定した分だけ、要素を拡大（または縮小）します。x／yには数値を指定します。例えば、「scale(2,1.5)」とすると、横方向に2倍、縦方向に1.5倍に拡大します。x／yにマイナスの値を指定すると、拡大（縮小）するだけでなく、左右（上下）に反転します。また、yを省略すると、xと同じ値を指定したことになります。

- **scaleX(x)**

xで指定した分だけ、要素を横方向に拡大（または縮小）します。

- **scaleY(y)**

yで指定した分だけ、要素を縦方向に拡大（または縮小）します。

- **rotate(x)**

xで指定した分だけ、要素を回転します。xには角度を表す値を指定します（例：30deg）。プラスの値を指定すると時計回りに回転し、マイナスの値だと反時計回りに回転します。

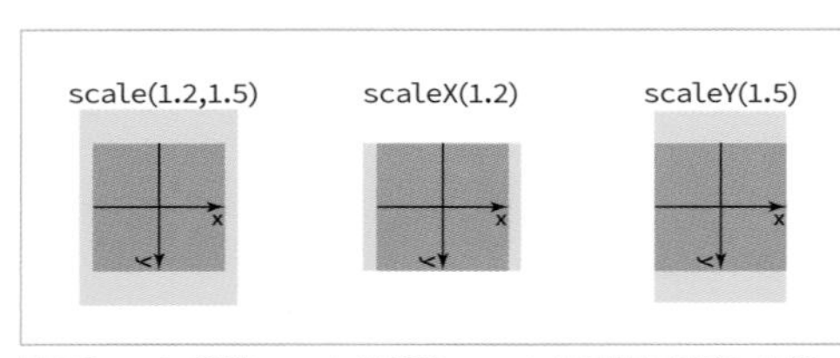

図2◉ scale 関数、scaleX 関数、scaleY 関数を利用した例

rotate(30deg)

図3◉ rotate 関数を利用した例

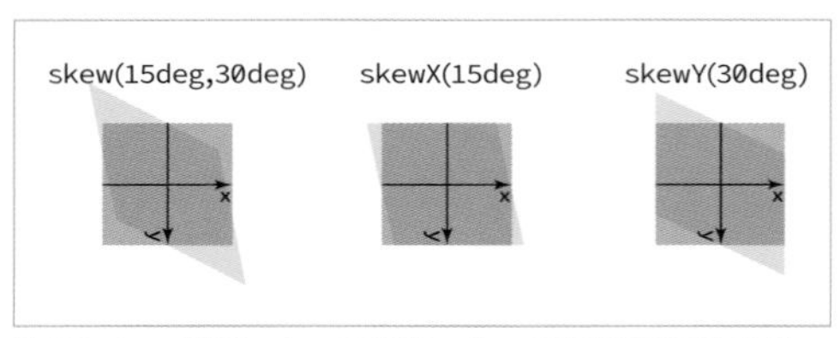

図4◉ skew 関数、skewX 関数、skewY 関数を利用した例

- **skew(x,y)**

xとyで指定した分だけ、要素を左右／上下に傾けます。yを省略すると、skew(x,0)と指定したのと同じになります。

- **skewX(x)**

xで指定した分だけ、要素を左右に傾けます。xには角度を表す値を指定します。xにプラスの値を指定すると、要素の左右の辺がその角度だけ反時計回りに傾きます。

- **skewY(y)**

yで指定した分だけ、要素を上下に傾けます。yには角度を表す値を指定します。yにプラスの値を指定すると、要素の上下の辺がその角度だけ時計回りに傾きます。

サンプルソース

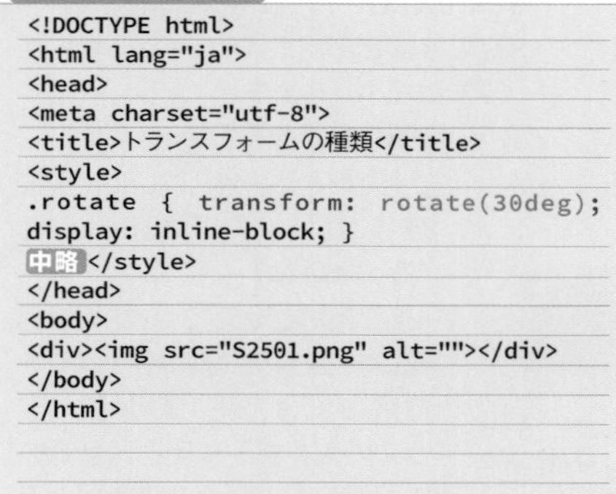

```
<!DOCTYPE html>
<html lang="ja">
<head>
<meta charset="utf-8">
<title>トランスフォームの種類</title>
<style>
.rotate { transform: rotate(30deg);
display: inline-block; }
中略</style>
</head>
<body>
<div><img src="S2501.png" alt=""></div>
</body>
</html>
```

立体のトランスフォームの種類を指定する

構文

```
transform: ●;
```

● … 変形方法を示す関数もしくはnone

適用可能な要素　ブロックレベル要素や原子インラインレベル要素など

transformプロパティで、要素を3D変形させるときに利用する関数は、以下のとおりです。

- **translateZ(z)**

要素をZ軸方向（表示面に垂直な方向）にzで指定した分だけ移動します。zには長さを表す値を指定します。Zの値がプラスになるほど、要素はより手前に配置されます（ただし、rotateX／rotateY関数で要素を回転すると、重なり順が逆になる場合もあります）。

- **translate3d(x,y,z)**

要素をX軸（横方向）／Y軸（縦方向）／Z軸に、それぞれx／y／zだけ移動します。

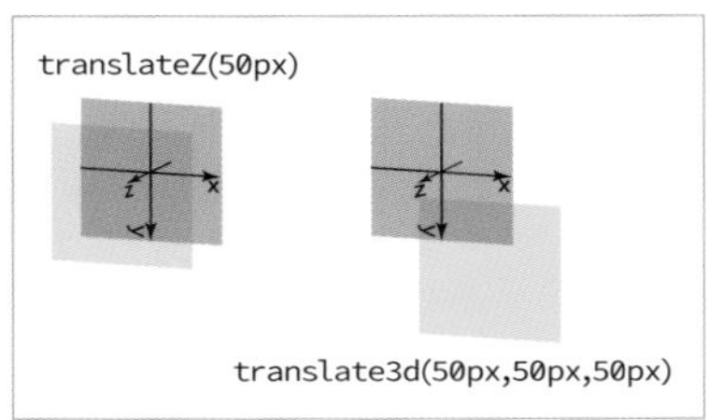

図1 ◉ translateZ 関数、translate3d 関数を利用した例

- **scaleZ(z)**

要素をZ軸方向にz倍に拡大（または縮小）します。

- **scale3d(x,y,z)**

要素をX軸／Y軸／Z軸に、それぞれx／y／z倍に拡大（縮小）します。

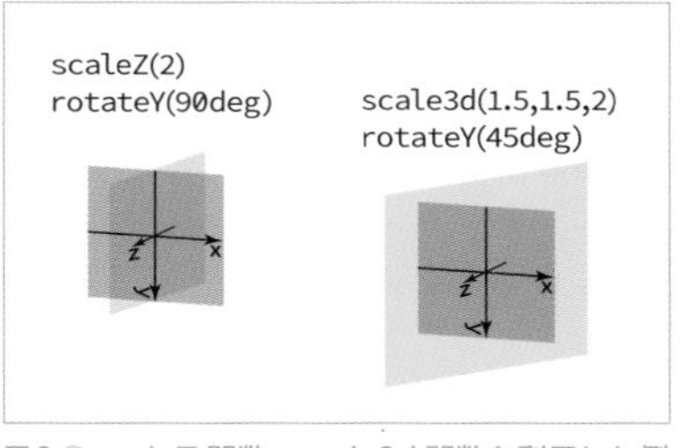

図2 ◉ scaleZ 関数、scale3d 関数を利用した例

- **rotateX(r)／rotateY(r)／rotateZ(r)**

それぞれ、X軸／Y軸／Z軸を回転軸として、要素をrだけ回転します（図3）。rには角度を表す値を指定します。なお、rotateZ(r)は、二次元変形のrotate(r)と同じ動作になります。

- **rotate3d(x,y,z,r)**

原点（0,0,0）と（x,y,z）を結ぶ直線を軸として、要素をrだけ回転します。x／y／zには長さを表す値を指定し、rには角度を表す値を指定します。

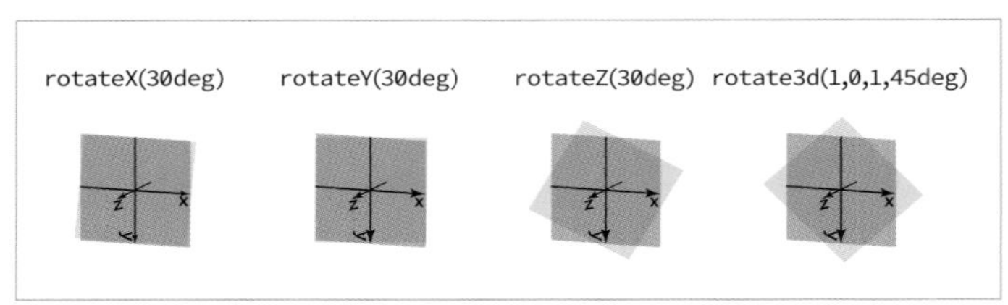

図3 ◉ rotateX 関数、rotateY 関数、rotateZ 関数、rotate3d 関数を利用した例

• perspective(l)

変形後の要素を透視図法で描画します（Z軸方向の値がプラスの要素は大きく表示され、マイナスの要素は小さく表示されます）。lには消失点のZ座標の値をプラスの長さで指定します。

例えば、「perspective(200px)」とした場合、Z座標がプラス100pxの位置にある要素は、X／Y方向に2倍に拡大されます。一方、Z座標がマイナス100pxの位置にある要素は、X／Y方向に3分の2倍に縮小されます（図4）。また、Z座標がプラス200pxより大きい要素は、消失点の背後にあって見えないことになりますので、表示されません。

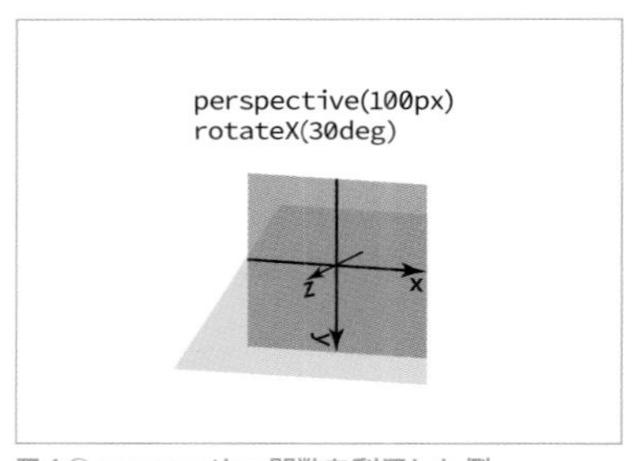

図4 ◉ perspective 関数を利用した例

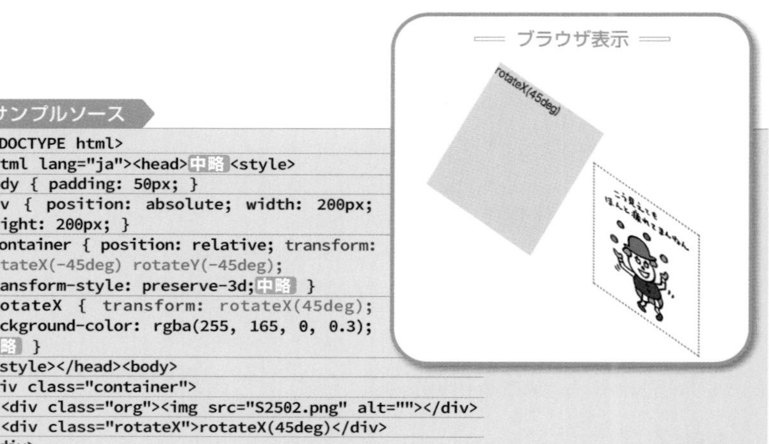

サンプルソース

```
<!DOCTYPE html>
<html lang="ja"><head>中略<style>
body { padding: 50px; }
div { position: absolute; width: 200px;
height: 200px; }
.container { position: relative; transform:
rotateX(-45deg) rotateY(-45deg);
transform-style: preserve-3d;中略 }
.rotateX { transform: rotateX(45deg);
background-color: rgba(255, 165, 0, 0.3);
中略 }
</style></head><body>
<div class="container">
  <div class="org"><img src="S2502.png" alt=""></div>
  <div class="rotateX">rotateX(45deg)</div>
</div>
</body>
</html>
```

トランスフォームの原点を指定する

構文

```
transform-origin: ● ▲ ■;
```

● … X方向の原点を示す値
▲ … Y方向の原点を示す値
■ … Z方向の原点を示す値

適用可能な要素 ブロックレベル要素や原子インラインレベル要素など

transform-originプロパティは、要素を変形する際の基準点を指定するプロパティです。X／Y／Zの各方向の値を指定します。

値をひとつだけ指定した場合は、ふたつ目に「center」、3つ目に「0px」を指定したのと同じになります。

また、値をふたつ指定した場合は、3つ目に「0px」を指定したのと同じになります。

それぞれに指定する値は、left／right／center／top／bottom／パーセント／長さのいずれかを指定します。

なお、初期値は「50% 50%」なので、transform-originプロパティを指定しない場合は、要素の中心点が変形の基準点になります。

サンプルソース

```
<!DOCTYPE html>
<html lang="ja">
<head>中略
<style>
div { border: 2px solid maroon;
background-color: gold;
width: 300px; }
.trans { transform: rotate(-30deg);
transform-origin: 300px 0; }
</style>
</head>
<body>
<div><img src="S2503.png" alt=""></div>
<div class="trans">transfrom</div>
</body>
</html>
```

ブラウザ表示
短い夏を
駆け抜けるんだ！
ココ
transfrom

トランスフォームを平面か立体か指定する

構文

```
transform-style: ●;
```

● … 奥行きを持たせるかどうかを指定するキーワード

適用可能な要素　ブロックレベル要素や原子インラインレベル要素など

transform-styleプロパティは、対象要素の子要素を描画する際に、奥行きを持たせるかどうかを指定します。

指定できるキーワードは以下のとおりです。

- **preserve-3d…子要素はz方向の奥行ができ、立体的に描画**
- **flat…子要素は平面上に描画：初期値**

サンプルでは、トランスフォームの種類を「preserve-3d」に指定をしています。そのため、ブラウザで表示したときに、奥行きのある表示がされていることがわかります。

サンプルソース

```
<!DOCTYPE html>
<html lang="ja"><head>中略<style>
body { padding: 25px 0 0 150px; }
.c1 { transform-style: preserve-3d; transform: rotateX(-10deg) rotateY(-20deg);
position: relative;中略}
.p { position: absolute; width: 200px; height: 200px; }
.p1 {中略}
.p2 { transform: translateZ(100px);中略}
.p3 { transform: translateZ(200px);中略}
</style></head><body><div class="c1">
  <div class="p p1">#1</div>
  <div class="p p2">#2</div>
  <div class="p p3"><img src="S2504.png" alt=""></div>
</div>
</body>
</html>
```

奥行きを持たせるかどうか指定する

構文

```
perspective: ●;
```

● … 奥行きを示す数値もしくはnone

適用可能な要素　変形可能な要素

perspectiveプロパティは、透視図法で要素を描画するために、奥行きが0の面から消失点までの距離を指定するプロパティです。

値は奥行きを示す数値を指定します。初期値はnoneです。

transformプロパティのperspective関数と似ていますが、perspective関数はその要素自身が対象になるのに対し、perspectiveプロパティはその要素の子要素が対象になる点が異なります。

そのため、transformプロパティの様々な関数で変形させた要素は、Z軸方向の値がプラスの要素は大きく表示され、マイナスの要素は小さく表示されます。

ブラウザ表示

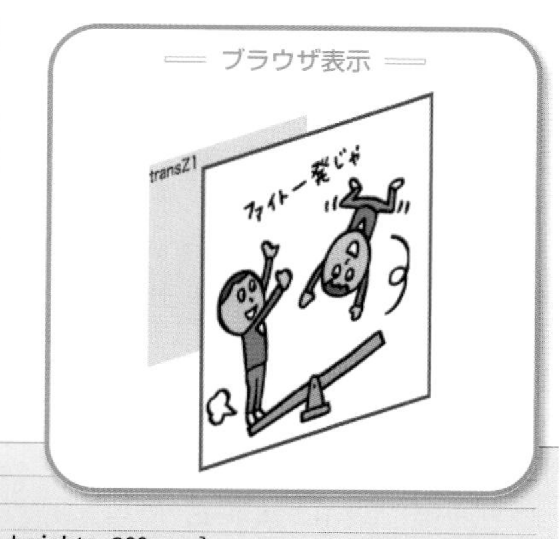

サンプルソース

```
<!DOCTYPE html>
<html lang="ja"><head>中略<style>
body { padding: 25px 0 0 50px; }
div { position: absolute; width: 200px; height: 200px; }
.container { perspective: 300px; position: relative; width : 200px; height: 200px;
transform: rotateX(-20deg) rotateY(45deg); transform-style: preserve-3d;中略}
.org {中略}
.transZ1 { transform: translateZ(-100px);中略}</style></head><body>
<div class="container">
  <div class="org"><img src="S2505.png" alt=""></div>
  <div class="transZ1">transZ1</div>
</div>
</body>
</html>
```

25 トランスフォーム

奥行きの消失点を指定する

構文

```
perspective-origin: ● ▲;
```

● … 消失点のX方向の位置を示す数値またはキーワード
▲ … 消失点のY方向の位置を示す数値またはキーワード

適用可能な要素　変形可能な要素

perspective-originプロパティは、透視図法の消失点のX／Y方向の位置を指定するプロパティです。

値はX／Yとも、長さを表す値や、パーセントを指定します（パーセントの場合は、要素のサイズに対する比率を表します）。

また、X方向はleft／center／right、Y方向はtop／center／bottomのキーワードで指定することもできます。

このプロパティを指定しない場合、初期値は「50% 50%」（要素の中心）になっていて、要素を真正面から見たイメージを表示する形になります。消失点を上にずらすと、要素を斜め上から見下ろすことになりますので、それに沿った形で表示されます。

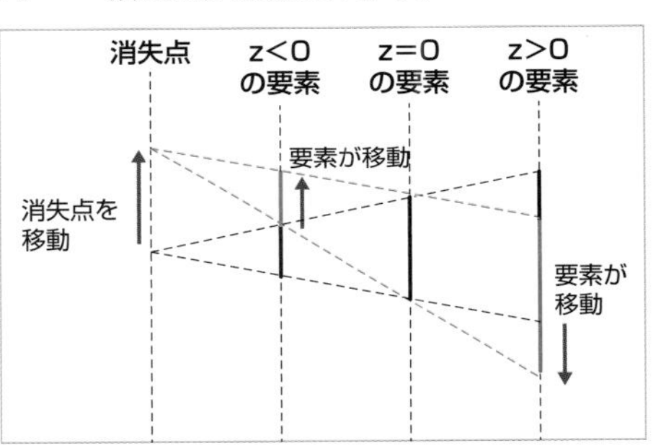

サンプルソース

```
<!DOCTYPE html>
<html lang="ja"><head>中略<style>
body { padding: 40px 50px 0; }
div { position: absolute; width: 150px;
height: 150px; }
.container { perspective-origin: left top;
perspective: 150px; position: relative;
transform: rotateX(-20deg) rotateY(45deg);
transform-style: preserve-3d;中略}
.org {中略}
.transZ1 { transform: translateZ(50px);
中略}</style></style></head><body>
<div class="container">
  <div class="org">original</div>
   <div class="transZ1"><img src="S2506.
png" alt=""></div>
</div>
</body></html>
```

裏面の可視化を指定する

構文

```
backface-visibility: ●;
```

● … 裏面を表示するかどうかを示すキーワード

適用可能な要素　ブロックレベル要素や原子インラインレベル要素など

要素を3D変形すると、要素の裏側が前面に出ることがあります。例えば、transformプロパティのrotateX関数やrotateY関数で要素を回転する場合、90度〜270度回転させると、要素の裏側が前面に出ます。

backface-visibilityプロパティは、このようなときの要素の表示方法を指定するプロパティです。

指定できるキーワードは以下のとおりです。

- **hidden…要素の裏側が前面に出ているときには、要素を非表示**
- **visible…要素の裏側が前面に出ているときは、表側を透かしたように（上下や左右を反転して）表示：初期値**

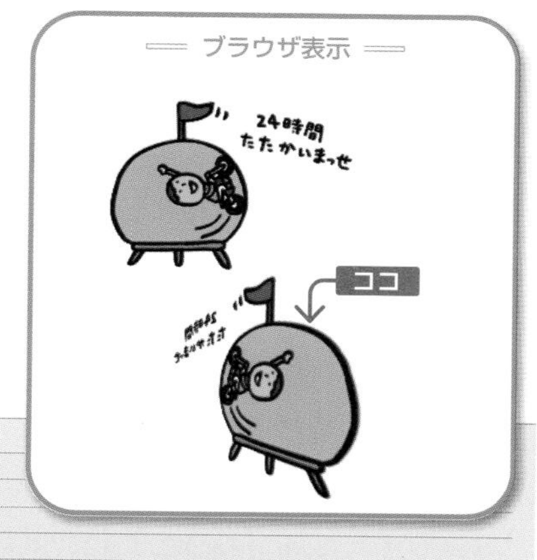

サンプルソース

```
<!DOCTYPE html>
<html lang="ja">
<head>中略
<style>
.container { display: inline-block; }
.trans { backface-visibility: visible; transform: perspective(200px) rotateY(-150deg);中略}
</style>
</head><body>
<div class="container"><img src="S2507.png" alt=""></div>
<div class="container">
  <div class="trans"><img src="S2507.png" alt=""></div>
</div>
</body>
</html>
```

トランジションの内容を指定する

構文

```
transition-property: ●;
```

● … 変化させるプロパティ名もしくはnoneもしくはall

適用可能な要素 すべての要素と ::before ／ ::after 疑似要素

transition-propertyプロパティで、変化させるプロパティの名前を指定します。

指定できる値は以下のとおりです。

- **プロパティ名…指定したプロパティの値が変化します。**
- **none…どのプロパティの値も変化しません。**
- **all…すべてのプロパティの値を変化させることができます：初期値**

サンプルでは、トランジションの内容を「background-color」に指定をしています。そのため、ブラウザで表示したときに、イラストの部分にマウスオーバーすると背景色が白から金色に変化するのがわかります。

サンプルソース

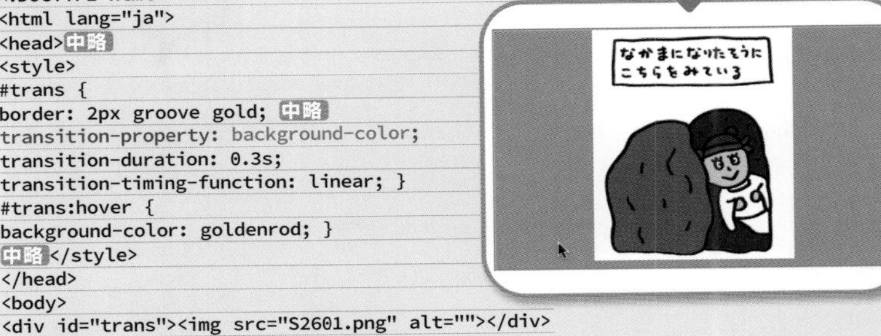

```
<!DOCTYPE html>
<html lang="ja">
<head>中略
<style>
#trans {
border: 2px groove gold; 中略
transition-property: background-color;
transition-duration: 0.3s;
transition-timing-function: linear; }
#trans:hover {
background-color: goldenrod; }
中略</style>
</head>
<body>
<div id="trans"><img src="S2601.png" alt=""></div>
</body>
</html>
```

トランジションの時間を指定する

構文

```
transition-duration: ●;
```

● … 変化させる時間

適用可能な要素　すべての要素と ::before ／ ::after 疑似要素

transition系のプロパティを使って、あるプロパティの値を変化させる際、段階的に変化させることができます。

このしくみを使って、アニメーション的な効果を得ることができます。

例えば、「要素をマウスでポイントしたときに、背景色を徐々に変える」といったことができます。

transition-durationプロパティは、プロパティを変化させる時間を指定します。初期値は0s（0秒）です。

例えば、3秒間で変化させる場合は、「3s」と指定します。

サンプルでは、トランジションの時間を「3s」に指定をしています。そのため、ブラウザで表示したときに、イラストの部分にマウスオーバーすると3秒かかって背景色が白から金色に変化するのがわかります。

サンプルソース

```
<!DOCTYPE html>
<html lang="ja">
<head>中略
<style>
#trans {
border: 2px groove gold;中略
transition-property: background-color;
transition-duration: 3s;
transition-timing-function: linear; }
#trans:hover {
background-color: goldenrod; }
中略</style>
</head>
<body>
<div id="trans"><img src="S2602.png" alt=""></div>
</body>
</html>
```

ブラウザ表示

トランジションの変更具合を指定する

構文

```
transition-timing-function: ●;
```

● … 変更具合を示す関数

適用可能な要素　すべての要素と ::before ／ ::after 疑似要素

transition-timing-functionプロパティは、プロパティの値の変更具合をキーワードで指定します。初期値はeaseです。

指定できるキーワードと変化のイメージは以下のとおりです（変化のイメージの縦軸はプロパティの値の変化度、横軸は時間です）。

キーワード	変化の概要	変化のイメージ
linear	直線的に変化	
ease	最初はややゆるやかに変化した後、大きく変化し、最後はゆるやかに変化	
ease-in	変化するスピードが徐々に上がる	
ease-out	変化するスピードが徐々に下がる	
ease-in-out	最初と最後はゆるやかに変化	

サンプルソース

```
<!DOCTYPE html>
<html lang="ja">
<head>中略
<style>
#trans {
border: 2px groove gold;中略
transition-property: background-color,
color;
transition-duration: 0.3s;
transition-timing-function: ease-out; }
#trans:hover {
background-color: goldenrod; }
中略</style>
</head>
<body>
<div id="trans"><img src="S2603.png" alt=""></div>
</body>
</html>
```

ブラウザ表示

トランジションの開始タイミングを指定する

構文

```
transition-delay: ●;
```

● … プロパティの変化を開始するまでの時間

適用可能な要素　すべての要素と ::before ／ ::after 疑似要素

transition-delayプロパティは、プロパティの変化を開始するまでの時間を指定します。初期値は0sです。

例えば、「transition-delay: 2s」とすると、プロパティの値を変えるような操作をしてから2秒後に、トランジションの効果が出始めます。

サンプルでは、トランジションの開始タイミングを「0.5s」に指定をしています。そのため、ブラウザで表示したときに、イラストの部分にマウスオーバーしてから0.5秒経ったあとで、背景色が白から金色に変化するのがわかります。

サンプルソース

```
<!DOCTYPE html>
<html lang="ja">
<head>中略
<style>
#trans {
border: 2px groove gold;
transition-property: background-color;
transition-duration: 0.3s;
transition-timing-function: linear;
transition-delay: 0.5s; }
#trans:hover {
background-color: goldenrod; }
中略</style>
</head>
<body>
<div id="trans"><img src="S2604.png" alt=""></div>
</body>
</html>
```

トランジションのスタイルを一括指定する

構文

transition: ● ▲ ■ ★;

- ● … 変化させるプロパティ名もしくはnoneもしくはall
- ▲ … 変化させる時間
- ■ … 変更具合を示す関数
- ★ … プロパティの変化を開始するまでの時間

適用可能な要素　すべての要素と ::before ／ ::after 疑似要素

transitionプロパティは、transition系のプロパティをまとめて指定します。

各プロパティの値は、スペースで区切って指定します。

また、複数のプロパティを同時に変化させることもできます。その場合は、●～★までの値を1組として、それぞれの組をコンマで区切って指定します。

例えば、widthプロパティとheightプロパティを、同時に2秒間に渡って直線的に変化させる場合、次のような書き方をします。

```
transition: width 2s linear 0s, height 2s linear 0s;
```

値を指定する順序は自由ですが、時間を指定した場合、最初の値がtransition-durationプロパティの値、その後に出てくる値はtransition-delayプロパティの値として解釈されます。

サンプルソース

```
<!DOCTYPE html>
<html lang="ja">
<head>
<meta charset="utf-8">
<title>トランジションの一括指定</title>
<style>
#trans {
border: 2px groove gold;中略
transition: background-color 0.3s linear; }
#trans:hover {
background-color: goldenrod; }
中略</style>
</head><body>
<div id="trans"><img src="S2605.png" alt=""></div>
</body>
</html>
```

ブラウザ表示

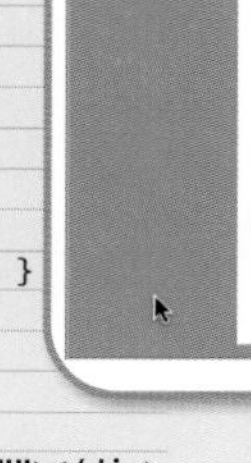

関連　トランジションの内容を指定する（P.308）、トランジションの時間を指定する（P.309）、トランジションの変更具合を指定する（P.310）、トランジションの開始タイミングを指定する（P.311）

キーフレームを指定する

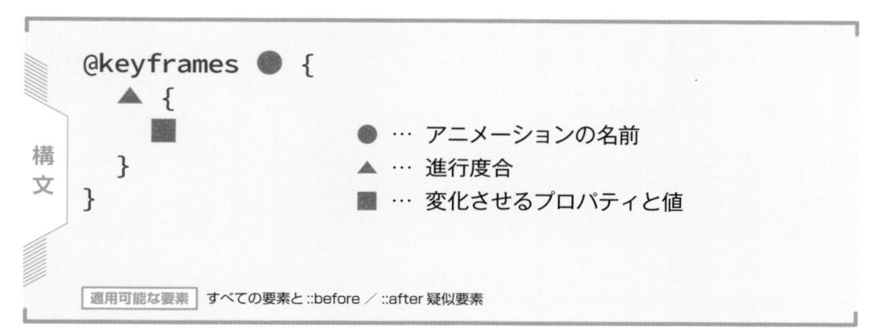
構文
@keyframes ● {
▲ {
■
}
}
● … アニメーションの名前
▲ … 進行度合
■ … 変化させるプロパティと値
適用可能な要素
すべての要素と ::before ／ ::after 疑似要素

アニメーションを行うには、まずアニメーションの「キーフレーム」を定義します。

キーフレームは、アニメーションの最初と最後や、その途中におけるプロパティと値を設定するのに使用します。ブラウザは設定の中間を埋め、アニメーションを表示します。

「@keyframes」ルールは、キーフレームを定義します。アニメーションの進行度合とともに、各時点での個々のプロパティの値を設定します。

●に「アニメーション名」を半角英数字で指定します。

▲には「進行度合」を指定します。値は「0%」「10%」などのパーセント表記を、アニメーション全体に対する進行度合として定義します。進行度合には、「from」「to」というキーワードを指定することもできます（fromが0%（最初の状態）、toが100%（最後の状態）に対応）。

そして、それぞれの進行度合のブロック（■）に、その時点でのプロパティの値を指定します。

サンプルソース

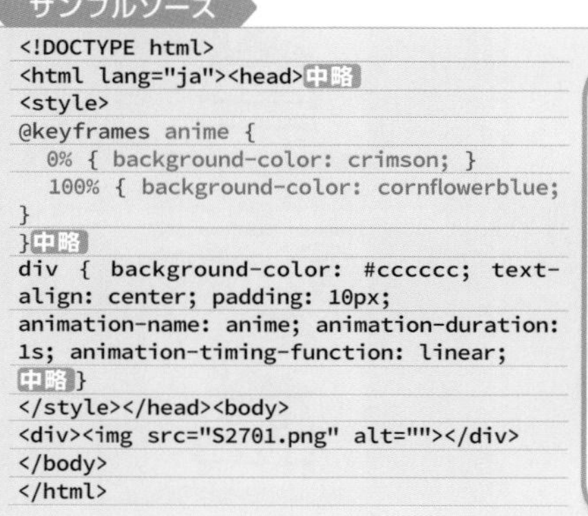

```
<!DOCTYPE html>
<html lang="ja"><head>中略
<style>
@keyframes anime {
  0% { background-color: crimson; }
  100% { background-color: cornflowerblue;
}
}中略
div { background-color: #cccccc; text-
align: center; padding: 10px;
animation-name: anime; animation-duration:
1s; animation-timing-function: linear;
中略}
</style></head><body>
<div><img src="S2701.png" alt=""></div>
</body>
</html>
```

ブラウザ表示
食べてみる

アニメーションの名前を指定する

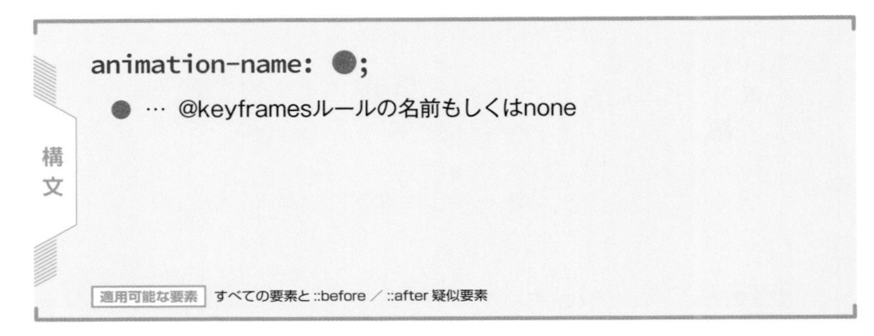

構文

```
animation-name: ●;
```

● … @keyframesルールの名前もしくはnone

適用可能な要素 すべての要素と ::before ／ ::after 疑似要素

animation-nameプロパティで、再生するアニメーションの@keyframesルールの名前を指定します。

初期値はnoneです。

animation-nameプロパティでanimation系のプロパティと@keyframesルールを関連付けて、アニメーションの細かな設定をすることができます。

サンプルでは、アニメーションの名前を「showElement」に指定をしています。そのため、ブラウザで表示したときに、@keyframesルールで「showElement」と名前の付けられたアニメーションの通り、背景色が赤紫から青に変わるのがわかります。

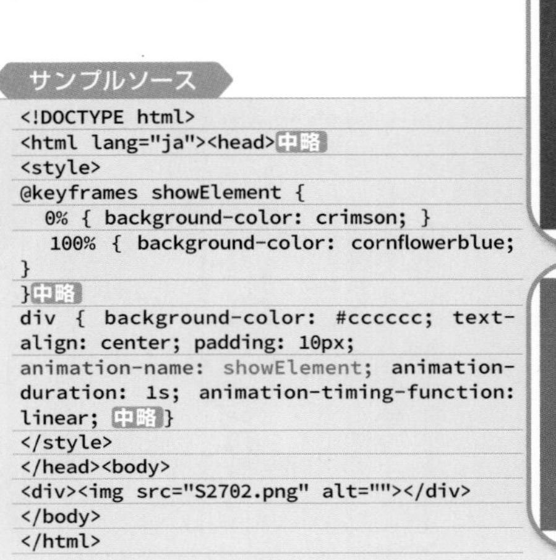

サンプルソース

```
<!DOCTYPE html>
<html lang="ja"><head>中略
<style>
@keyframes showElement {
  0% { background-color: crimson; }
  100% { background-color: cornflowerblue;
}
}中略
div { background-color: #cccccc; text-align: center; padding: 10px;
animation-name: showElement; animation-duration: 1s; animation-timing-function: linear; 中略 }
</style>
</head><body>
<div><img src="S2702.png" alt=""></div>
</body>
</html>
```

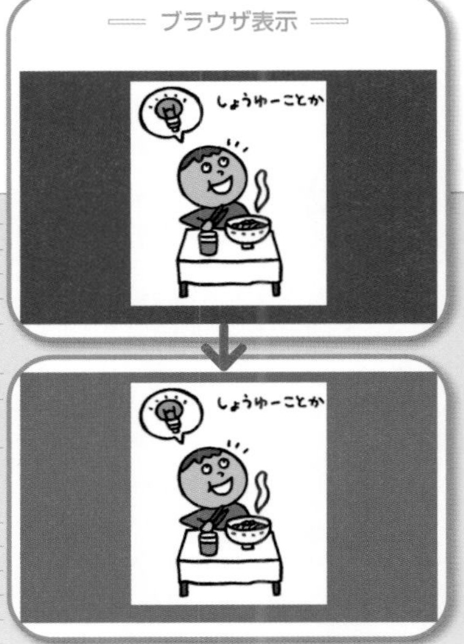

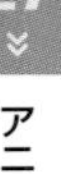

1回のアニメーションの時間を指定する

構文

```
animation-duration: ●;
```

● … 1回のアニメーションの時間

適用可能な要素　すべての要素と ::before ／ ::after 疑似要素

animation-durationプロパティは、プロパティを変化させるときの1回あたりの時間を指定します。初期値は0sです。

例えば、3秒間で変化させる場合は、「3s」と指定します。

サンプルでは、アニメーションの時間を「3s」に指定をしています。そのため、ブラウザで表示したときに、3秒かかって背景色が赤紫から青に変化するのがわかります。

サンプルソース

```
<!DOCTYPE html>
<html lang="ja"><head>中略
<style>
@keyframes anime {
  0% { background-color: crimson; }
  100% { background-color: cornflowerblue; }
}中略
div { background-color: #cccccc; text-align: center; padding: 10px;
animation-name: anime; animation-duration: 3s; animation-timing-function: linear; 中略}
</style>
</head><body>
<div><img src="S2703.png" alt=""></div>
</body>
</html>
```

アニメーションの変更具合を指定する

構文

```
animation-timing-fuction: ●;
```

● … 変更具合を示す関数

適用可能な要素 すべての要素と ::before ／ ::after 疑似要素

animation-timing-functionプロパティは、プロパティの値の変更具合を関数で指定します。

関数として、ベジエ曲線系の関数を指定することができます。初期値はeaseです。指定できる関数は、transition-timing-functionプロパティと同じです。

サンプルでは、アニメーションの変更具合を「ease-out」に指定をしています。そのため、ブラウザで表示したときに、背景色の変化が最後はゆっくりになるのがわかります。

ブラウザ表示

サンプルソース

```
<!DOCTYPE html>
<html lang="ja"><head>中略
<style>
@keyframes anime {
  0% { background-color: crimson; }
  100% { background-color: cornflowerblue; }
}中略
div { background-color: #cccccc; text-align: center; padding: 10px;
animation-name: anime; animation-duration: 3s; animation-timing-function: ease-
out;中略}
</style>
</head><body>
<div><img src="S2704.png" alt=""></div>
</body>
</html>
```

関連 トランジションの開始タイミングを指定する（P.311）

アニメーションの開始タイミングを指定する

構文

```
animation-delay: ●;
```

● … プロパティの変化を開始するまでの時間

適用可能な要素　すべての要素と ::before ／ ::after 疑似要素

animation-delayプロパティは、プロパティの変化を開始するまでの時間を指定するプロパティです。初期値は0sです。

例えば、「animation-delay: 2s」とすると、プロパティの値を変えるような操作をしてから2秒後に、アニメーション効果が出始めます。

サンプルでは、アニメーションの開始タイミングを「2s」に指定をしています。そのため、ブラウザで表示したときに、2秒経ったあとで、背景色が赤紫から青に変化するのがわかります。

サンプルソース

```
<!DOCTYPE html>
<html lang="ja"><head>中略
<style>
@keyframes anime {
  0% { background-color: crimson; }
  100% { background-color: cornflowerblue;
}
}中略
div { background-color: #cccccc; text-align: center; padding: 10px;
animation-name: anime; animation-duration: 3s; animation-timing-function: ease-out;
animation-delay: 2s;中略}
</style>
</head><body>
<div><img src="S2705.png" alt=""></div>
</body>
</html>
```

ブラウザ表示

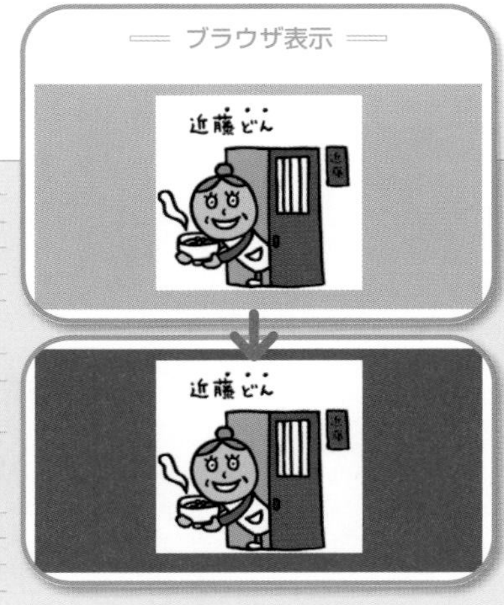

アニメーションの繰り返し回数を指定する

構文

```
animation-iteration-count: ●;
```

● … アニメーションの繰り返し回数を示す数値もしくはinfinite

適用可能な要素　すべての要素と ::before ／ ::after 疑似要素

animation-iteration-countプロパティは、アニメーションの繰り返しの回数を指定するプロパティです。

値は0より大きな数値を指定します。初期値は1です。小数点以下の値を含む場合は、アニメーションの再生が途中で止まります。例えば、「animation-iteration-count: 1.5」とすると、1回半再生して終了します。

なお、「infinite」を指定すると、無限に繰り返して再生します。

サンプルでは、アニメーションの繰り返し回数を「2」に指定をしています。そのため、ブラウザで表示したときに、背景色が赤紫から青へ変化を2回繰り返すのがわかります。

ブラウザ表示

サンプルソース

```
<!DOCTYPE html>
<html lang="ja"><head>中略
<style>
@keyframes anime {
  0% { background-color: crimson; }
  100% { background-color: cornflowerblue; }
}中略
div { background-color: #cccccc; text-align: center; padding: 10px;
animation-name: anime; animation-duration: 3s; animation-timing-function: ease-
out; animation-iteration-count: 2;中略}
</style></head><body>
<div><img src="S2706.png" alt=""></div>
</body>
</html>
```

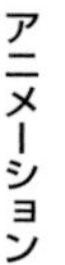

アニメーションの再生方向を指定する

```
animation-direction: ●;
```

● … 再生方向を指定するキーワード

構文

適用可能な要素　すべての要素と ::before ／ ::after 疑似要素

animation-directionプロパティは、再生の方向を指定するプロパティです。

指定できるキーワードは以下のとおりです。

- normal…先頭から最後に向かって再生：初期値
- reverse…最後から先頭に向かって再生
- alternate…繰り返しの奇数回目ではnormal、偶数回目ではreverseで再生
- alternate-reverse…繰り返しの奇数回目ではreverse、偶数回目ではnormalで再生

サンプルでは、アニメーションの再生方向を「alternate」に指定をしています。そのため、ブラウザで表示したときに、アニメーションの繰り返しの偶数回目では再生方向が反転するのがわかります。

サンプルソース

```
<!DOCTYPE html>
<html lang="ja"><head>中略
<style>
@keyframes anime {
  0% { background-color: crimson; }
  100% { background-color: cornflowerblue; }
} 中略
div { background-color: #cccccc; text-align: center; padding: 10px;
animation-name: anime; animation-duration: 3s; animation-timing-function: ease-
out; animation-iteration-count: 4; animation-direction: alternate;中略}
</style></head><body>
<div><img src="S2706.png" alt=""></div>
</body>
</html>
```

アニメーションの再生状態を指定する

構文

```
animation-play-state: ●;
```

● … 再生状態を示すキーワード

適用可能な要素 すべての要素と ::before ／ ::after 疑似要素

animation-play-stateプロパティは、アニメーションの再生状態を指定するプロパティです。

指定するキーワードは下記のとおりです。

- running…再生状態：初期値
- paused…再生を中断

サンプルでは、マウスオーバー時のアニメーションの再生状態を「paused」に指定をしています。そのため、ブラウザで表示したときに、イラストにマウスオーバーするとアニメーションが止まることがわかります。

ブラウザ表示

サンプルソース

```
<!DOCTYPE html>
<html lang="ja"><head>中略<style>
@keyframes anime {
  0% { background-color: crimson; }
  100% { background-color: cornflowerblue; }
}中略
div { background-color: #cccccc; text-align: center; padding: 10px;
animation-name: anime; animation-duration: 3s; animation-timing-function: ease-out;
animation-iteration-count: 4;中略}
div:hover { animation-play-state: paused;中略}
</style></head><body>
<div><img src="S2707.png" alt=""></div>
</body>
</html>
```


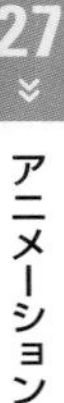

アニメーション再生前後の表示を指定する

構文

```
animation-fill-mode: ●;
```

● … アニメーション再生前後の表示を指定するキーワード

適用可能な要素　すべての要素と ::before ／ ::after 疑似要素

animation-fill-modeプロパティは、アニメーションの開始前と終了後に、アニメーション対象のプロパティの値をどのように処理するかを指定します。初期値はnoneです。

指定できるキーワードは以下のとおりです。

- **none…アニメーションの再生前後に対象要素に指定されている値を適用：初期値**
- **forwards…アニメーション終了後にアニメーションの最後のキーフレームの値を適用**
- **backwards…アニメーション開始前（animation-delayプロパティの時間が経過するまで）にアニメーションの最初のキーフレームの値を適用**
- **both…forwardsとbackwardsの 両方を適用**

ブラウザ表示

サンプルソース

```
<!DOCTYPE html>
<html lang="ja"><head>中略
<style>
@keyframes anime {
  0% { background-color: crimson; }
  100% { background-color: cornflowerblue; }
}中略
div { background-color: #cccccc; text-align: center; padding: 10px;
animation-name: anime; animation-duration: 1s; animation-timing-function: linear;
animation-fill-mode: both;中略}
</style></head><body>
<div><img src="S2709.png" alt=""></div>
</body>
</html>
```

アニメーションのスタイルを一括指定する

構文

animation: ● ▲ ■ ★ ◆ ◎ ○ △;

● … @keyframesルールの名前もしくはnone
▲ … 1回のアニメーションの時間
■ … 変更具合を示す関数
★ … プロパティの変化を開始するまでの時間
◆ … アニメーションの繰り返し回数を示す数値もしくはinfinite
◎ … 再生方向を指定するキーワード
○ … 再生状態を示すキーワード
△ … アニメーション再生前後の表示を指定するキーワード

適用可能な要素 すべての要素と ::before ／ ::after 疑似要素

animationプロパティは、animation系のプロパティをまとめて指定します。

この節で取り上げたanimation-name／animation-duration／animation-timing-function／animation-delay／animation-iteration-count／animation-direction／animation-fill-modeの各プロパティの値を扱うことができます。

各プロパティの値を指定する順序は自由です。

ただし、時間を指定した場合、最初の値がanimation-durationプロパティの値、その後に出てくる値はanimation-delayプロパティの値として利用されます。

サンプルソース

```
<!DOCTYPE html>
<html lang="ja">
<head>中略
<style>
@keyframes anime {
  0% { background-color: crimson; }
  100% { background-color: cornflowerblue; }
}中略
div { background-color: #cccccc; text-align:
center; padding: 10px;
animation: anime 1s linear 4 alternate both;
中略}
</style>
</head><body>
<div><img src="S2710.png" alt=""></div>
</body>
</html>
```

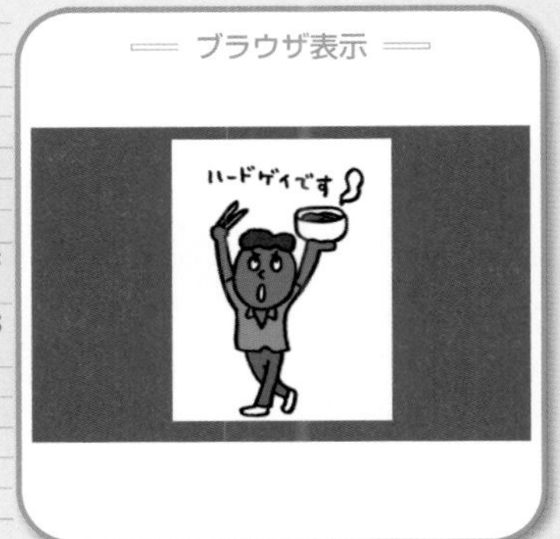

27 アニメーション

関連 アニメーションの名前（P.314）、1回のアニメーションの時間（P.315）、アニメーションの変更具合（P.316）、アニメーションの開始タイミング（P.317）、アニメーションの繰り返し回数（P.318）、アニメーションの再生方向（P.319）、アニメーションの再生状態（P.320）、アニメーション再生前後の表示（P.321）

フィルターをかける（ぼかし／シャドウ／透明化）

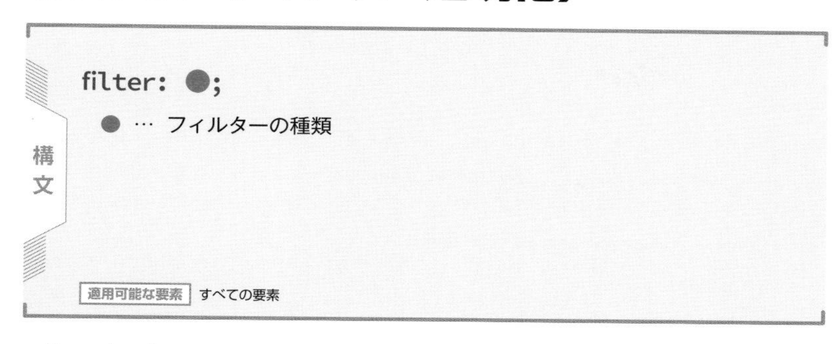
構文

```
filter: ●;
```

● … フィルターの種類

適用可能な要素 すべての要素

filterプロパティは、要素に対して白黒化などのフィルターを行う働きをします。

W3Cの「Filter Effects」で仕様策定が進められています（https://www.w3.org/TR/filter-effects/）。フィルターは関数かSVGで指定します。

関数を利用する場合は「filter: 関数(パラメータ);」の形でフィルターをかけます。この節ではblur、drop-shadow、opacityの3種類の関数を紹介します。

①blur(長さ)

画像をぼかします。「長さ」のパラメータで、ぼかす度合いを指定します。ただし、長さとしてパーセントを指定することはできません。

②drop-shadow (Xオフセット Yオフセット 距離 色)

要素に陰をつけます。値の指定方法はbox-shadowプロパティとほぼ同じで、ふたつまたは3つの値と色を指定します(235ページ参照)。

③opacity(割合)

要素を透明化します。「割合」のパラメータには、0%～100%の範囲で値を指定します。0%を指定すると完全に透明になり、100%を指定すると元のままになります。

サンプルはblur、drop-shadow、opacityの3種類の関数を画像に適用する例です。

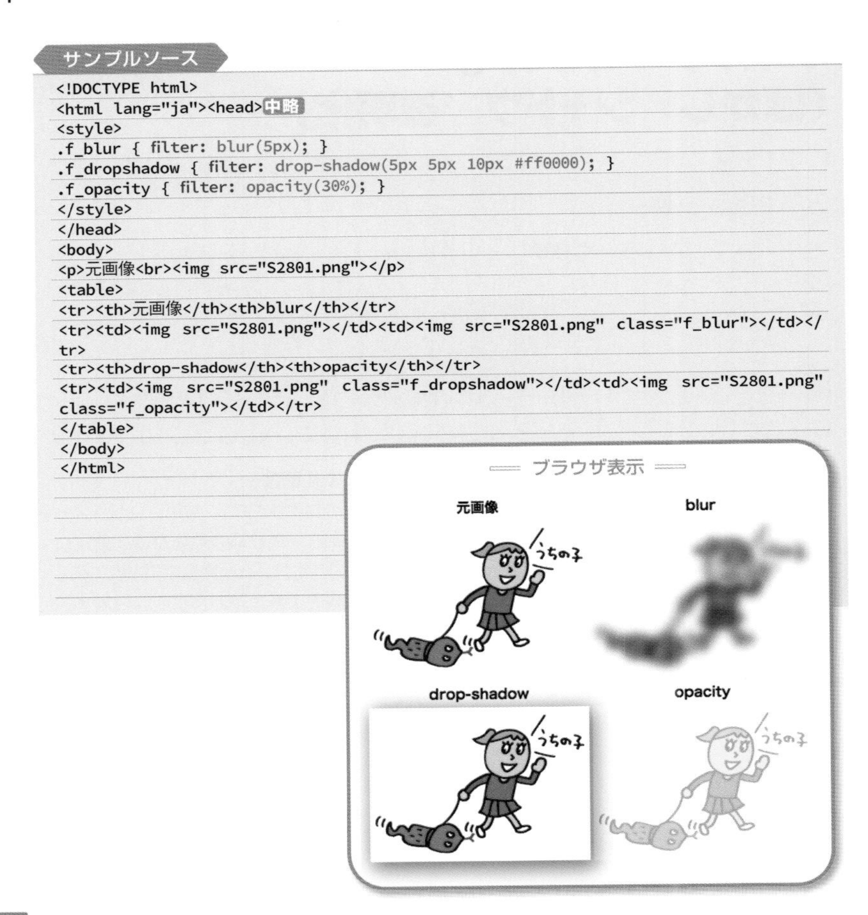

サンプルソース

```
<!DOCTYPE html>
<html lang="ja"><head>中略
<style>
.f_blur { filter: blur(5px); }
.f_dropshadow { filter: drop-shadow(5px 5px 10px #ff0000); }
.f_opacity { filter: opacity(30%); }
</style>
</head>
<body>
<p>元画像<br><img src="S2801.png"></p>
<table>
<tr><th>元画像</th><th>blur</th></tr>
<tr><td><img src="S2801.png"></td><td><img src="S2801.png" class="f_blur"></td></
tr>
<tr><th>drop-shadow</th><th>opacity</th></tr>
<tr><td><img src="S2801.png" class="f_dropshadow"></td><td><img src="S2801.png"
class="f_opacity"></td></tr>
</table>
</body>
</html>
```

フィルターをかける（白黒／セピア調／色相／反転）

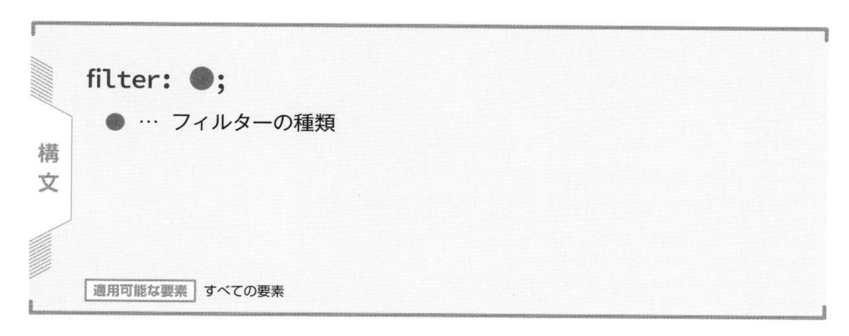

filterプロパティは、要素に対して白黒化などのフィルターを行う働きをします。

filter: ●;
● … フィルターの種類
構文
適用可能な要素 すべての要素

この節ではgrayscale、sepia、hue-rotate、invertの4種類の関数を紹介します。

①grayscale(割合)

要素を白黒に変換します。「割合」のパラメータで、変換の度合いを0%～100%の範囲で指定します。

②sepia(割合)

要素をセピア調にします。「割合」のパラメータには、0%～100%の範囲で値を指定します。0%を指定すると元のままで、100%を指定すると完全にセピア調になります。

③hue-rotate(角度)

色相を変えます。「角度」のパラメータで、変化させる角度を0deg～360degの範囲で指定します。

④invert(割合)

色を反転します。「割合」のパラメータで、反転の度合いを0%～100%の範囲で指定します。

サンプルはgrayscale、sepia、hue-rotate、invertの4種類の関数を画像に適用する例です。

サンプルソース

```
<!DOCTYPE html>
<html lang="ja"><head>中略
<style>
.f_grayscale { filter: grayscale(100%); }
.f_sepia { filter: sepia(100%); }
.f_hue { filter: hue-rotate(120deg); }
.f_invert { filter: invert(100%); }
中略</style>
</head>
<body>
<table>
<tr><th></th><th>元画像</th></tr>
<tr><td><img src="S2801.png"></td><td><img src="photo.jpg"></td></tr>
<tr><th>grayscale</th><th>sepia</th></tr>
<tr><td><img src="photo.jpg" class="f_grayscale"></td><td><img src="photo.jpg"
class="f_sepia"></td></tr>
<tr><th>hue-rotate</th><th>invert</th></tr>
<tr><td><img src="photo.jpg" class="f_hue"></td><td><img src="photo.jpg"
class="f_invert"></td></tr>
</table>
</body>
</html>
```

フィルターをかける（彩度／明度／コントラスト）

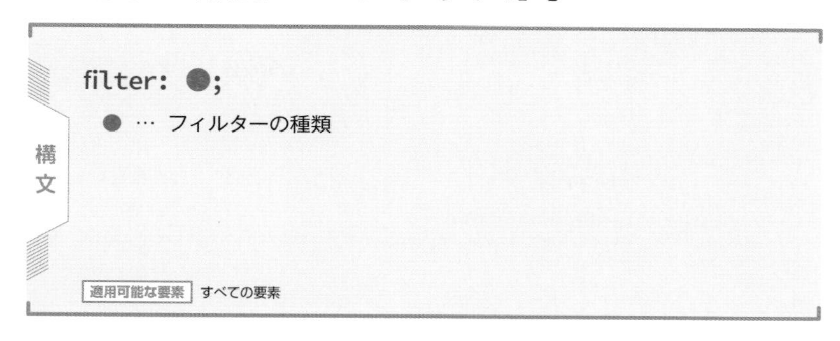

filterプロパティは、要素に対して白黒化などのフィルターを行う働きをします。

filter: ●;
● … フィルターの種類
構文
適用可能な要素 すべての要素

この節ではsaturate、brightness、contrastの3種類の関数を紹介します。

①saturate(割合)

彩度を変えます。「割合」のパラメータに、パーセントで彩度を指定します。100%未満の値を指定すると彩度が減り、100%を超える値にすれば彩度がはっきりします。

②brightness(割合)

明るさを変えます。「割合」のパラメータに、パーセントで明るさを指定します。0%を指定すると要素は真っ黒になり、100%にすると元々の明るさのままになります。100%以上の値を指定すると、より明るくなります。

③contrast(割合)

コントラストを変えます。「割合」のパラメータに、パーセントでコントラストを指定します。100%を指定すると元のコントラストのままで、100%を超える値にすればコントラストがよりはっきりします。

サンプルはsaturate、brightness、contrastの3種類の関数を画像に適用する例です。

サンプルソース

```
<!DOCTYPE html>
<html lang="ja"><head>中略
<style>
.f_brightness { filter: brightness(200%); }
.f_contrast { filter: contrast(200%); }
.f_saturate { filter: saturate(30%); }
中略</style>
</head>
<body>中略
<table>
<tr><th>元画像</th><th>brightness</th></tr>
<tr><td><img src="photo.jpg"></td><td><img src="photo.jpg" class="f_bright-
ness"></td></tr>
<tr><th>contrast</th><th>saturate</th></tr>
<tr><td><img src="photo.jpg" class="f_contrast"></td><td><img src="photo.jpg"
class="f_saturate"></td></tr>
</table>
</body>
</html>
```

ブラウザ表示

Appendix

プロパティの値を計算で求める

構文

```
calc(●)
```

● … 計算式

適用可能な要素 長さなど数値を指定するプロパティ

calc関数は、プロパティに指定する値を、計算で求める関数です。

長さ／周波数／角度／時間／数値／整数を指定できる関数で、「calc(式)」のような書き方で使います。式の中では、足し算(+)／引き算(-)／掛け算(*)／割り算(/)の計算を行うことができます。

マイナス値の演算もあるため演算記号の前後には半角スペースが必要です。

サンプルはcalc関数を使って、2カラムリキッドレイアウトを行う例です。

右カラムの幅を250ピクセル固定にし、左カラムに残りの幅を与えます。左カラムのwidthプロパティに「calc(100% - 250px)」を指定して、「全部の幅（100%）から250ピクセルを引く」という考え方で、幅を可変にしています。

サンプルソース

```
<!DOCTYPE html>
<html lang="ja"><head>中略
<style>
#left { width: calc(100% - 250px); height: 100px; background-color: #ccccff;
float: left; }
#right { width: 250px; height: 100px; background-color: #ffcccc; float: left; }
</style>
</head>
<body>
<div id="container">
  <div id="left">left</div>
  <div id="right">right</div>
</div>
</body>
</html>
```

ブラウザ表示

left right

ウィンドウの幅を広くしたときの表示

left right

ウィンドウの幅を狭くしたときの表示

プロパティの値を変数として扱う（カスタムプロパティ）

構文

```
● { ▲: ■ }
var(▲)
```

● … セレクタ
▲ … 変数名
■ … 代入する値

適用可能な要素　長さなど数値を指定するプロパティ

カスタムプロパティは、プロパティの値を、プログラム言語で言うところの「変数」として扱う仕組みです。

同じ意味を持つ値をCSS内の複数の箇所で使う際に、これまでのCSSだと、値を変更するには手作業で確認しながら置換を行う必要があり不便でした。これを変数化することで、変数に代入する値を変えるだけで、値の変更を一括して行うことができ、CSS作成の効率が上がります。

・変数への値の代入

変数に値を代入するには、変数を使いたいセレクタで、「変数名: 値」のように記述します。すべてのセレクタで共通して使える変数を定義したい場合は、「:root」というセレクタに対して変数を定義します。

変数名は先頭が「--」（ハイフン2個）で始まり、その後は英数字／ハイフン／アンダースコアの組み合わせで決めます。ただし、「--」の直後には数字を使うことはできません。また、アルファベットの半角と全角は区別されます。

・変数の値の利用

プロパティの値として、変数の値を使うことができます。この場合、「プロパティ: var(変数名)」のように、「var」を使って変数名を指定します。また、calc関数（前ページ参照）の中でvar()を使って、変数の値を計算に使うこともできます。

サンプルはカスタムプロパティを使って、3カラムリキッドレイアウトを行う例です。

左右カラムの幅と背景色を、それぞれ--sidebar_width／--sidebar_colorという変数に代入しています。これらの変数に代入する値を変えることで、左右のサイドバーの幅と背景色をまとめて変えることができます。

サンプルソース

```
<!DOCTYPE html>
<html lang="ja"><head>中略
<style>
:root { --sidebar_width: 250px; --sidebar_color: #ccccff; }
#container { display: flex; min-width: 600px; height: 100px; }
#left { width: var(--sidebar_width); background-color: var(--sidebar_color); }
#right { width: var(--sidebar_width); background-color: var(--sidebar_color); }
#content { width: calc(100% - 2 * var(--sidebar_width)); background-color: #ff-
cccc; }
</style>
</head>
<body>
<div id="container">
  <div id="left">left</div>
  <div id="content">content</div>
  <div id="right">right</div>
</div>
</body>
</html>
```

ブラウザ表示

left content right

元々の表示

left content right

CSS の 1 行目を「:root { --sidebar_width: 150px; --sidebar_color: #ccffcc; }」に変えた例

Column

Webサイトの統一感を保つ基本のスタイル

CSSにはたくさんのプロパティがあるため、ページごとにまったく異なったスタイルを使用すると、まとまりのないWebサイトになってしまいます。

そもそもCSSは、ページ内のまとまりだけでなく、Webサイトとしてのまとまりを作るために作られています。

CSSを効果的に使うために、Webサイト全体で使用する「基本のスタイル」を設定しましょう。例えば、以下のようなものが考えられます。

body 要素に適用	
文字	書体:font-family、文字サイズ:font-size、行間:line-height、文字色:color など
背景	背景色:background-color など

h1 ～ h6 要素に適用	
文字	文字サイズ:font-size、行間:line-height、文字色:color など
余白	要素の周りの余白:margin など

p 要素に適用	
余白	要素の周りの余白:margin など

a 要素に対して	
テキスト	文字色:color、下線:text-decoration など
訪問済みテキスト	文字色:color など
マウスオーバー時のテキスト	文字色:color、下線:text-decoration など

サンプルソース HTML

```
<!DOCTYPE html>
<html lang="ja">
<head>
<meta charset="utf-8">
<link rel="stylesheet" href="common.
css">
</head>
<body>
<h1>大見出し</h1>
<p>本文がはいります。…</p>
<h2>中見出し</h2>
<p>本文がはいります。…</p>
<h2>中見出し</h2>
<p>本文がはいります。…</p>
<p><a href="#">リンクテキストが入ります。
…</a></p>
</body>
</html>
```

サンプルソース CSS(common.css)

```
body { font-family: "Hiragino Kaku
Gothic Pro", Meiryo, sans-serif; font-
size: 14px; line-height: 1.8; color:
#333333; background-color: ivory;
margin: 1em; }
h1 { font-size: 28px; line-height:
1.3; color: darkgreen; margin: 0; }
h2 { font-size: 21px; line-height:
1.3; color: darkgreen; margin: 1.5em 0
0; }
p { margin: 0.5em 0 0; }
a { color: darkolivegreen;
text-decoration: none; }
a:visited { color: darkseagreen; }
a:hover { text-decoration: underline;
}
```

カラーネーム一覧

HTMLのカラー指定では、カラーネームを使用することができます（29、165ページ参照）。カラーネームの一覧を掲載します。

カラーネーム	色見本	16進数値
white		#FFFFFF
ivory		#FFFFF0
lightyellow		#FFFFE0
yellow		#FFFF00
snow		#FFFAFA
floralwhite		#FFFAF0
lemonchiffon		#FFFACD
cornsilk		#FFF8DC
seashell		#FFF5EE
lavenderblush		#FFF0F5
papayawhip		#FFEFD5
blanchedalmond		#FFEBCD
mistyrose		#FFE4E1
bisque		#FFE4C4
moccasin		#FFE4B5
navajowhite		#FFDEAD
peachpuff		#FFDAB9
gold		#FFD700
pink		#FFC0CB
lightpink		#FFB6C1
orange		#FFA500
lightsalmon		#FFA07A
darkorange		#FF8C00
coral		#FF7F50
hotpink		#FF69B4
tomato		#FF6347
orangered		#FF4500
deeppink		#FF1493
fuchsia		#FF00FF
magenta		#FF00FF
red		#FF0000
oldlace		#FDF5E6
lightgoldenrodyellow		#FAFAD2

カラーネーム	色見本	16 進数値
linen		#FAF0E6
antiquewhite		#FAEBD7
salmon		#FA8072
ghostwhite		#F8F8FF
mintcream		#F5FFFA
whitesmoke		#F5F5F5
beige		#F5F5DC
wheat		#F5DEB3
sandybrown		#F4A460
azure		#F0FFFF
honeydew		#F0FFF0
aliceblue		#F0F8FF
khaki		#F0E68C
lightcoral		#F08080
palegoldenrod		#EEE8AA
violet		#EE82EE
darksalmon		#E9967A
lavender		#E6E6FA
lightcyan		#E0FFFF
burlywood		#DEB887
plum		#DDA0DD
gainsboro		#DCDCDC
crimson		#DC143C
palevioletred		#DB7093
goldenrod		#DAA520
orchid		#DA70D6
thistle		#D8BFD8
lightgray		#D3D3D3
lightgrey		#D3D3D3
tan		#D2B48C
chocolate		#D2691E
peru		#CD853F
indianred		#CD5C5C
mediumvioletred		#C71585
silver		#C0C0C0
darkkhaki		#BDB76B
rosybrown		#BC8F8F
mediumorchid		#BA55D3

カラーネーム	色見本	16進数値
darkgoldenrod		#B8860B
firebrick		#B22222
powderblue		#B0E0E6
lightsteelblue		#B0C4DE
paleturquoise		#AFEEEE
greenyellow		#ADFF2F
lightblue		#ADD8E6
darkgray		#A9A9A9
darkgrey		#A9A9A9
brown		#A52A2A
sienna		#A0522D
yellowgreen		#9ACD32
darkorchid		#9932CC
palegreen		#98FB98
darkviolet		#9400D3
mediumpurple		#9370DB
lightgreen		#90EE90
darkseagreen		#8FBC8F
saddlebrown		#8B4513
darkmagenta		#8B008B
darkred		#8B0000
blueviolet		#8A2BE2
lightskyblue		#87CEFA
skyblue		#87CEEB
gray		#808080
grey		#808080
olive		#808000
purple		#800080
maroon		#800000
aquamarine		#7FFFD4
chartreuse		#7FFF00
lawngreen		#7CFC00
mediumslateblue		#7B68EE
lightslategray		#778899
lightslategrey		#778899
slategray		#708090
slategrey		#708090
olivedrab		#6B8E23

カラーネーム	色見本	16進数値
slateblue		#6A5ACD
dimgray		#696969
dimgrey		#696969
mediumaquamarine		#66CDAA
cornflowerblue		#6495ED
cadetblue		#5F9EA0
darkolivegreen		#556B2F
indigo		#4B0082
mediumturquoise		#48D1CC
darkslateblue		#483D8B
steelblue		#4682B4
royalblue		#4169E1
turquoise		#40E0D0
mediumseagreen		#3CB371
limegreen		#32CD32
darkslategray		#2F4F4F
darkslategrey		#2F4F4F
seagreen		#2E8B57
forestgreen		#228B22
lightseagreen		#20B2AA
dodgerblue		#1E90FF
midnightblue		#191970
aqua		#00FFFF
cyan		#00FFFF
springgreen		#00FF7F
lime		#00FF00
mediumspringgreen		#00FA9A
darkturquoise		#00CED1
deepskyblue		#00BFFF
darkcyan		#008B8B
teal		#008080
green		#008000
darkgreen		#006400
blue		#0000FF
mediumblue		#0000CD
darkblue		#00008B
navy		#000080
black		#000000

HSLカラー

HSLカラーはHue（色相）、Saturation（彩度）、Lightness（明度）の数値の組み合わせで色の指定をします。下の表は色相の値を30ごとに区切り、縦軸に明度、横軸に彩

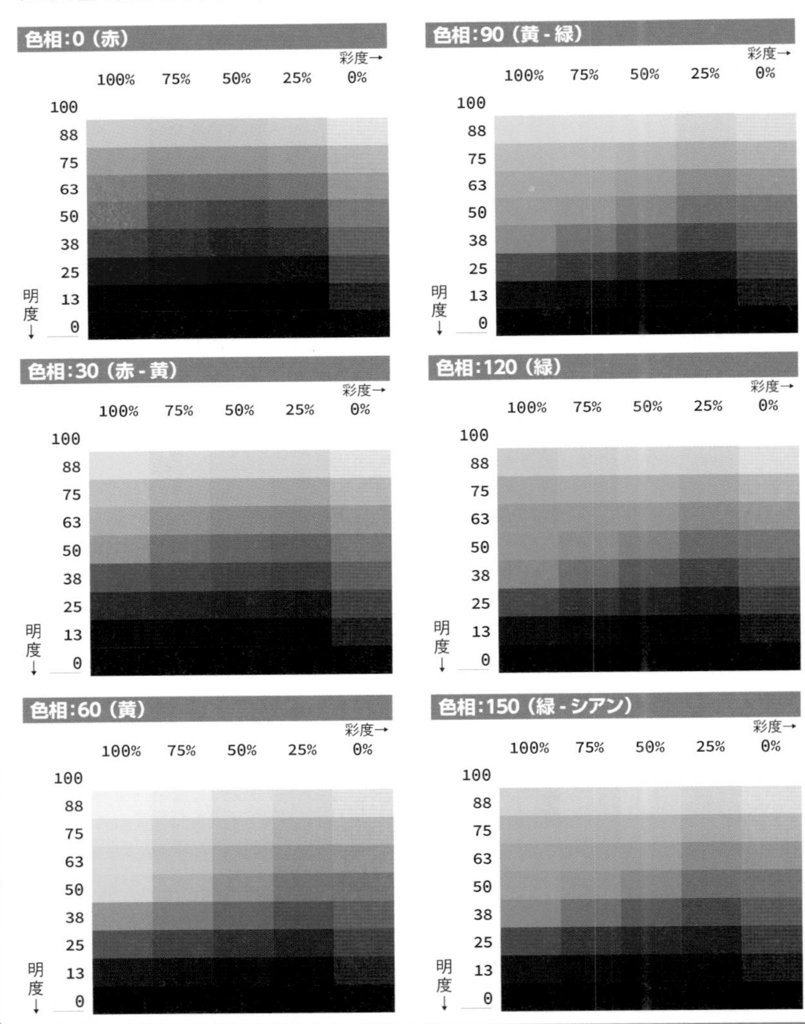

度を置いたものです。

色相は赤→黄→緑→青→紫→赤という色の変化を0から360の値で示します。

彩度は100%はもとの色の鮮やかさ、0%に近づくにつれて色がくすんでいきます。

明度は50%を元の色として、100%に近づくと明るくなり、0%に近づくと暗くなります。HSLカラーを利用するとRGBカラーよりも直感的に色の指定ができます。

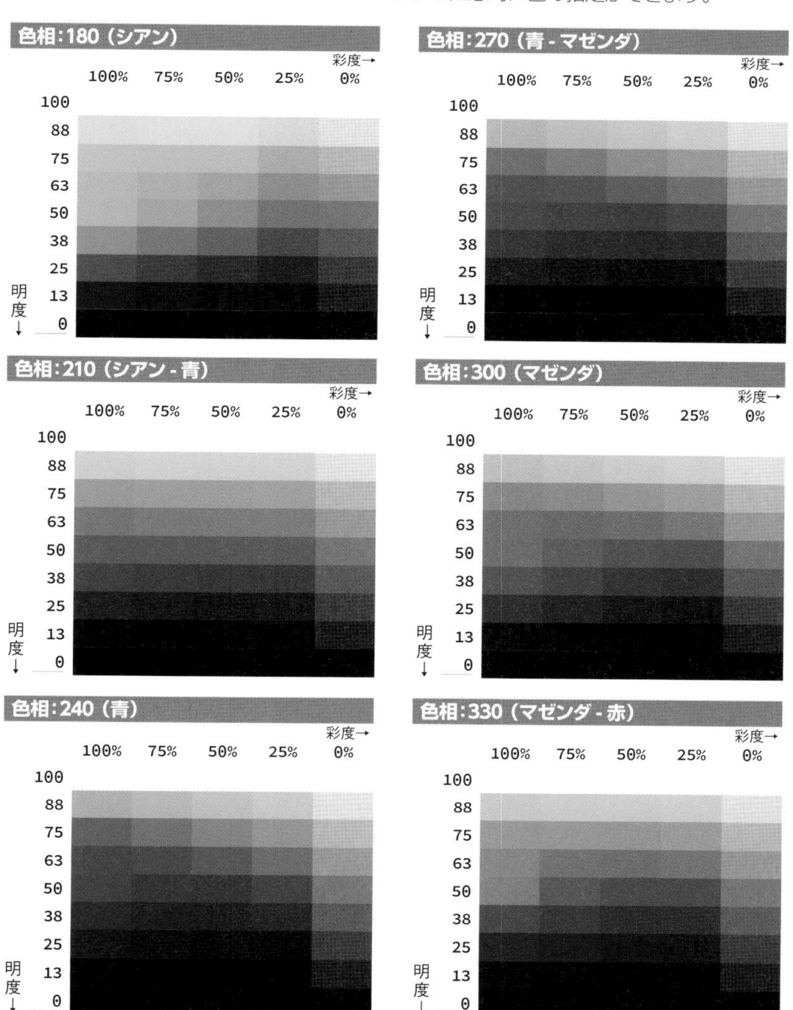

HTML要素 INDEX

CSSプロパティ INDEX

総合INDEX

凡例
- HTML ◆ … 要素 ◆ … 属性（[ ] 内は要素）
- CSS ◇ … プロパティ ◇ … セレクタ ◇ … ルール ◇ … 関数 その他

記号

A

総合

D-E

F

G

総合

H

I-K

L

M

N

O

P-Q

R

S

T

用語INDEX

用語

用語

用語